综合录井实用图册

Compound Logging Graphs and Charts Illustrated Sourcebook

郑有成 邢 立 陈力力 范 宇 王 锐 等编著

石油工业出版社

内 容 提 要

本书对综合录井油气水漏显示、工程异常预报进行梳理、归纳、分类，融合多项录井解释技术，对钻井现场录井中发现的油气水显示进行综合分析解释，进行地层识别、油气显示落实、油气水判断等，同时利用综合录井传感器连续监测工程参数得到的实时曲线，指导录井作业现场，对钻井安全隐患做出预测，规避钻井风险，提高钻井时效。

本书可供石油勘探开发工作者及高等院校相关专业师生参考使用。

图书在版编目（CIP）数据

综合录井实用图册 / 郑有成等编著. — 北京：石油工业出版社, 2021.7
ISBN 978-7-5183-4743-8

Ⅰ. ①综… Ⅱ. ①郑… Ⅲ. ①录井 – 图集 Ⅳ. ① TE242.9-64

中国版本图书馆 CIP 数据核字（2021）第 140150 号

出版发行：石油工业出版社
（北京安定门外安华里2区1号　100011）
网　　址：www.petropub.com
编辑部：（010）64523736　图书营销中心：（010）64523633
经　　销：全国新华书店
印　　刷：北京中石油彩色印刷有限责任公司

2021年7月第1版　2021年7月第1次印刷
889×1194毫米　开本：1/16　印张：10.25
字数：320千字

定价：110.00元
（如出现印装质量问题，我社图书营销中心负责调换）
版权所有，翻印必究

《综合录井实用图册》编写组

组　长： 郑有成

副组长： 邢　立　　陈力力　　范　宇　　王　锐

成　员： 罗邦林　赵路子　付永强　黄平辉　段国彬
　　　　　李　维　赵　星　马　勇　周　朗　王学强
　　　　　卢正东　唐玉林　丁　伟　赵容容　马廷虎
　　　　　陶诗平　郑　健　阎荣辉　雷　银　汪　瑶
　　　　　王　翔　蔡　君　杨　哲　张　宇　谢　伟
　　　　　夏国勇　杨　扬　张　文　卢　杭　陈轶林
　　　　　张　吉　郑　科　涂东旭　胡绍敏　潘柯宇
　　　　　安虹伊　袁浩森　庞　淼　何仕鹏　张　晗
　　　　　黄　琦　罗　艺　钟　鼎　常　锐　汪晓星
　　　　　李文皓　龙　坤　龙仕元　陈福权　张孝兰

前 言

四川盆地是世界上最早发现和利用天然气的地区之一。由于油气藏埋藏深、地下地质条件十分复杂,造成钻井工程难度大、周期长、成本高,严重制约了四川盆地油气勘探开发进程。综合录井作为在钻井中的连续监测手段,能够直接连续监测和量化分析判断钻井工程、钻井液、地层流体和地层压力等多项参数,在保障钻井施工安全、规避各种工程事故的基础上,实现安全优质高效钻井。通过及时发现油气层、保护油气层达到提高勘探开发的整体效益。

本书收集、整理四川盆地近年来综合录井仪CMS、SK-2000、ASL-Ⅱ、睿眼等所采集的原始数据资料,经开发专用软件回放出综合录井实时数据曲线图,再对综合录井油气水漏显示、工程参数异常特征进行梳理、归纳、分类,在综合录井技术及录井资料解释应用的基础上,融合多个单项参数解释技术,对综合录井中发现的油气水漏显示及工程复杂特征进行综合分析解释,对综合录井传感器连续监测的工程参数变化进行分析。本书旨在指导录井现场作业,对钻井安全隐患做出较为准确的预测,缩短钻井周期及降低综合钻井成本。

本书可帮助工程技术人员在钻井现场对综合录井各参数异常进行快速解释,有效对地层油气水显示及其类型、井漏、储层识别、放空、阻卡、钻具刺穿、钻具断、掉牙轮、断刀翼、水眼堵等进行判识,实现发现早、预报早、措施早的目的,既可准确落实油气水漏显示,也可防止诱发溢流、井涌、井喷事件的发生,同时还可提高钻井现场工程、地质人员对各种综合录井工程参数异常的认知水平,对工程异常做出快速判断,更好地指导现场综合录井工作,提高对工程异常的预报率、准确率和符合率,为工程异常的早期预防与及时处理赢得宝贵的时间,最大可能地规避钻井风险。本书可对钻井快速安全施工和油气层发现与保护、降低钻井综合成本起到参考作用。

由于水平有限,书中难免存在不足之处,敬请指正。

目 录

第一章	气测异常	1
第二章	气侵	28
第三章	盐水侵	88
第四章	放空	91
第五章	井漏	95
第六章	溢流	109
第七章	阻卡及卡钻	115
第八章	钻具刺穿、钻具断	129
第九章	掉牙轮、断刀翼、水眼堵	146
第十章	总结	154
参考文献		155

第一章　气测异常

气测异常显示（简称气测异常）指在钻遇油气层时，由于破碎岩层及地层中赋存的气体通过渗滤或扩散进入钻井液而形成的全烃含量在背景气测值（基值）基础上明显升高的现象。气测异常是发现油气层最直观的录井参数特征。

在压力平衡条件下，钻头未钻开新的油气层，而是由于上部地层中的一些气体侵入钻井液，使气测值出现微量、缓慢的升高，且气测值相对稳定，这段相对稳定的气测平均值即为背景气测值（简称背景气），又称基值。

受井筒压差和地层产能的影响，随着侵入井筒内天然气量的变化，会使气测值、钻井液性能和出口流量、温度、电导率等综合录井发生单一（气测值）或组合参数（气测值 + 钻井液性能参数）的不同变化。根据气体进入井筒引起钻井液性能变化的程度不同，又分为气测异常和气侵两种。本书气测异常是单指气测全烃值较基值升高，而不能使钻井液性能发生变化或变化不明显的气测异常显示。

西南油气田通过多年的勘探开发实践经验，为了更加准确地发现油气层，按基值的大小，分三种方式判定气测异常：

（1）当基值小于1%时，全烃含量是基值的2倍及以上；（2）基值在1%～10%时，全烃含量是基值的1.5倍及以上；（3）基值大于10%时，全烃含量是全烃背景值（基值）的1.2倍及以上。

一、气体进入钻井液的主要方式

在钻井过程中，地层孔隙中赋存的气体进入井筒通常有四种方式：
（1）随着油气层岩石的破碎，岩石孔隙中的气体侵入钻井液，形成岩屑气；
（2）当钻遇裂缝型或溶洞型等渗透性好的油气藏时，出现置换的大量气体侵入钻井液，形成置换气；
（3）由于浓度差，气体通过滤饼向井内渗透扩散侵入井筒钻井液中，形成扩散气；
（4）当井底压力小于地层孔隙压力时，即钻井液柱压力小于含气地层压力时，气体由地层中以气态或溶解气状态大量流入或侵入井筒内钻井液中，形成压差气。

二、气测异常录井参数特征

通过气测异常录井，可以确定油气层位置，初步评价其产能和发现新的测试层位，扩大勘探成果。在综合录井参数上，气测异常表现为全烃及其组分出现异常，明显高于基值，其他参数变化不明显。

典型图示例：如图1-1所示，a段为正常钻进；钻至b段时，全烃曲线明显偏离基值曲线，出现气测异常；钻至c段，全烃含量恢复正常，气测异常结束。

对于储层而言，其孔隙间被流体所充填，在同一储层中，可以认为孔隙间非油（气）即水。由于综合录井中气测值的连续性，全烃曲线形态特征在一定程度上可反映地层储集性能等信息，再结合钻时、扭矩、转盘转速等工程参数和岩性，可初步判断储层的储集类型。

1. 全烃曲线形态呈箱状气测异常

钻进油气层后，全烃曲线形态呈上升速度快，上升幅度较明显，到达峰值后出现一段较平直段，即峰值持续时间较长，后下降恢复正常速度也较快，峰形跨度较大，峰形饱满，形如一箱体（图1-2）。呈现箱状形态特征的气测异常显示段表示该套储层厚度较大，含油气饱和度高，全烃曲线的异常显示厚度基本上与储层厚度相等，钻进时通常钻时小，烃组分含量以甲烷为主，烃组分齐全。呈现这种形态时，多解释为气层和油层。

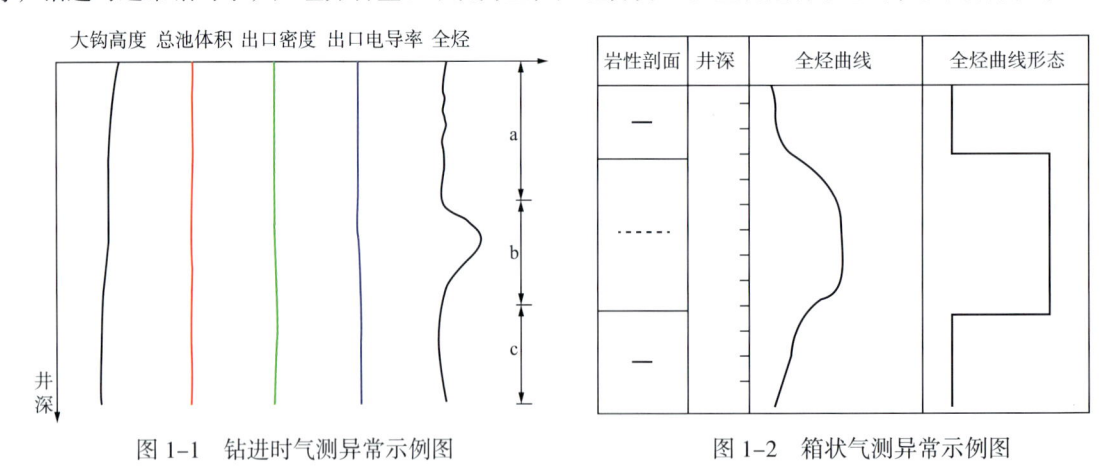

图 1-1　钻进时气测异常示例图

图 1-2　箱状气测异常示例图

2. 全烃曲线形态呈指状气测异常

钻进油气层后，全烃值升高速度较快，到达峰值后持续时间较短，气测值下降恢复速度也较快，同一层段内会出现若干此类次尖型峰，每一峰峰值幅度较大，气测曲线形态呈现忽高忽低的趋势，但低的部位气测值未能低过基值，形如指状（图 1-3）。此类气测异常显示全烃升高幅度较大，烃组分为高甲烷、低重烃的趋势。出现这种曲线组合形态的气测异常显示多反映储层物性非均质性较强（主要出现在裂缝型或缝洞型碳酸盐岩储层），或者反映的可能是薄互层储层发育段（主要出现在碎屑岩储层），其储层孔渗性较好，钻时也呈快慢相间出现。一般情况下，将该类形态特征的气测异常显示判定为油（气）层。

另一种情况是气测异常曲线特征呈单一指状，即曲线起落快，前后沿较陡，峰值持续时间较短。这类气测异常显示特征多在裂缝型储层或单一薄层孔隙型储层中出现。

3. 全烃曲线形态呈单尖峰状气测异常

钻进中气测全烃值上升和下降的速度均较快，曲线峰形跨度较小，形成一单尖峰，以峰值持续时间很短（甚至是瞬间即逝）区别于指状特征，如图 1-4 所示。该类气测异常显示烃组分以甲烷为主或重组分含量高低不均，通常代表裂缝发育规模不大或薄层储层，钻时变化不明显，一般为差气层或干层的显示特征。

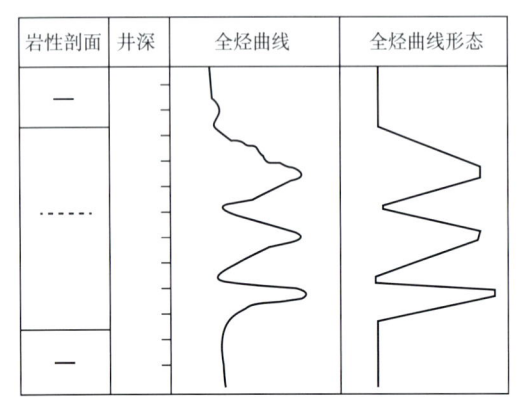

图 1-3　指状气测异常示例图

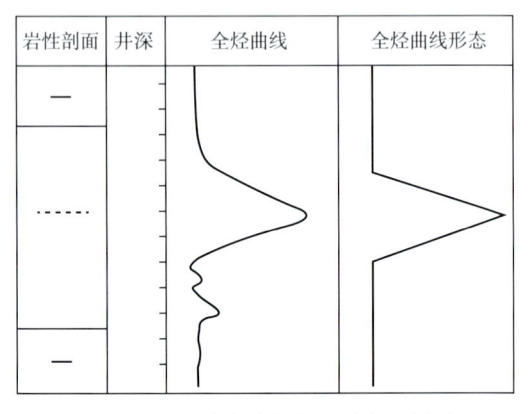

图 1-4　单尖峰状气测异常示例图

三、假气测异常显示识别

正常录井过程中，并非所有气测异常显示都指示钻遇了新的油气层，现场及时对其进行识别和区分，才能更快、更准地发现油气层，确定油气层位置。

1. 单根气

接单根时，由于停泵使井底压力相对减小，同时上提钻具的抽汲效应使钻井液柱对井底压力瞬时降低，形成的压差气进入井筒；当再次开泵循环时，从接单根作业时刻起，到对应钻井液返出时间（迟到时间）加上管路延迟时间检测到的气测异常值，在气测曲线上一般呈指状单峰态。

2. 后效气

钻开油气层后，由于进行起下钻作业、停泵时，钻井液在井筒中的静止时间较长和钻具的抽汲作用，井底压力会比循环、钻进时的井底压力低，使地层中的油气在压差的作用下不断地往钻井液中渗滤。当下钻到底开泵循环钻井液时，会出现后效气测异常；后效气测异常多呈箱状单峰或多峰（钻开多套含油气层，且该段井壁稳定性受损或显示强烈）。不管单峰还是多峰，其气测异常出现的时间都小于从井底返出的迟到时间。

3. 再循环气

再循环气指因循环时脱气不彻底，带有溶解气的钻井液被再次泵入井中，循环时再次出现在出口形成的气测异常显示。

（1）在时间上再循环气比首次出现气测异常（或气侵）显示的时刻晚1个钻井液循环周期；
（2）在时域分布宽度上比首次气测异常显示要宽，具有时域分布特征；
（3）在气测异常显示幅度上比首次气显示低，且较平滑，具有幅度特征；
（4）在气体烃组分上，再循环气的轻烃成分幅度减小较快，重烃减小慢。

4. 单根峰（单根气）、停开泵峰（后效气）的识别

单根峰、停开泵峰通常都出现在钻开油气层，在接单根或停泵后，经再开泵循环后，在井底迟到时间内出现的气测异常。全烃曲线的形态较单一，上升的速度与下降的速度均较快，多为单尖峰，峰值不高但形态特征较明显；烃组分值一般与钻开油气层时的组分结构形态相同，但重烃含量相对较少。如图1-5所示，在出现峰值前36min接单根，迟到时间为39min，中间未出现其他的峰值，该峰为单根峰。

5. 后效第二周异常的识别

后效第二周假异常一般出现在后效峰之后的一个循环周时间加上钻井液在外循环设备中流动的时间。一个循环周时间是可以通过泵排量和迟到时间计算而得到。但钻井液在外循环设备中流动的时间不好确定，通常是取少许可悬浮的物质，从钻井液出口投入，跟随其并观察到达钻井液入口罐的时间。但这也存在问题，现场一般将该时间取为10～20min即可。后效第二周假异常的全烃曲线形态跨度较大，上升的速度与下降的速度均较慢，峰值较后效值低许多。后效第二周异常也是再循环气的一种，烃组分分析多以重烃含量为主，轻烃含量明显减少。如图1-6所示，一个循环周时间为78min，后效气与后效第二周峰之间相差96min。

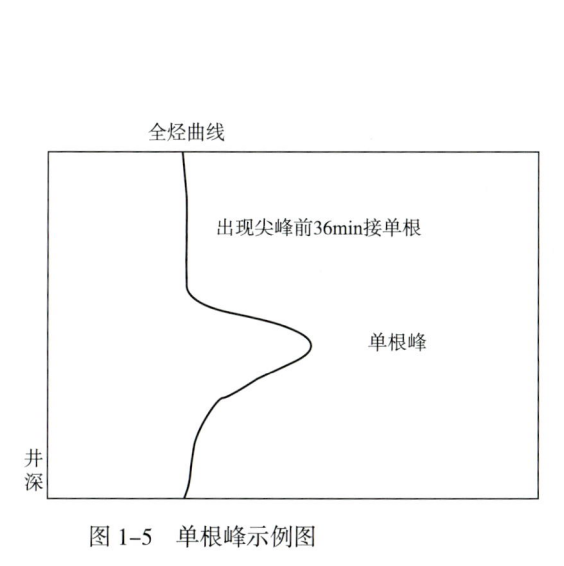

图1-5 单根峰示例图

图1-6 后效第二周异常显示示例图

四、气测异常实例

气测异常实例 1：×井 2014 年 4 月 25 日 02：53 用密度 1.42g/cm³、黏度 40s、氯离子含量 16839mg/L 的聚合物钻井液钻进至凉高山组灰黑色页岩，在井深 1461.21m（迟深 1453.97m）发现气测异常（图 1-7），全烃：0.7629%↑1.1152%、C_1：0.0857%↑0.3376%；至 03：13 钻进至井深 1463.20m（迟深 1459.23m），气测值达峰值，全烃：7.0186%、C_1：3.4394%，组分齐全，钻时降低，其他参数无明显变化，气测曲线呈双峰，其间夹一含气性差的致密薄层；至 03：27 钻进至井深 1465.26m（迟深 1461.67m），气测值恢复正常，显示持续时间 34min。

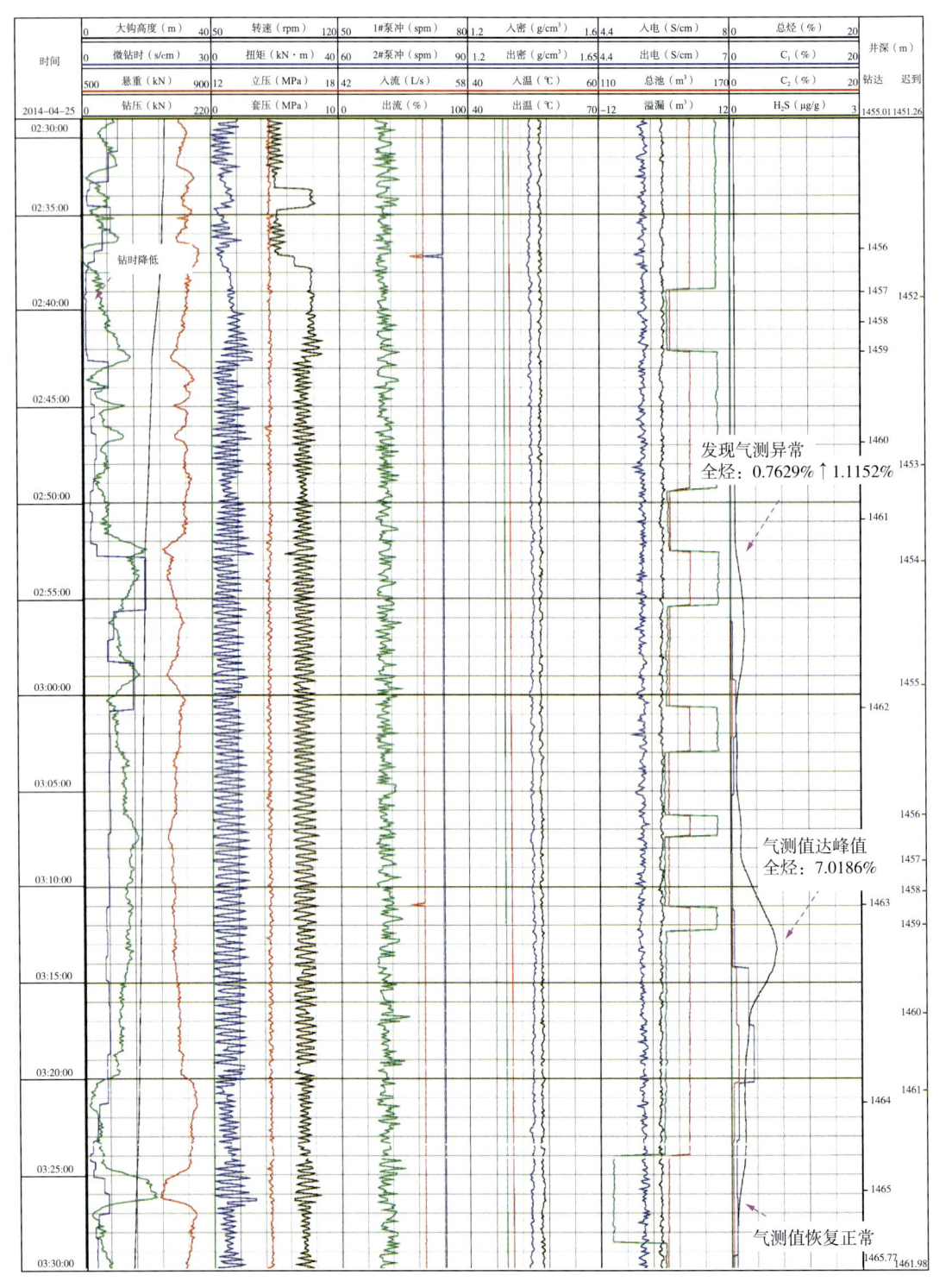

图 1-7　气测异常实例 1 综合录井实时数据曲线图

气测异常实例2：×井2013年8月1日11：34用密度1.62g/cm³、黏度52s、氯离子含量82599mg/L的聚磺钻井液钻进至马鞍山段深灰色粉砂岩，在井深1625.36m（迟深1624.15m）发现气测异常（图1-8），全烃：0.5440%↑1.0210%、C_1：0.2182%↑0.9017%；至11：39钻进至井深1625.67m（迟深1624.45m），气测值达峰值，全烃：17.4316%、C_1：16.3249%、C_2：0.0300%↑0.3656%、C_3：0.0062%↑0.0529%、nC_4—nC_5为0.0000%，气测异常曲线呈驼峰状，其他参数无明显变化；至12：00钻进至井深1626.65m（迟深1624.74m），气测值恢复正常，显示持续时间26min。

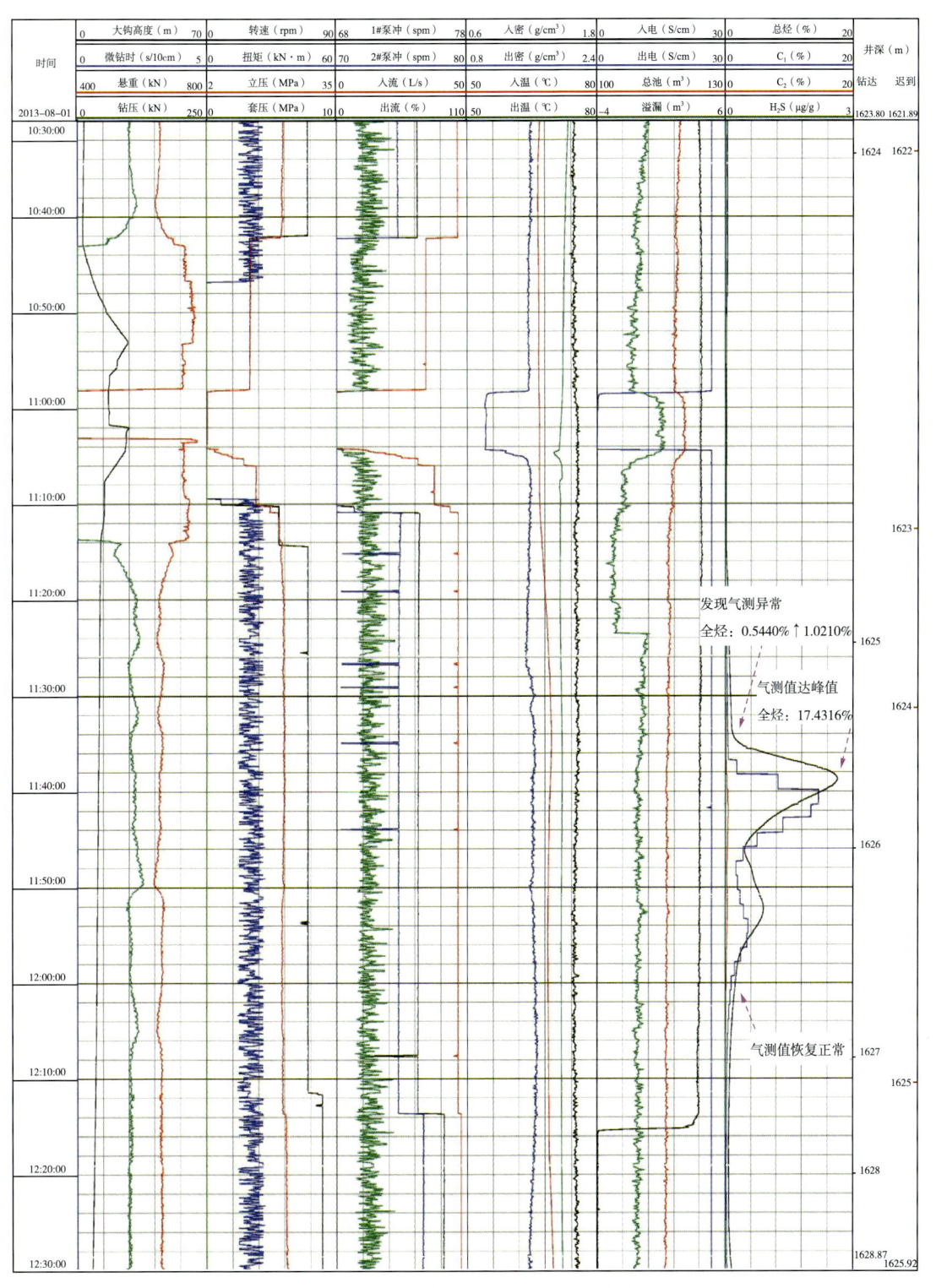

图1-8 气测异常实例2综合录井实时数据曲线图

气测异常实例 3：× 井 2011 年 12 月 13 日 11：48 用密度 1.37g/cm³、黏度 47s、氯离子含量 38286mg/L 的有机盐聚合物钻井液钻进至须四段浅灰色砂岩，在井深 2039.35m（迟深 2035.50m）发现气测异常（图 1-9），全烃：1.9615% ↑ 2.2865%、C_1：05057% ↑ 0.7348%；至 12：01 钻进至井深 2040.32m（迟深 2036.65m），气测值达峰值，全烃：12.0940%、C_1：8.4168%、C_2：0.8296%，组分不全，其他参数无明显变化，向下气测值平缓降低；至 13：15 钻进至井深 2043.79m（迟深 2042.52m），气测值恢复正常，显示持续时间 87min。

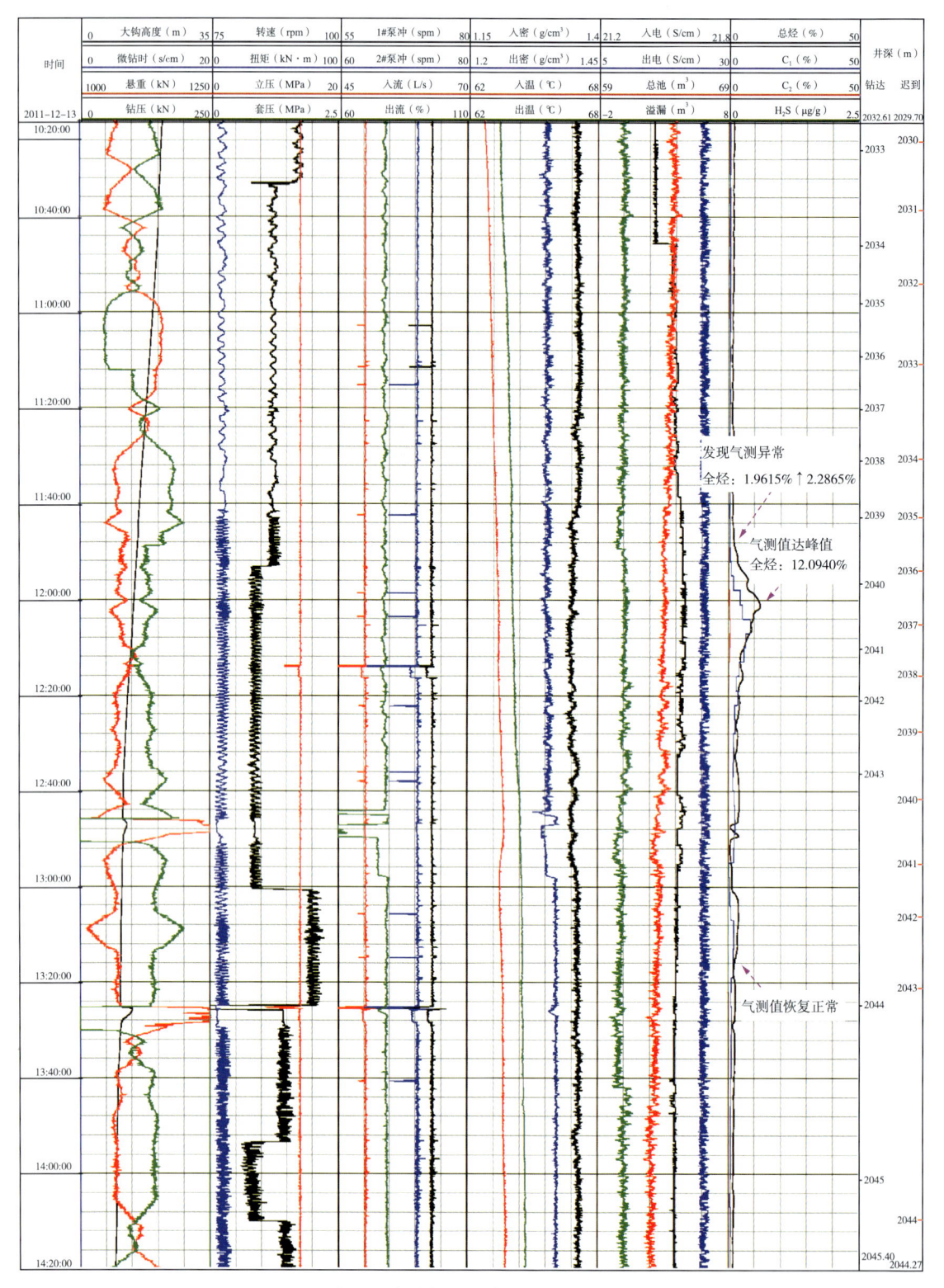

图 1-9 气测异常实例 3 综合录井实时数据曲线图

气测异常实例4：×井2014年6月17日13：10用密度1.21g/cm³、黏度42s、氯离子含量1418mg/L的钻井液钻进至须家河组浅灰色细砂岩，在井深1582.74m（迟深1577.60m）发现气测异常（图1-10），全烃：1.1431%↑2.2216%、C_1：0.3294%↑0.7518%；至13：13钻进至井深1583.25m（迟深1477.94m），气测值达峰值，全烃：9.6017%、C_1：4.4312%，组分不全，出口钻井液密度略微降低，其他参数无明显变化；至13：19钻进至井深1584.43m（迟深1579.87m），气测值恢复正常，显示持续时间10min。

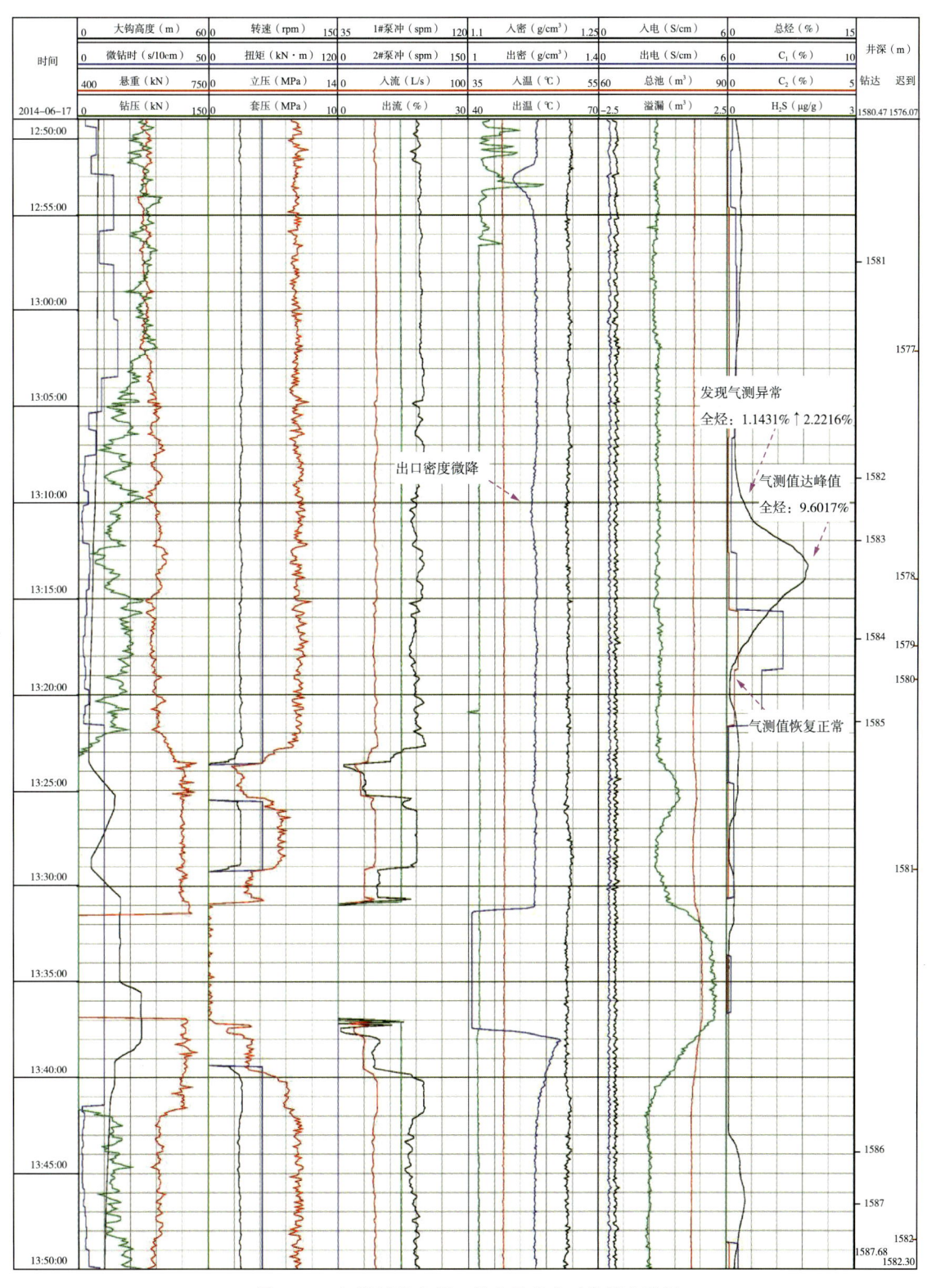

图1-10 气测异常实例4综合录井实时数据曲线图

气测异常实例5：×井2011年12月24日08：18用密度1.63g/cm³、黏度56s、氯离子含量9206mg/L的聚磺钻井液钻液钻进至须三段黑色页岩，在井深2191.98m（迟深2189.97m）发现气测异常（图1-11），全烃：0.5838%↑1.0142%、C_1：0.3990%↑0.6924%、C_2—nC_5为0.0000%；至09：58钻进至井深2197.34m（迟深2194.26m），气测值达峰值，全烃：11.3191%、C_1：7.2036%、C_2：0.9640%、C_3：0.2288%、iC_4—nC_5为0.0000%，其间因处理钻井液和出口密度传感器异常造成总池体积、溢漏、出口钻井液密度曲线异常，其他参数无明显变化；至11：02钻进至井深2199.07m（迟深2197.57m），气测值恢复正常，显示持续时间164min。

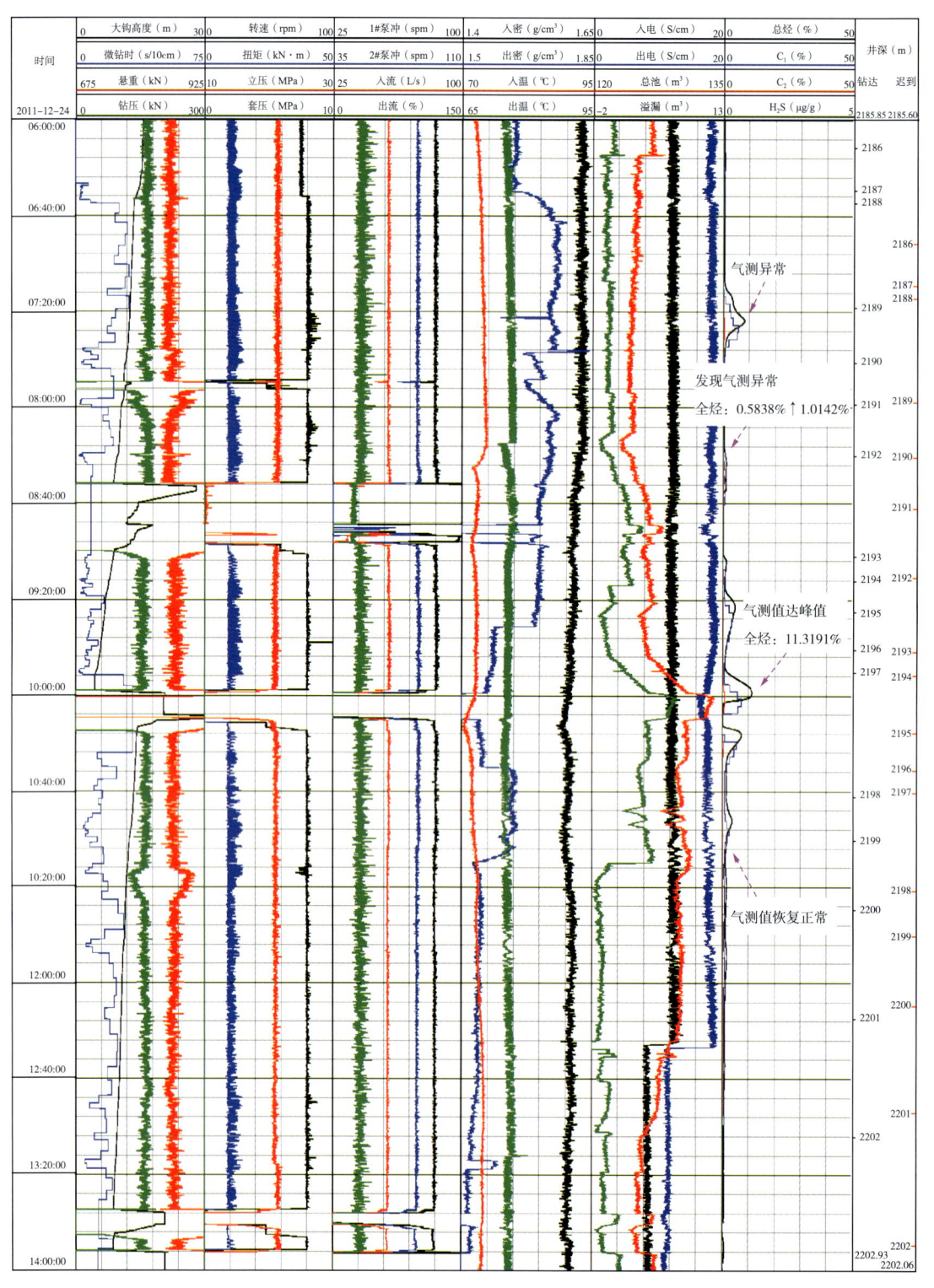

图1-11 气测异常实例5综合录井实时数据曲线图

气测异常实例6：×井2014年6月21日03：45用密度1.26g/cm³、黏度45s、氯离子含量3545mg/L的钻井液钻进至须家河组灰黑色页岩，在井深1758.74m（迟深1756.95m）发现气测异常（图1—12），全烃：0.3703%↑1.3392%、C_1：0.0640%↑0.6691%；至03：58钻进至井深1759.14m（迟深1757.60m），气测值达峰值，全烃：7.8218%、C_1：4.1571%，组分不全，其他参数无明显变化；至04：15钻进至井深1759.77m（迟深1758.49m），气测值恢复正常，显示持续时间30min。

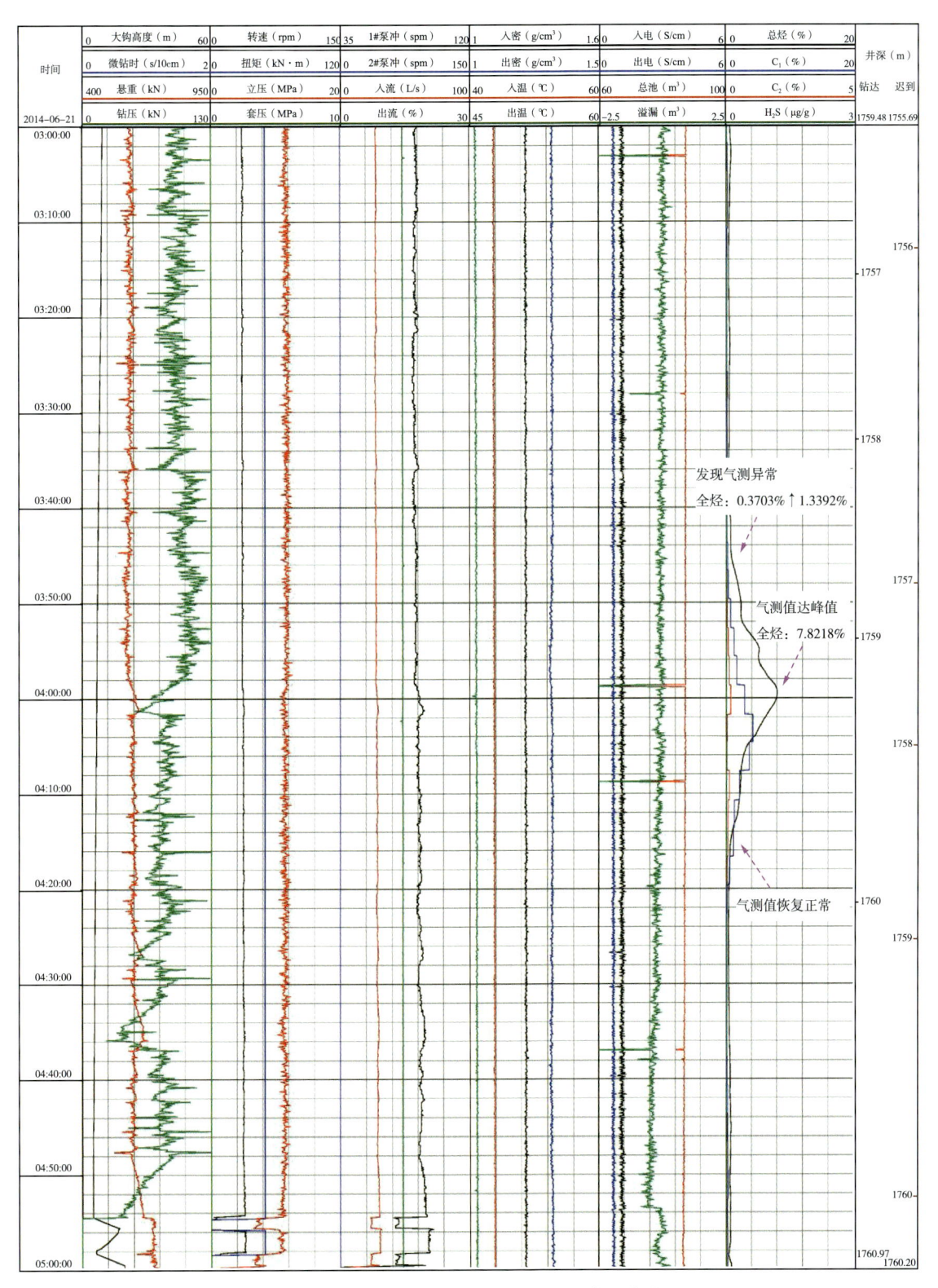

图1—12 气测异常实例6综合录井实时数据曲线图

气测异常实例 7：× 井 2013 年 9 月 1 日 12：31 用密度 1.69g/cm³、黏度 48s、氯离子含量 22156mg/L 的钾聚磺钻井液钻进至须二段灰白色细砂岩，在井深 2474.20m（迟深 2471.36m）发现气测异常（图 1-13），全烃：0.5159%↑2.8617%、C_1：0.2790%↑0.4867%；至 12：43 钻进至井深 2474.87m（迟深 2472.46m），气测值达峰值，全烃：38.6162%、C_1：19.8896%，组分不全，出口钻井液密度略微降低，其他参数无明显变化；至 12：50 钻进至井深 2475.16m（迟深 2472.76m），气测值恢复正常，显示持续时间 19min。

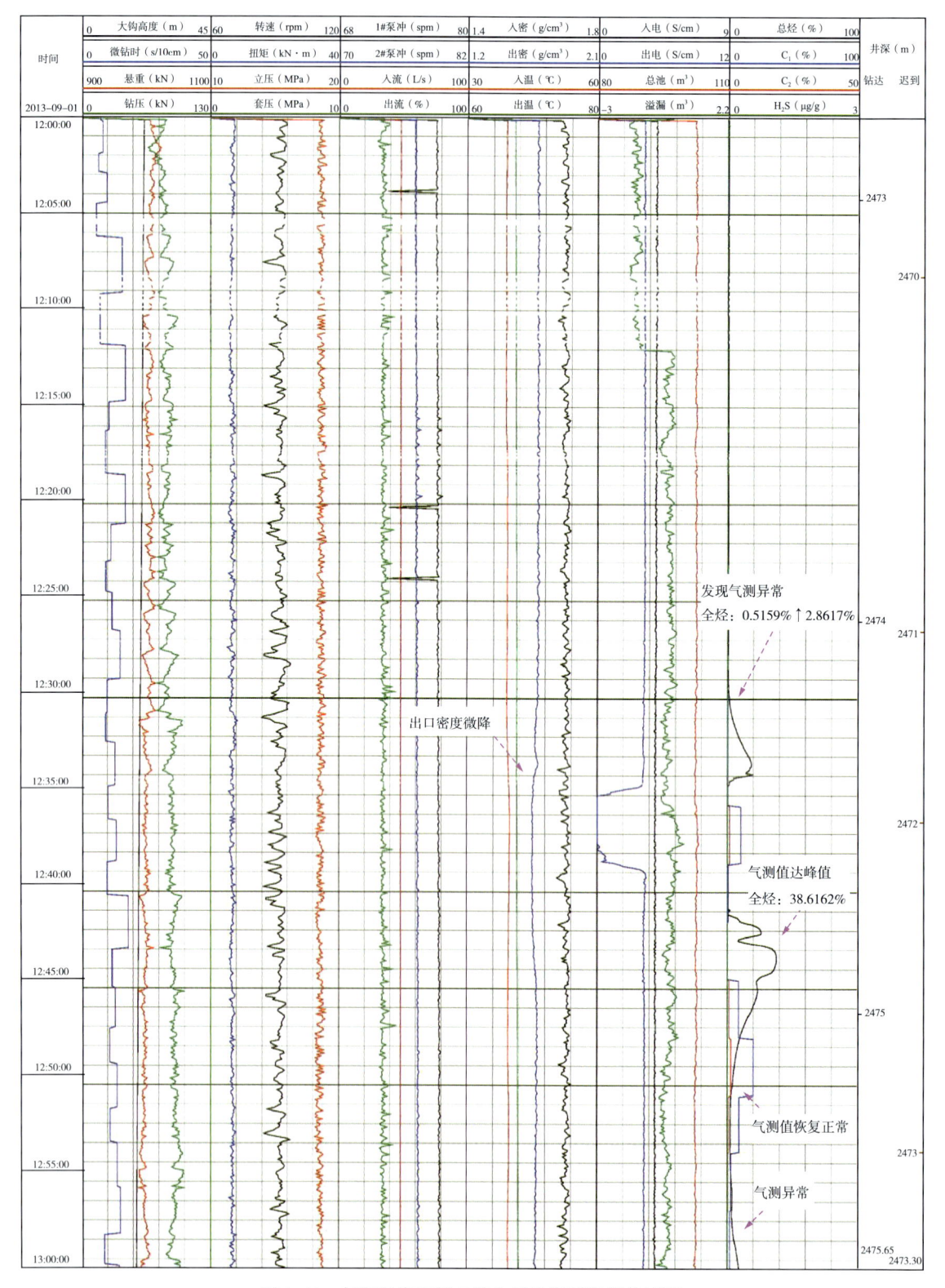

图 1-13　气测异常实例 7 综合录井实时数据曲线图

气测异常实例8：×井2013年9月23日8：41用密度1.68g/cm³、黏度48s、氯离子含量28006mg/L的钾聚合物钻井液钻进至须一段灰黑色页岩，在井深2338.72m（迟深2336.20m）发现气测异常（图1-14），全烃：0.8703%↑1.0182%、C_1：0.3358%↑0.5121%、C_2：0.0094%↑0.0221%、C_3—nC_5为0.0000%；至8：55钻进至井深2339.29m（迟深2337.40m），气测值达峰值，全烃：7.9190%、C_1：4.8396%、C_2：0.3351%、C_3：0.0580%、iC_4：0.0021%、nC_4—nC_5为0.0000%，其他参数无明显变化；至9：08钻进至井深2340.06m（迟深2337.80m），气测值恢复正常，显示持续时间27min。

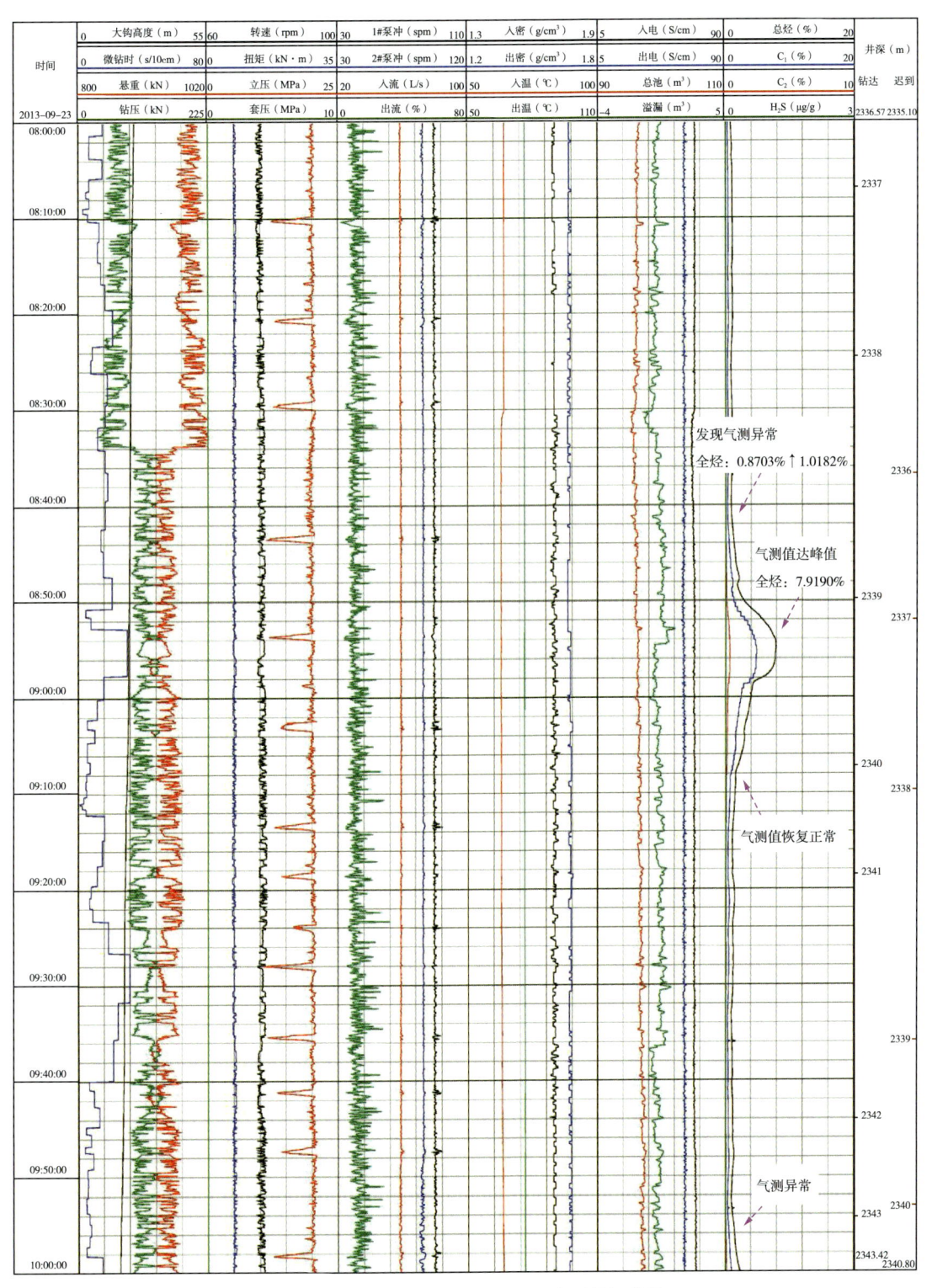

图1-14 气测异常实例8综合录井实时数据曲线图

综合录井实用图册

气测异常实例9：×井2013年11月2日01：22用密度1.70g/cm³、黏度60s、氯离子含量85080mg/L钾聚磺钻井液钻进至雷一段灰色白云岩，在井深2739.40m（迟深2734.76m）发现气测异常（图1-15），全烃：0.2010%↑0.5596%、C_1：0.1257%↑0.4188%、C_2：0.0006%↑0.0017%、C_3—nC_5为0.0000%；至02：07钻进至井深2742.95m（迟深2738.06m），气测值达峰值，全烃：1.5075%、C_1：1.0188%、C_2：0.0058%、C_3—nC_5为0.0000%，出口钻井液密度略微降低，其他参数无明显变化；至02：49钻进至井深2745.27m（迟深2741.40m），气测值恢复正常，显示持续时间87min。

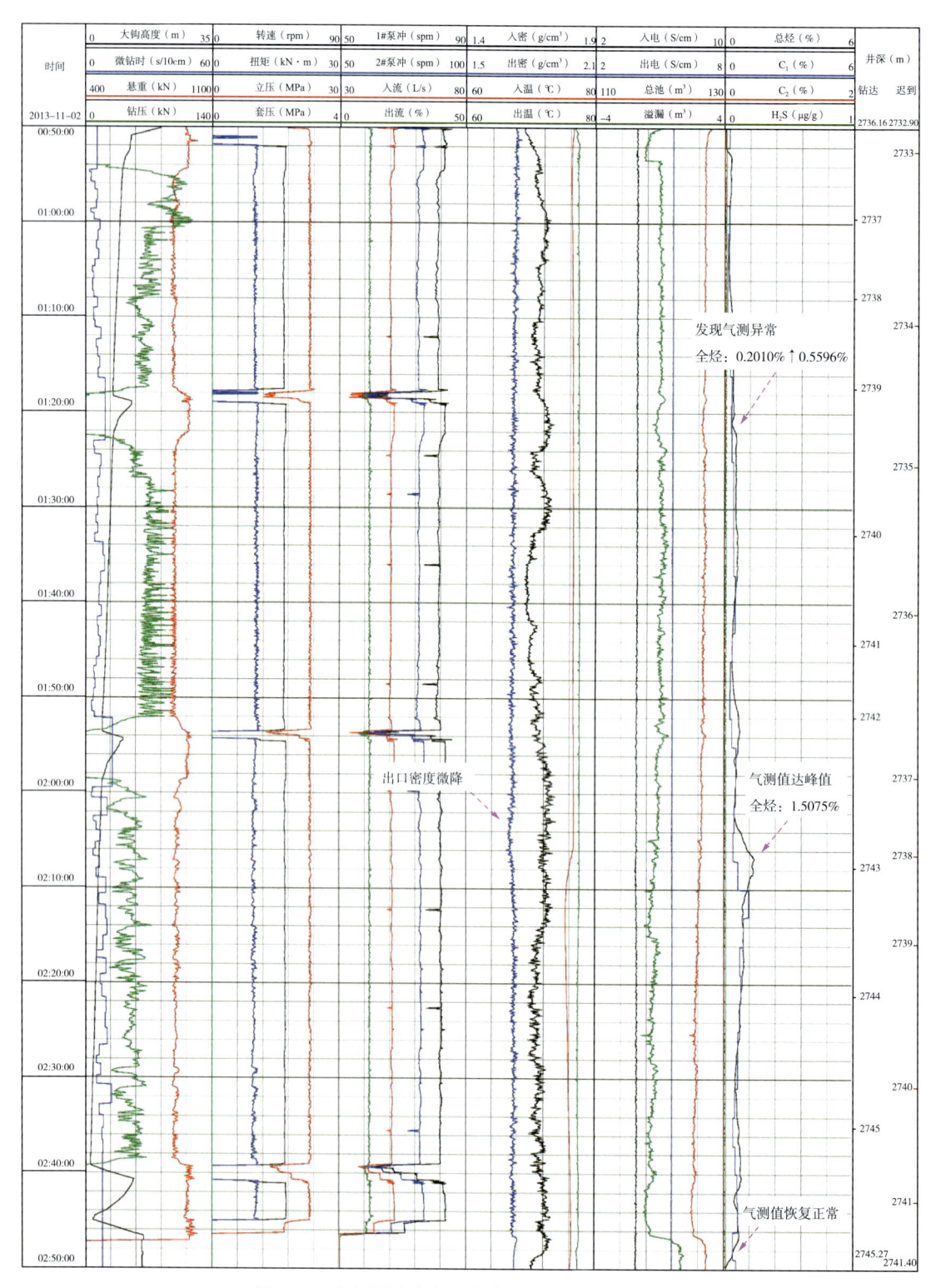

图1-15 气测异常实例9综合录井实时数据曲线图

气测异常实例10：×井2013年6月26日23：21用密度1.32g/cm³、黏度39s、氯离子含量8863mg/L的聚磺钻井液钻进至嘉四₃亚段灰色灰质白云岩，在井深1489.59m（迟深1487.27m）发现气测异常（图1-16），全烃：0.6969%↑0.9619%、C₁：0.2458%↑0.2733%；至23：40钻进至井深1490.54m（迟深1488.75m），气测值达峰值，全烃：8.3855%、C₁：6.0288%，组分齐全，气测曲线形态呈驼峰状，其他参数无明显变化；至23：49钻进至井深1491.00m（迟深1489.28m），气测值恢复正常，显示持续时间28min。

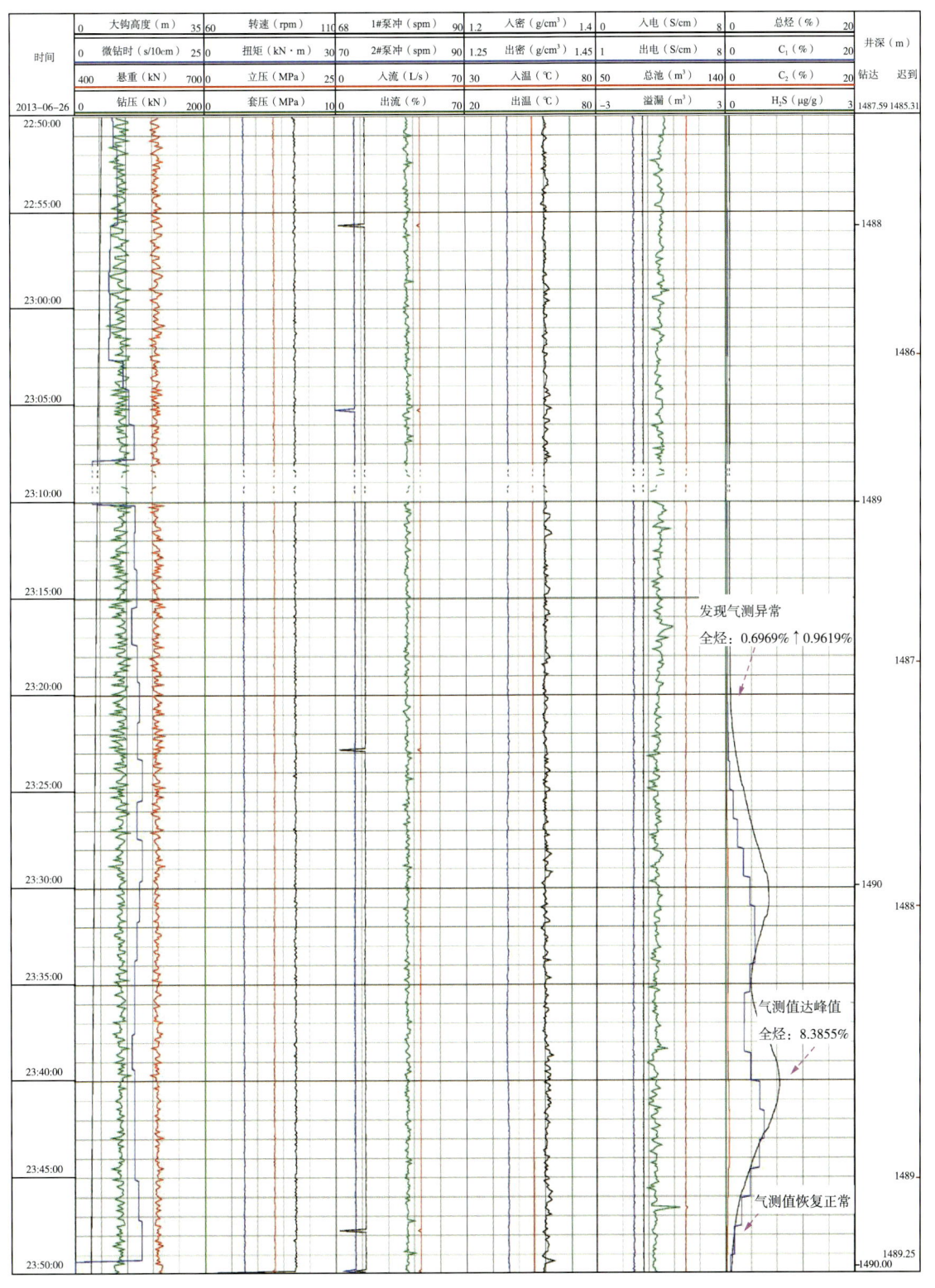

图1-16 气测异常实例10综合录井实时数据曲线图

气测异常实例11：× 井2013年9月30日0：08用密度1.69g/cm³、黏度56s、氯离子含量35273mg/L的钾聚合物钻井液复合钻至嘉三段浅褐灰色石灰岩，在井深2817.23m（迟深2811.25m）发现气测异常（图1-17），全烃：1.4288%↑2.1386%、C_1：0.0000%↑0.9696%、C_2：0.0000%↑0.0115%、C_3—nC_5 为0.0000%；至0：29钻至井深2819.49m（迟深2813.30m），气测值达峰值，全烃：26.8320%、C_1：22.9126%、C_2：0.0329%、C_3：0.0081%、iC_4—nC_5 为0.0000%，其他参数无明显变化；至0：40钻进至井深2820.41m（迟深2814.05m），气测值恢复正常，显示持续时间32min。

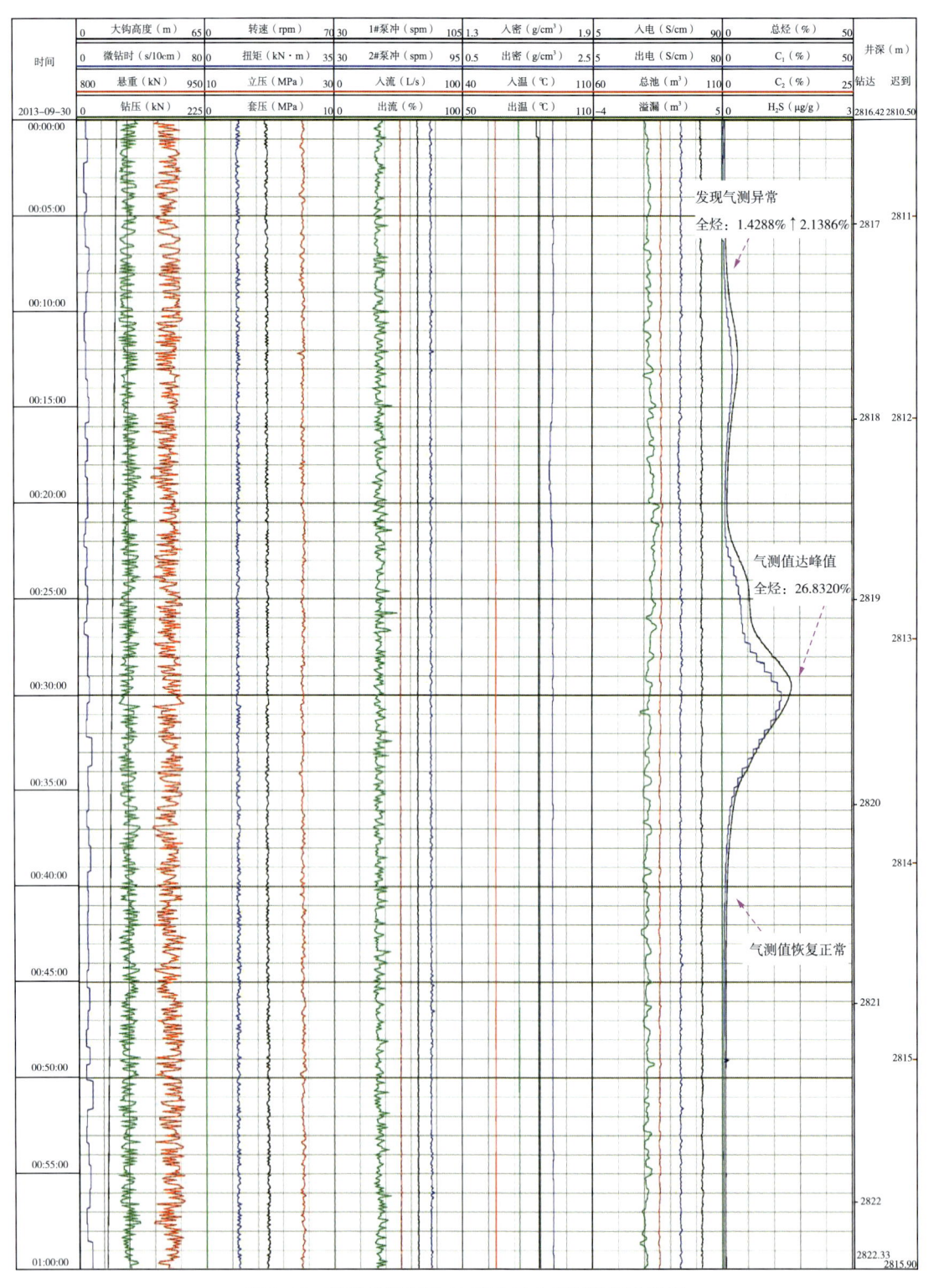

图1-17 气测异常实例11综合录井实时数据曲线图

气测异常实例12：×井2012年1月27日17：31用密度2.17g/cm³、黏度51s、氯离子含量25524mg/L的有机盐聚磺钻井液钻至嘉二₂段褐灰色白云岩，在井深3276.24m（迟深3271.02m）发现气测异常（图1—18），全烃：0.8088%↑0.9051%、C₁：0.2964%↑0.3579%；至17：45钻至井深3277.10m（迟深3272.34m），气测值达峰值，全烃：31.3979%、C₁：30.3926%，出口钻井液密度、电导率略微降低，其他参数无明显变化；至18：28钻至井深3280.78m（迟深3276.81m），气测值恢复正常，显示持续时间57min。

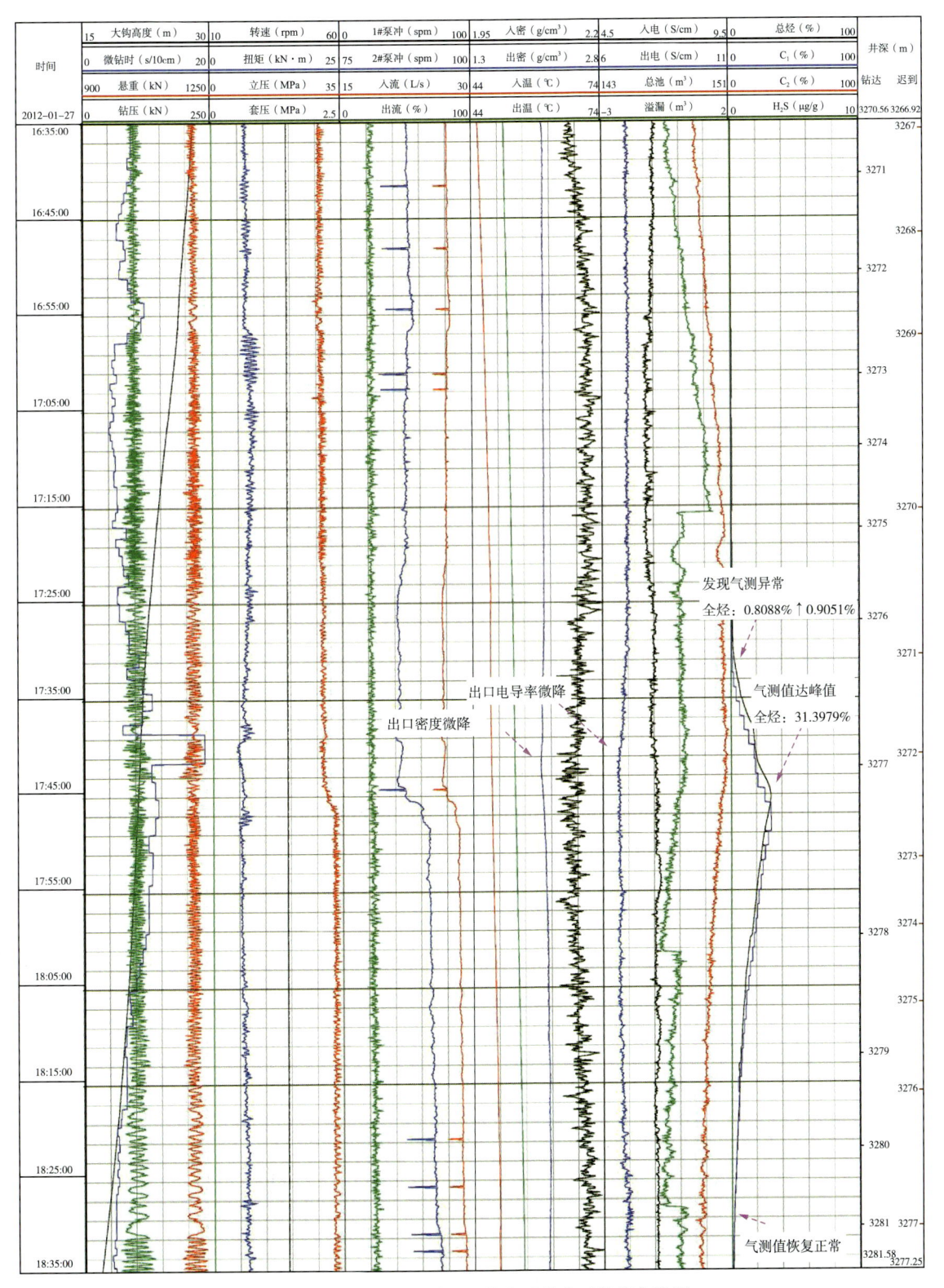

图1—18 气测异常实例12综合录井实时数据曲线图

气测异常实例13：×井2013年2月18日22：54用密度2.01g/cm³、黏度50s、氯离子含量9306mg/L聚磺钻井液钻进至长兴组井灰褐色石灰岩，在井深3523.14m（迟深3516.38m）发现气测异常（图1-19），全烃：0.3206%↑0.5894%、C_1：0.3688%↑0.5448%；至23：21钻进至井深3526.77m（迟深3519.93m），气测值达峰值，全烃：4.3307%、C_1：3.9580%、C_2—nC_5为0.0000%，转盘转速、扭矩曲线呈锯齿状波动，相对应钻时也有降低，表明地层可能发育裂缝或孔洞，其他参数无明显变化；至23：37钻进至井深3528.81m（迟深3521.98m），气测值逐渐恢复正常，显示持续时间43min。

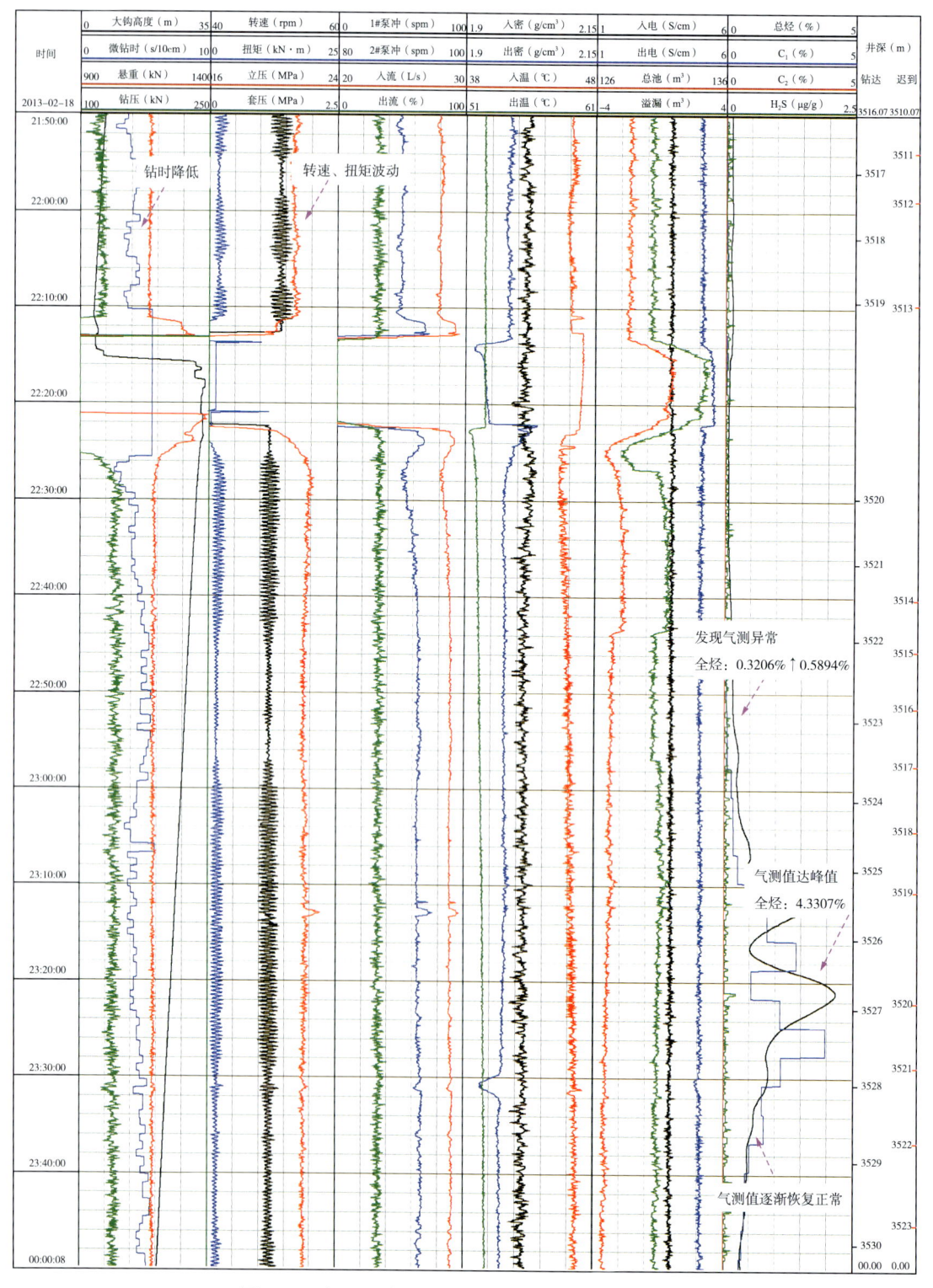

图1-19 气测异常实例13综合录井实时数据曲线图

气测异常实例 14：× 井 2014 年 7 月 23 日 02：00 用密度 2.01g/cm³、黏度 57s、氯离子含量 12408mg/L 的钻井液钻进至龙潭组灰黑色页岩，在井深 3210.75m（迟深 3209.73m）发现气测异常（图 1-20），全烃：1.0437%↑2.1081%、C_1：0.5136%↑0.8400%；至 02：12 钻进至井深 3210.89m（迟深 3209.96m），气测值达峰值，全烃：45.7953%、C_1：31.0432%、C_2—nC_5 为 0.0000%，出口钻井液密度略微降低，其他参数无明显变化；至 02：27 钻进至井深 3211.21m（迟深 3210.44m），气测值恢复正常，显示持续时间 28min。

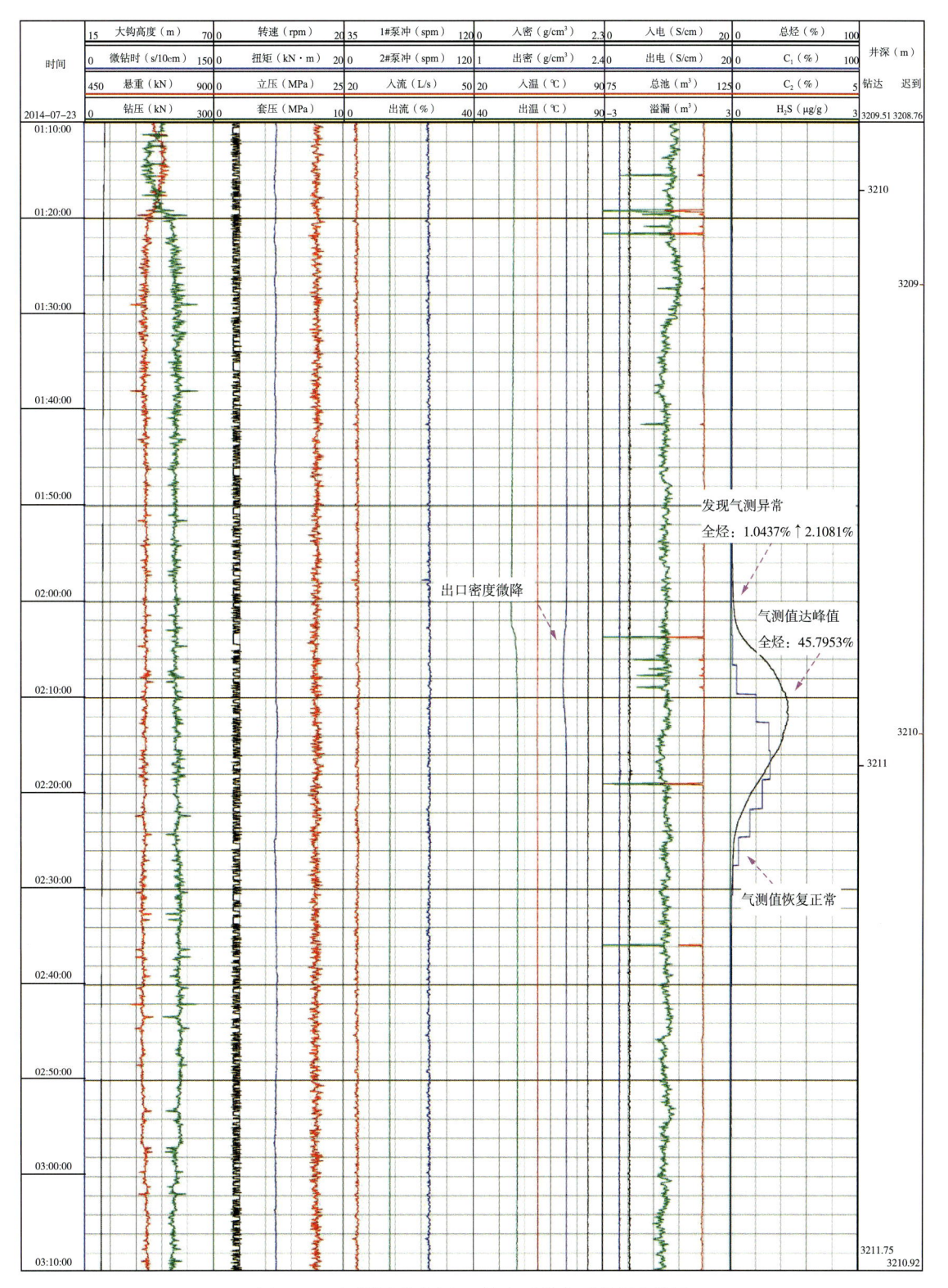

图 1-20　气测异常实例 14 综合录井实时数据曲线图

气测异常实例15：×井2013年2月25日14：32用密度2.24g/cm³、黏度50s、氯离子含量9394mg/L的钾聚磺钻井液钻进至茅一段深灰色石灰岩，在井深4131.73m（迟深4130.38m）发现气测异常（图1-21），全烃：2.8603%↑3.7831%、C_1：1.7555%↑1.8515%、C_2：0.0042%↑0.0049%、$C_3—nC_5$为0.0000%；至14：39钻进至井深4131.82m（迟深4130.50m），气测值达峰值，全烃：24.9476%、C_1：17.5070%、C_2：0.0741%、$C_3—nC_5$为0.0000%，其他参数无明显变化；至15：04钻进至井深4132.34m（迟深4130.87m），气测值恢复正常，显示持续时间32min。

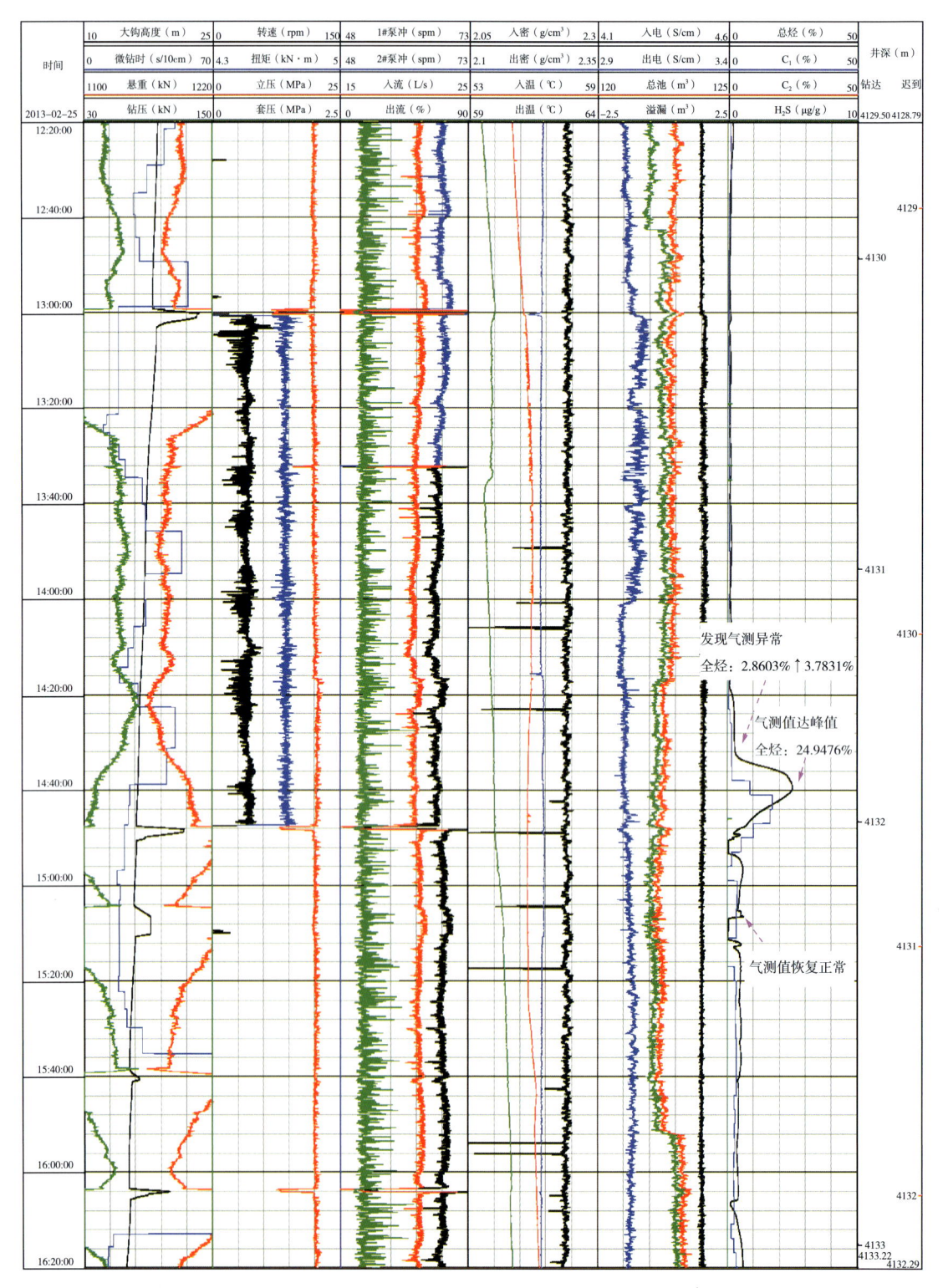

图1-21 气测异常实例15综合录井实时数据曲线图

气测异常实例16：×井2014年6月18日17：09用密度1.86g/cm³、黏度48s、氯离子含量888mg/L的聚磺钻井液钻进至栖一段深褐灰色石灰岩，在井深4304.54m（迟深4303.16m）发现气测异常（图1-22），全烃：1.2476%↑3.0817%、C_1: 0.7178%↑1.0012%；至17：13钻进至井深4304.61m（迟深4303.18m），气测值达峰值，全烃：7.4103%、C_1: 7.7432%，组分不全，出口钻井液密度略微降低，其他参数无明显变化；至17：23钻至井深4304.85m（迟深4303.38m），气测值恢复正常，显示持续时间14min。

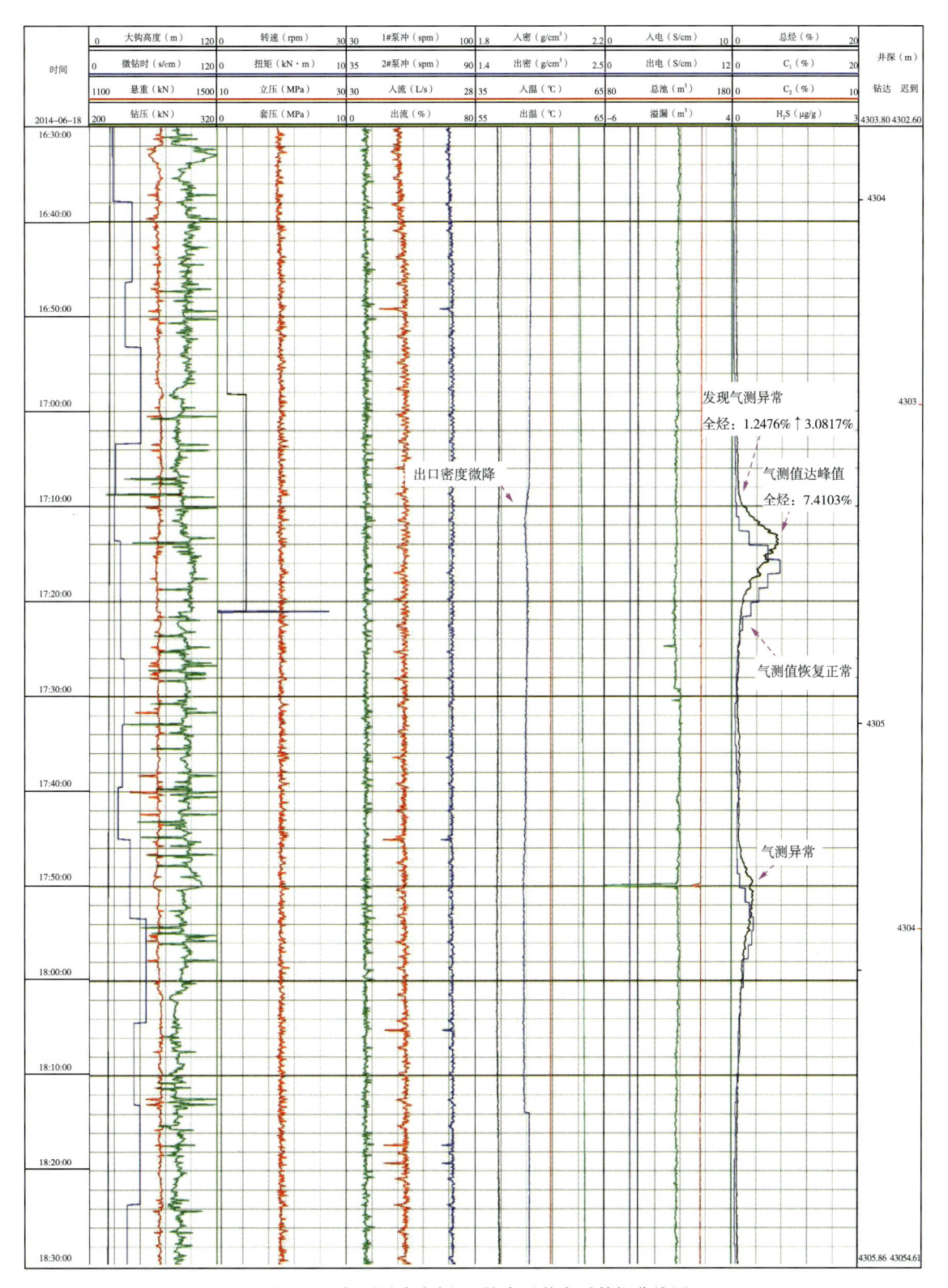

图1-22 气测异常实例16综合录井实时数据曲线图

综合录井实用图册

气测异常实例17：×井2012年4月30日05：30用密度1.65g/cm³、黏度60s、氯离子含量1949mg/L的聚磺钻井液钻进至石炭系黄龙组浅褐灰色白云岩，在井深4967.74m（迟深4965.72m）发现气测异常（图1-23），全烃：1.6779%↑1.9205%、C_1：1.0077%↑1.3464%；至05：46钻进至井深4968.06m（迟深4965.88m），气测值达峰值，全烃：3.6024%、C_1：2.6801%、C_2—nC_5为0.0000%，其他参数无明显变化；至07：28钻至井深4969.31m（迟深4967.31m），气测值恢复正常，显示持续时间118min。

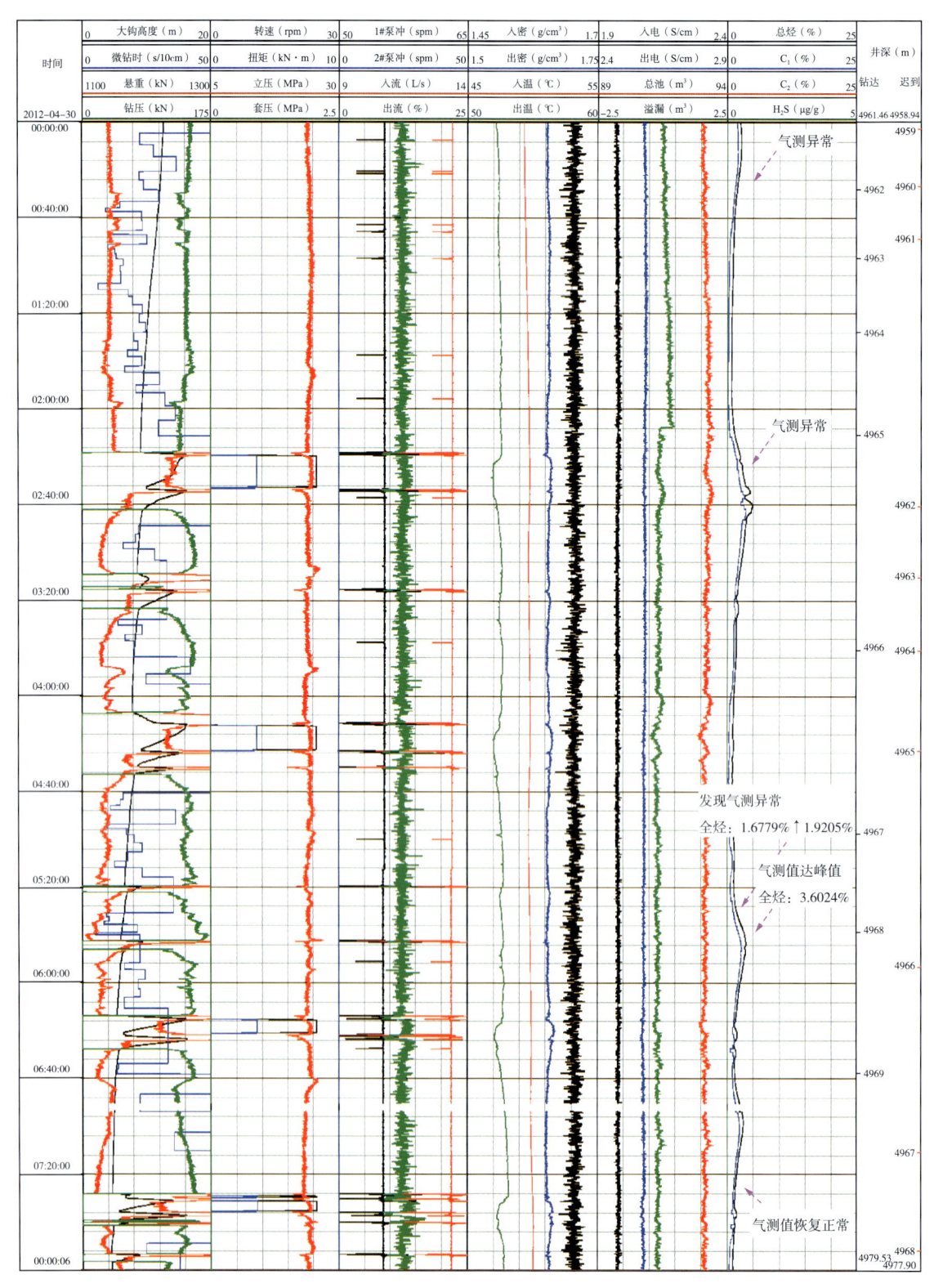

图1-23 气测异常实例17综合录井实时数据曲线图

气测异常实例18：×井2014年4月16日20：16用密度2.12g/cm³、黏度82s、氯离子含量12000mg/L的白油旋转定向钻进至龙马溪组灰黑色页岩，在井深2417.07m（迟深2412.67m）发现气测异常（图1-24），全烃：2.9356%↑4.9878%、C_1：2.3291%↑2.7174%；至20：24旋转定向钻进至井深2418.00m（迟深2413.74m）开始循环，循环至20：44迟深2416.21m气测值达峰值，全烃：10.5158%、C_1：8.8930%、C_2：0.0190%、C_3—nC_5为0.0000%，其他参数无明显变化；至21：10旋转定向钻进至井深2420.85m（迟深2418.35m），气测值恢复正常，显示持续时间54min。

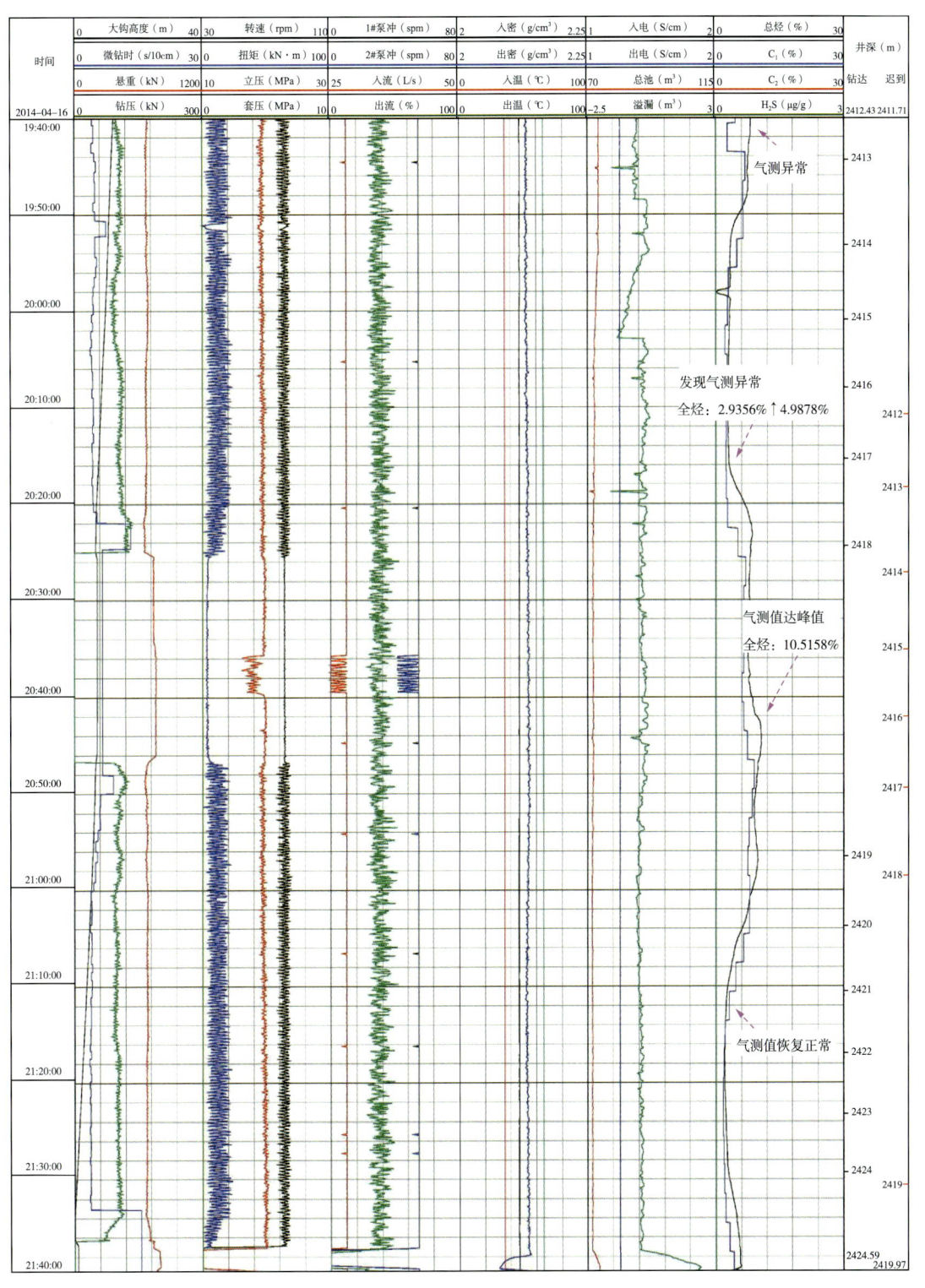

图1-24 气测异常实例18综合录井实时数据曲线图

气测异常实例19：×井于2013年2月21日18：50用密度2.18g/cm³、黏度43s、氯离子含量12408mg/L的聚磺钻井液钻进至洗象池组黑灰色白云岩，在井深4531.21m（迟深4528.95m）发现气测异常（图1-25），全烃：1.3647%↑2.6554%、C_1：1.0993%↑1.8475%、C_2—nC_5为0.0000%；至19：04钻进至井深4531.72m（迟深4529.33m），气测值达峰值，全烃：5.8230%、C_1：4.3660%、C_2：0.0045%、C_3—nC_5为0.0000%，钻时降低，出口钻井液密度略微降低，其他参数无明显变化；至19：20钻进至井深4532.27m（迟深4530.02m），气测值恢复正常，显示持续时间30min。

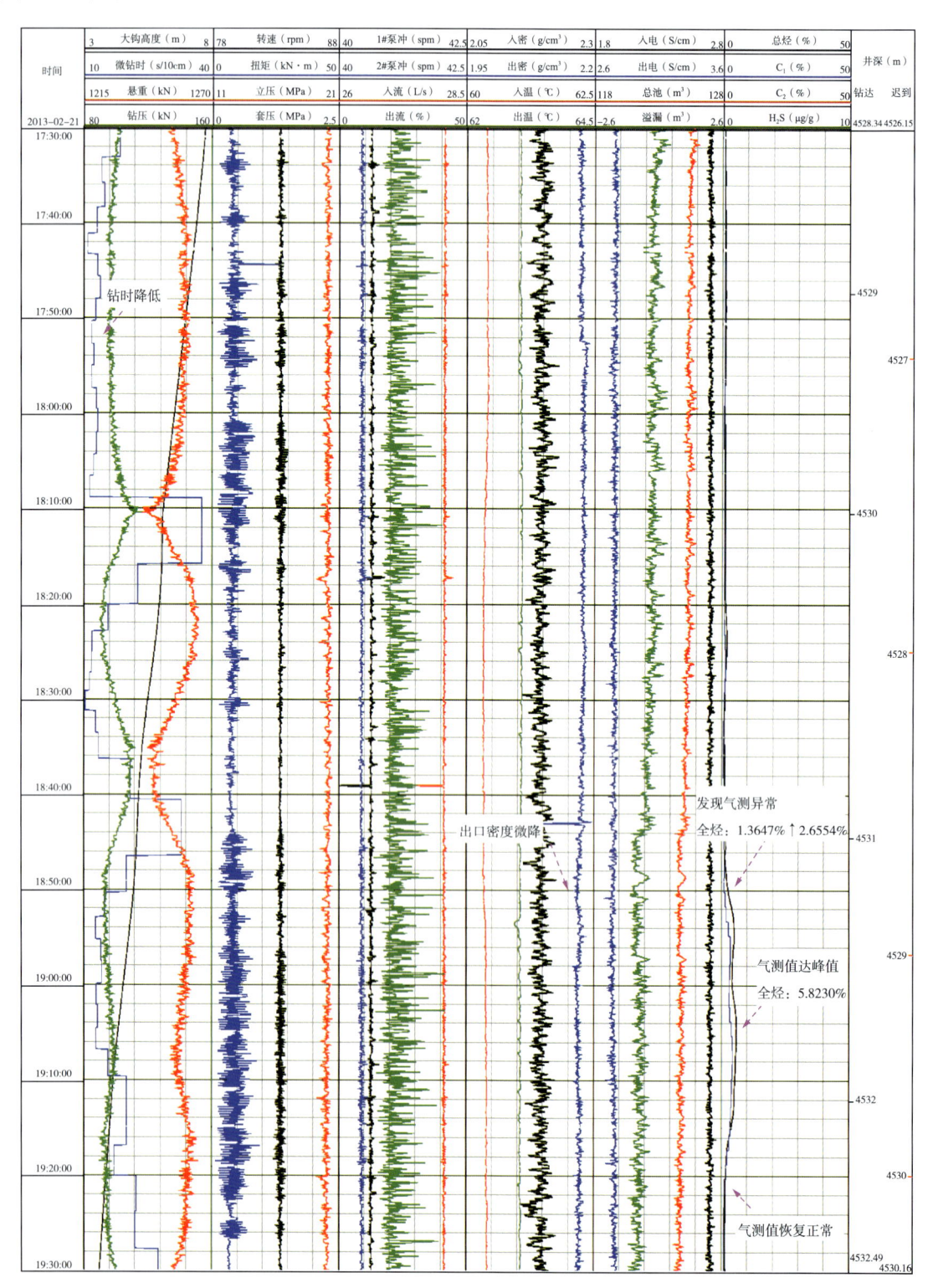

图1-25 气测异常实例19综合录井实时数据曲线图

气测异常实例20：×井于2014年3月12日22：08用密度2.25g/cm³、黏度43s、氯离子含量4431mg/L的钾聚磺钻井液钻进至高台组灰色云岩，在井深4893.62m（迟深4889.80m）发现气测异常（图1-26），全烃：0.2572%↑0.7069%，C_1：0.1229%↑0.4715%；至22：34钻至井深4894.66m（迟深4891.76m）开始循环，至23：02循环至迟深4892.03m，气测值达峰值，全烃：1.9927%、C_1：1.7880%，组分不全，其他参数无明显变化；循环至23：30迟深4893.20m气测值开始下降，循环后于23：45钻进至井深4895.02m（迟深4893.93m），气测值恢复正常，总显示持续时间大于97min。

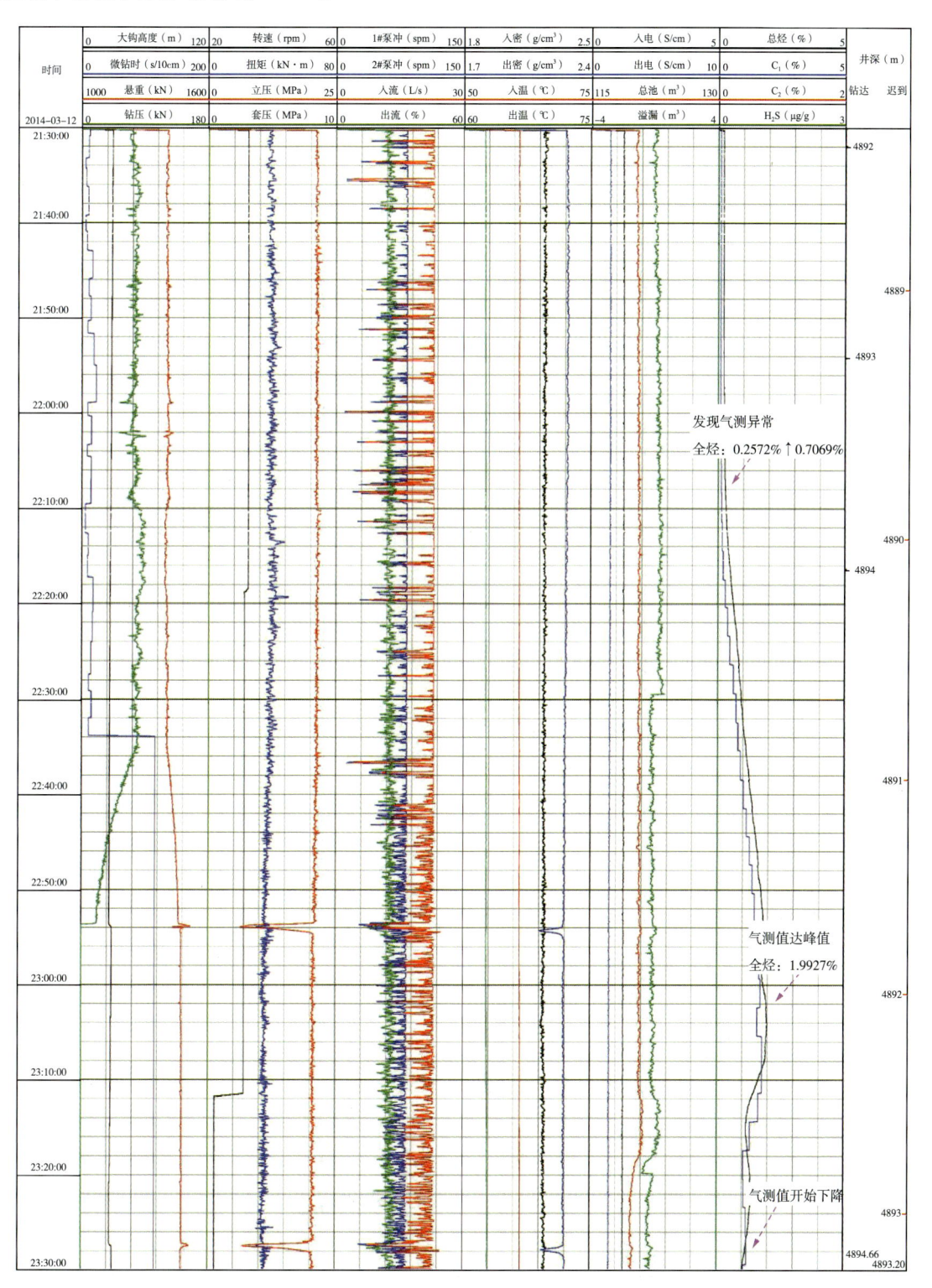

图1-26 气测异常实例20综合录井实时数据曲线图

综合录井实用图册

气测异常实例 21：× 井 2012 年 2 月 24 日 13：03 用密度 2.16g/cm³、黏度 62s、氯离子含量 15633mg/L 有机盐聚磺钻井液钻进至龙王庙组灰色白云岩，在井深 4543.67m（迟深 4541.39m）发现气测异常（图 1-27），全烃：0.5243% ↑ 1.0349%、C_1：0.3764% ↑ 0.6908%、C_2—nC_5 为 0.0000%，其他参数无明显变化；至 13：14 钻进至井深 4543.99m（迟深 4541.76m），气测达峰值，全烃：2.8747%、C_1：2.4699%、C_2—nC_5 为 0.0000%，出口钻井液电导率 13.0S/cm ↓ 11.8S/cm，其他参数无明显变化；至 13：57 钻进至井深 4545.30m（迟深 4543.16m），气测值恢复正常，显示持续时间 54min。

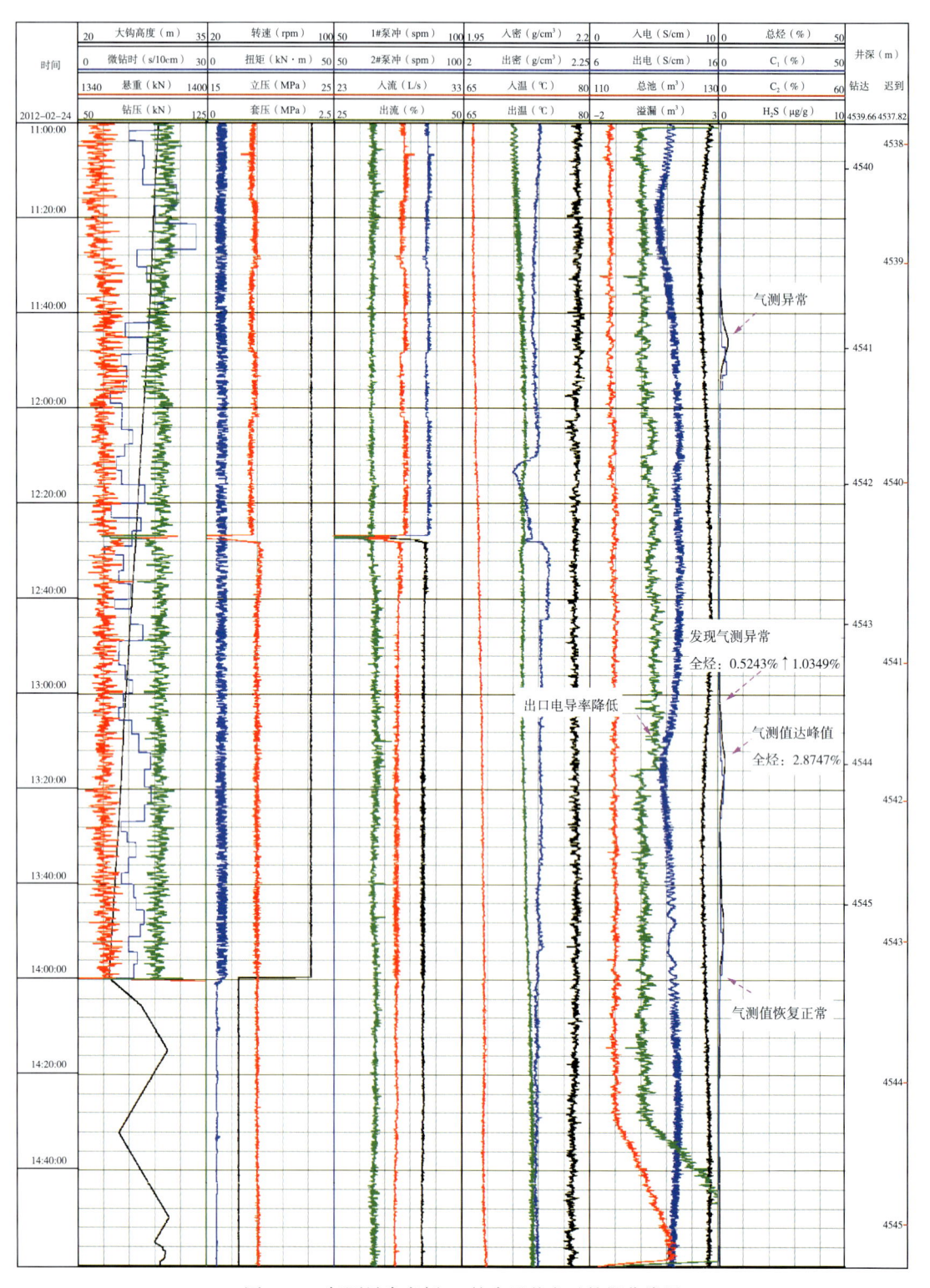

图 1-27　气测异常实例 21 综合录井实时数据曲线图

气测异常实例22：×井2013年10月18日10：12用密度2.29g/cm³、黏度47s、氯离子含量11344mg/L的聚磺钻井液钻进至龙王庙组褐灰色白云岩，在井深4572.71m（迟深4569.49m）发现气测异常（图1-28），全烃：0.7048%↑1.9344%、C_1：0.3765%↑1.0375%；至10：52钻进至井深4574.76m（迟深4571.27m），气测值达峰值，全烃：5.9855%、C_1：4.5515%，C_2—nC_5为0.0000%，其他参数无明显变化；至11：06钻进至井深4575.47m（迟深4571.93m），气测值恢复正常，显示持续时间54min。

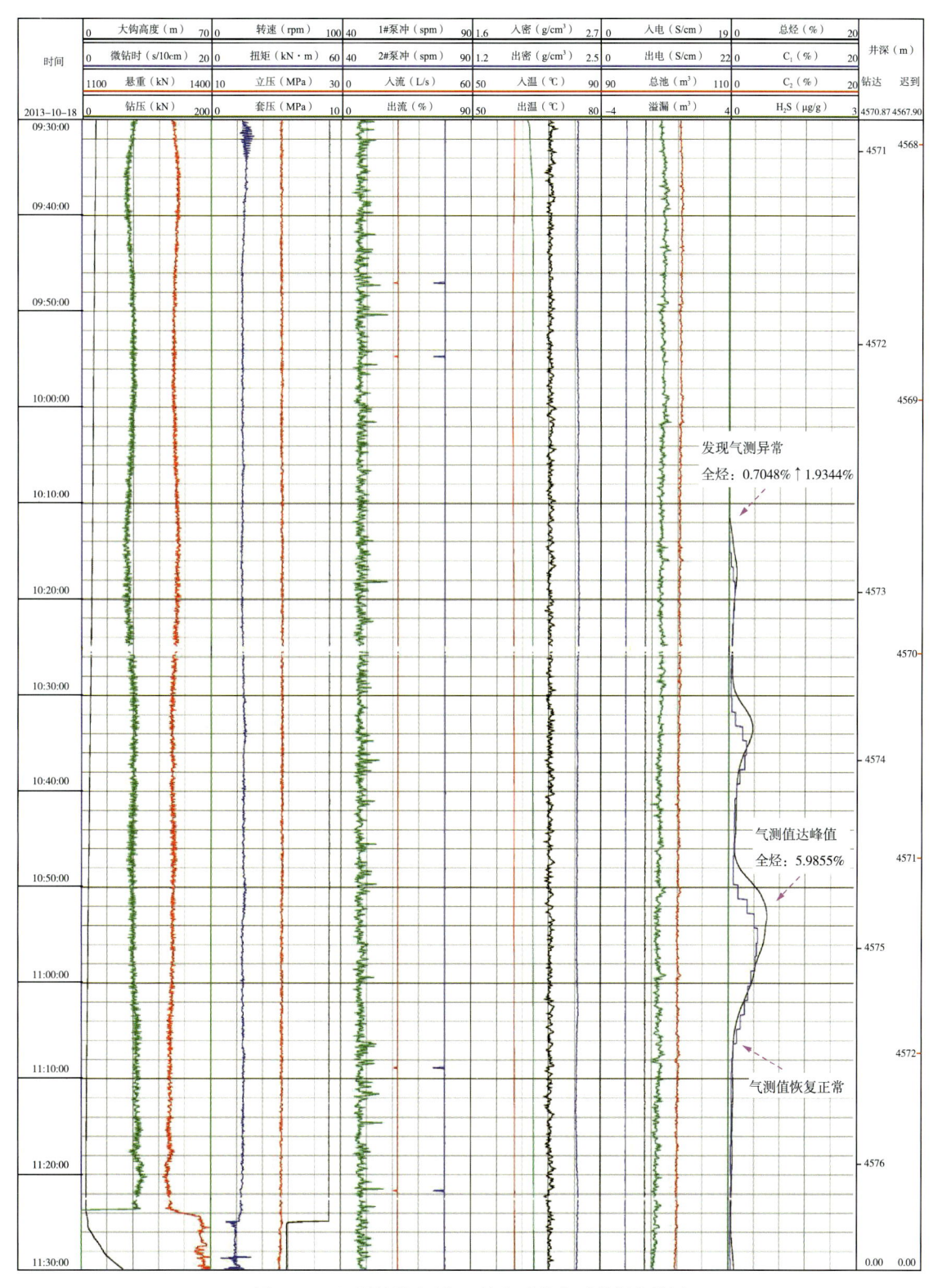

图1-28　气测异常实例22综合录井实时数据曲线图

气测异常实例23：× 井 2013 年 11 月 5 日 13：16 用密度 2.26g/cm^3、黏度 45s、氯离子含量 10812mg/L 的聚磺钻井液钻进至沧浪铺组褐灰色石灰岩，在井深 4761.72m（迟深 4760.78 m）发现气测异常（图 1-29），全烃：1.3219% ↑ 2.1897%、C$_1$：0.7013% ↑ 1.2281%、C$_2$—nC$_5$ 为 0.0000%；至 13：32 钻进至井深 4761.92m（迟深 4761.10m），气测值达峰值，全烃：7.9807%、C$_1$：6.3932%、C$_2$：0.0185%、C$_3$—nC$_5$ 为 0.0000%，其他参数无明显变化；至 13：44 钻进至 4762.08m（迟深 4761.38m），气测值恢复正常，显示持续时间 28min。

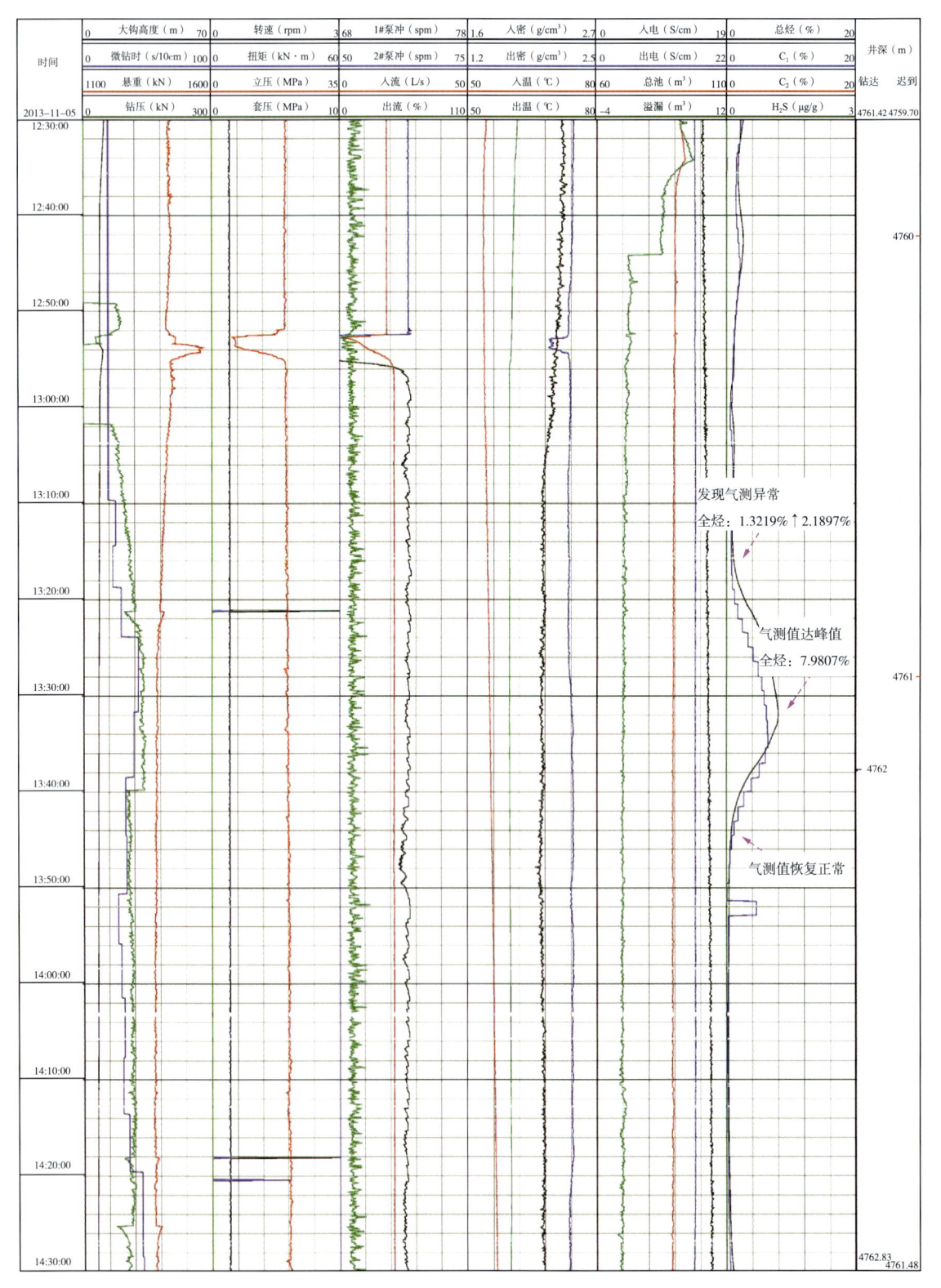

图 1-29　气测异常实例 23 综合录井实时数据曲线图

气测异常实例24：×井2011年5月15日12：54用密度1.36g/cm³、黏度38s、氯离子含量4431mg/L的聚磺钻井液钻进至灯三段浅灰色白云岩，在井深5139.58m（迟深5135.63m）发现气测异常（图1-30），全烃：1.7060%↑8.3537%，C_1：1.0624%↑7.8360%，$C_2—nC_5$为0.0000%；至12：57钻进至井深5139.71m（迟深5135.73m），气测值达峰值，全烃：17.6922%，C_1：10.2221%、$C_2—nC_5$为0.0000%，钻时微降，出口钻井液密度、电导率略微降低，其他参数无明显变化；至13：04钻进至井深5140.08m（迟深5135.99m），气测值恢复正常，显示持续时间10min。

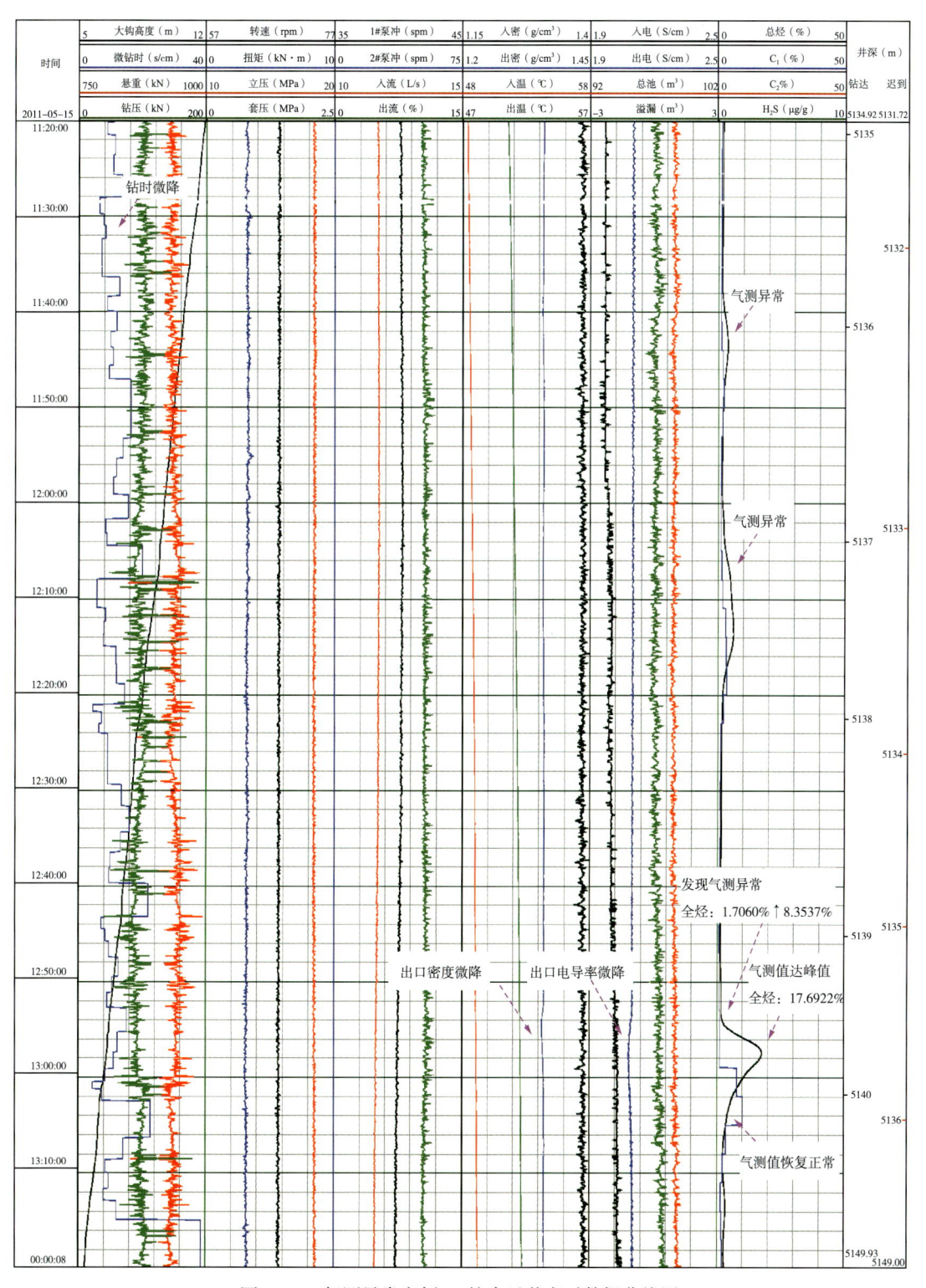

图1-30 气测异常实例24综合录井实时数据曲线图

第二章 气 侵

气侵指气体侵入井筒内钻井液中，使钻井液密度下降或其性能发生变化的现象。

当钻遇异常高压油气层或钻井液密度低而不能平衡地层压力时，地层压力大于井底压力形成负压差，含油气层地层中赋存的油气就会大量侵入井筒内的钻井液中发生油气侵。油气侵是气测异常的进一步表现，较气测异常而言，不仅使气测全烃及其组分值显著增高，而且也能使钻井液性能发生明显变化，在综合录井中将发生气测值、钻井液性能等组合参数的变化。根据油气藏类型的不同，通常可发生油侵、气侵、油气侵和水侵，严重的油（气）侵就有可能出现溢流、井涌，甚至诱发井喷的危险。

气侵是在天然气藏和油气藏钻井过程中常发生的含油气显示类型。四川盆地油气侵仅发生在川中地区白垩系—侏罗系，尤以侏罗系自流井组大安寨段最常见。气侵在盆地发育地层层序中均可能发生，是主要的气测显示类型。

一、气侵特点

1. 天然气的部分特性

（1）天然气的密度低，与钻井液、地层水、原油相比，天然气的密度最低；

（2）天然气具压缩性和膨胀性，其体积的大小取决于所受压力和温度。

2. 气侵天然气在井筒内的存在形式及运动方式

天然气侵入井筒后，呈液—气两相流动状态，形成泡状、段塞流等形态。由于天然气密度低，与钻井液有强烈的置换性，不管是开井还是关井，是循环还是静止，它总是要向井口的运移（滑脱上升）的，这种现象在后效观察中的油气上窜高度参数是最直观的表现，且越接近井口，上窜速度会越快。同时天然气具有压缩性和膨胀性。当温度不变时，天然气在井筒内随钻井液循环从环空中上返及在钻井液中滑脱上升，随着所受钻井液液柱压力的减小，气体聚集速度加快，体积膨胀增大，会造成环空钻井液液柱压力的减小，使井筒内压力系统由过平衡逐渐转变为欠平衡，严重时导致溢流的发生。

3. 气侵特征

气测显示强弱受储层产能、含气丰度、井底压差、钻时、排量、钻头类型等因素影响。随着油气藏特征和钻井参数、钻井液性能的不同，钻开含油气地层后天然气侵入井筒的速率、气量就不同。有时钻开油气层后气测显示初期仅气测全烃值升高，钻井液性能无明显变化，为气测异常显示特征。之后，随着侵入井筒内的天然气体积不断增大，会使钻井液性能（密度、黏度、电导率等）发生明显变化，形成气侵；如果储层渗透性好、含气丰度高、地层压力高（井底负压差大）或钻时快，瞬间侵入井筒内的天然气量足以改变钻井液的性能，此时气测录井就直接发生气侵显示。不管气侵发生的早晚，发生气侵后基本具有以下特征：

（1）随着单位体积钻井液中气体体积增多，钻井液密度逐渐减小，但气侵的钻井液在不同深度的密度是不同的。

（2）气侵的钻井液接近地面时其密度会变得更小，所以即使地面钻井液气侵厉害，密度降低很多，此时地面槽面观察到的钻井液中天然气气泡的数量和密度的降低，并不反映井底被气侵的程度，这时就不能再以出口气侵钻井液密度来计算液柱压力。计算液柱压力前需循环钻井液使其性能基本保持均匀。实际上仅有少量天然气侵入钻井液时，其密度变化甚微，对井底钻井液液柱压力减小影响并不大。

（3）由于抽汲或长时间停止循环（如起下钻、设备检修或电测等），井底积聚有相当数量的天然气，形成的气柱或气泡随着钻井液循环上升时，越接近地表，所受压力越小，更多气泡会聚集在一起形成更大的气柱。这些气柱和气泡随压力的降低而逐渐膨胀，体积增大，就可能导致钻井液外溢或出口流量增大。

（4）钻井液气侵后而又关井时，由于密度差的缘故，天然气会滑脱上升，最后积聚在井口附近。

（5）关井时气体上升而不膨胀的情况下，地层压力不等于井口压力加钻井液液柱压力，因此，不能用这个压力来计算所需钻井液密度。

二、气侵录井参数特征

大量的天然气进入井筒发生气侵，表现为气测全烃与组分含量显著增加，钻井液性能发生改变，出口钻井液密度下降、黏度上升、电导率降低，出口钻井液温度升高或降低，槽面观察有大量针孔状气泡显示，钻井液出口流量、循环池液面或总池体积变化无明显变化或略有增加。

典型图示例：如图 2-1 所示，a 段为正常钻进；钻至 b 段时，全烃曲线显著增加，出口密度降低，总池体积上升，发生气侵；至 c 段，全烃值恢复正常，气侵结束。

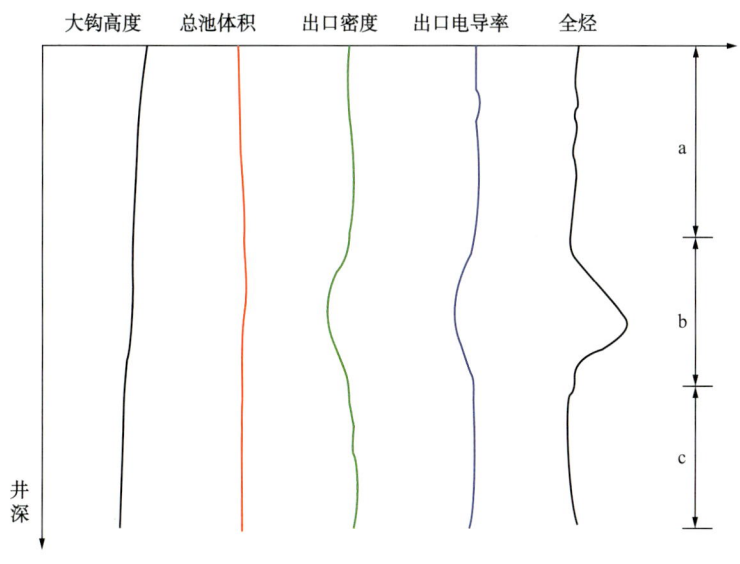

图 2-1 钻进时气侵示例图

三、油气侵实例

油气侵实例 1：× 井 2011 年 10 月 2 日 15：53 用密度 1.13g/cm³、黏度 46s、氯离子含量 19497mg/L 的 MEG 聚合物钻井液欠平衡钻进至大安寨褐灰色介壳石灰岩，在井深 1405.10m（迟深 1404.26m）发现气测异常（图 2-2），全烃：0.3856% ↑ 0.8576%，组分到 nC₄；至 16：22 钻进至井深 1406.10m（迟深 1404.91m），发生油气侵，全烃：10.7500%、C₁：5.1358%，组分到 nC₄，出口钻井液密度 1.10g/cm³ ↓ 1.01g/cm³、黏度 46s ↑ 62s、电导率微降，总池体积上涨 0.60m³，后经液气分离器循环钻井液至 16：59（迟深 1406.34m），气测值达峰值，全烃：41.2402%、C₁：26.5236%，组分齐全，出口钻井液密度 0.97g/cm³、黏度 67s，总池体积上涨 1.0m³，槽面观察占 5%

的气泡和 2% 的油花，集气点火燃，焰高 2cm；至 17：26 欠平衡钻进至井深 1407.69m（迟深 1407.04m）关井，立压 0.00MPa ↑ 6.7MPa、套压 0.00MPa ↑ 8.17MPa，随后循环压井和经节流管汇循环排气至 10 月 3 日 05：40 恢复正常钻进。

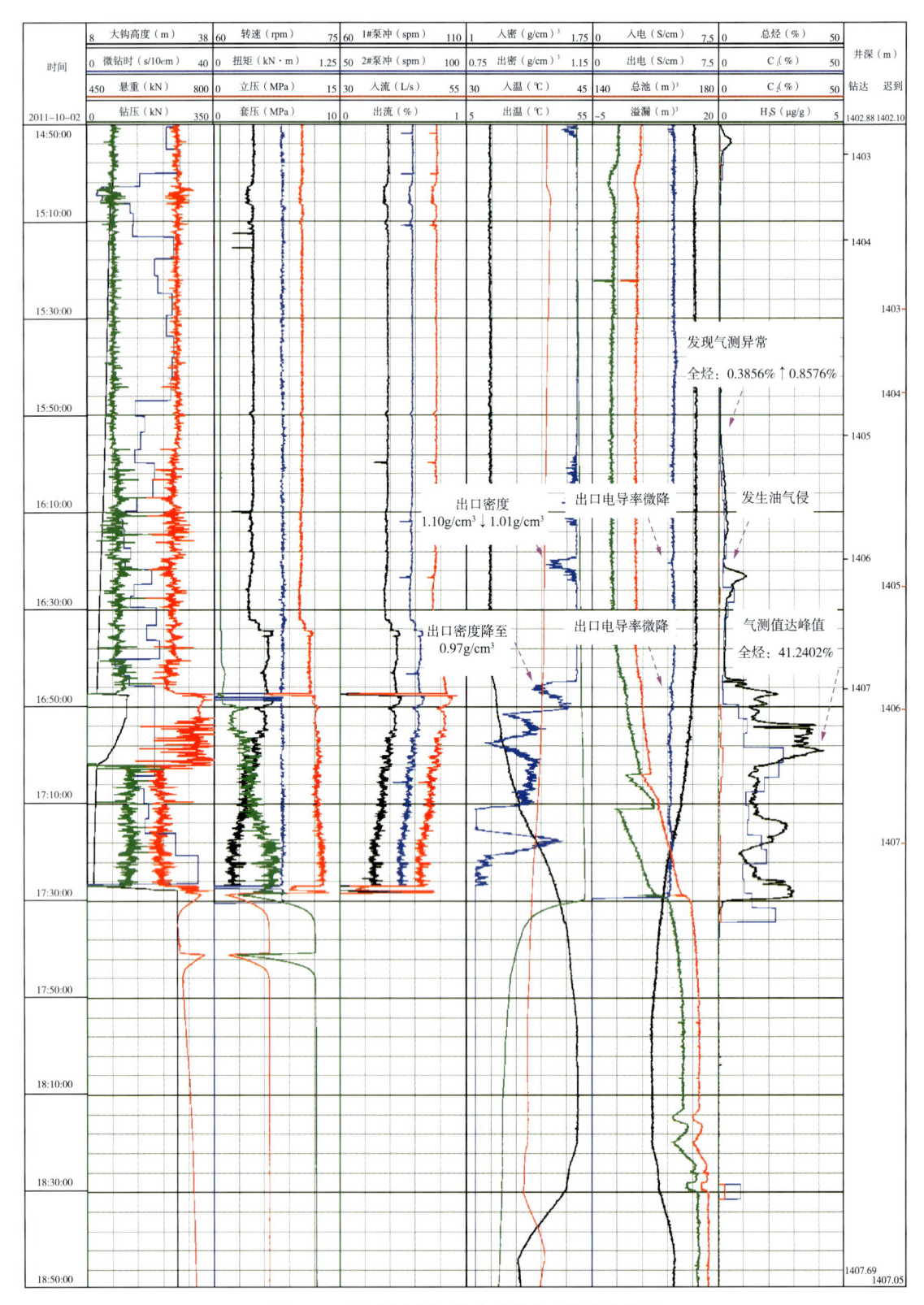

图 2-2　油气侵实例 1 综合录井实时数据曲线图

油气侵实例2：×井2011年10月3日11：04用密度1.54g/cm³、黏度46s、氯离子含量14160mg/L的MEG聚合物钻井液欠平衡钻进至大安寨段褐灰色介壳石灰岩，在井深1418.88m（迟深1416.92m）发生油气侵（图2-3），全烃：7.2981%↑13.8031%、C_1：5.3526%↑10.5522%，组分到nC_4；至11：27欠平衡钻进至井深1419.77m（迟深1418.13m），气测值达峰值，全烃：32.6469%、C_1：26.2196%，组分到nC_4，出口钻井液密度1.54g/cm³↓1.33g/cm³、黏度46s↑65s、电导率微降，总池体积上涨1.0m³，槽面观察占5%的气泡和2%的油花，集气点火燃，焰高2cm；至11：45欠平衡钻进至井深1420.40m（迟深1419.00m），气测值开始下降，后短拉循环，至11：50循环至迟深1419.20m，气测值恢复正常，显示持续时间46min。

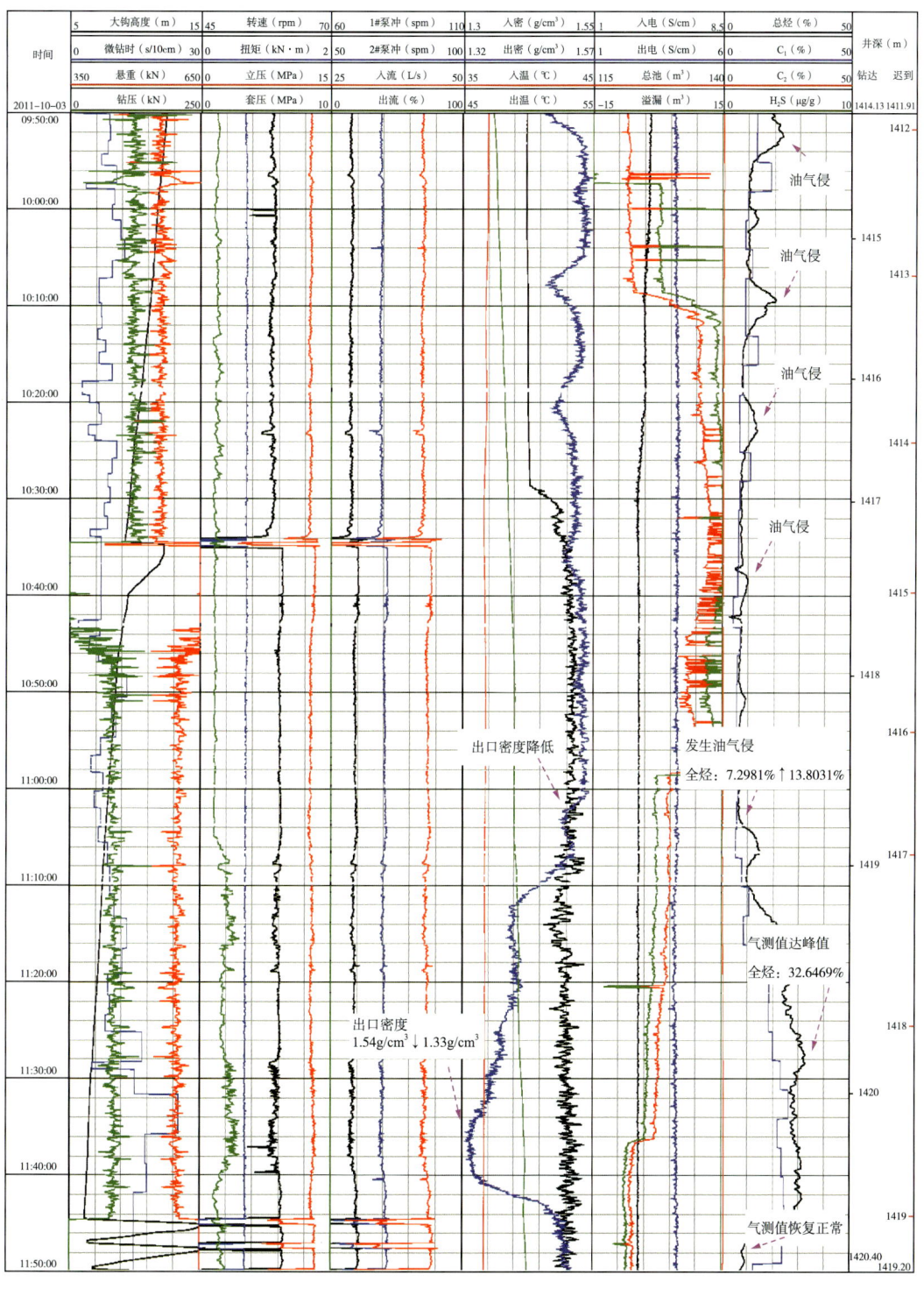

图2-3　油气侵实例2综合录井实时数据曲线图

综合录井实用图册

油气侵实例3：× 井 2011 年 12 月 12 日 10：08 用密度 1.60g/cm³、黏度 53s、氯离子含量 14160mg/L 的聚磺钻井液钻进至大安寨段褐灰色介壳石灰岩，在井深 1448.52m（迟深 1448.09m）发现气测异常（图 2-4），全烃：0.4506% ↑ 0.8930%、C_1：0.0000% ↑ 0.0947%，组分不全；至 10：39 钻进至井深 1449.30m（迟深 1448.57m），气测值达第一峰值，并发生油气侵，全烃：67.2456%、C_1：35.5187%，组分齐全，至 13：09 钻进至 1452.80m（迟深 1452.61m），气测值达峰值，全烃：100%、C_1：59.2561%、C_2：8.5230%，组分齐全，出口钻井液密度 1.60g/cm³ ↓ 1.24g/cm³、黏度 53s ↑ 62s、电导率降低，池体积上涨 0.3m³，槽面观察气泡占 30%、油花占 20%，集气点火燃，焰高 2～4cm；至 16：00 钻至井深 1460.36m（迟深 1450.90m），全烃值为 22.2410%～36.1989%，其中两次峰值显示应均受到停泵后效气的影响，显示持续时间 352min。

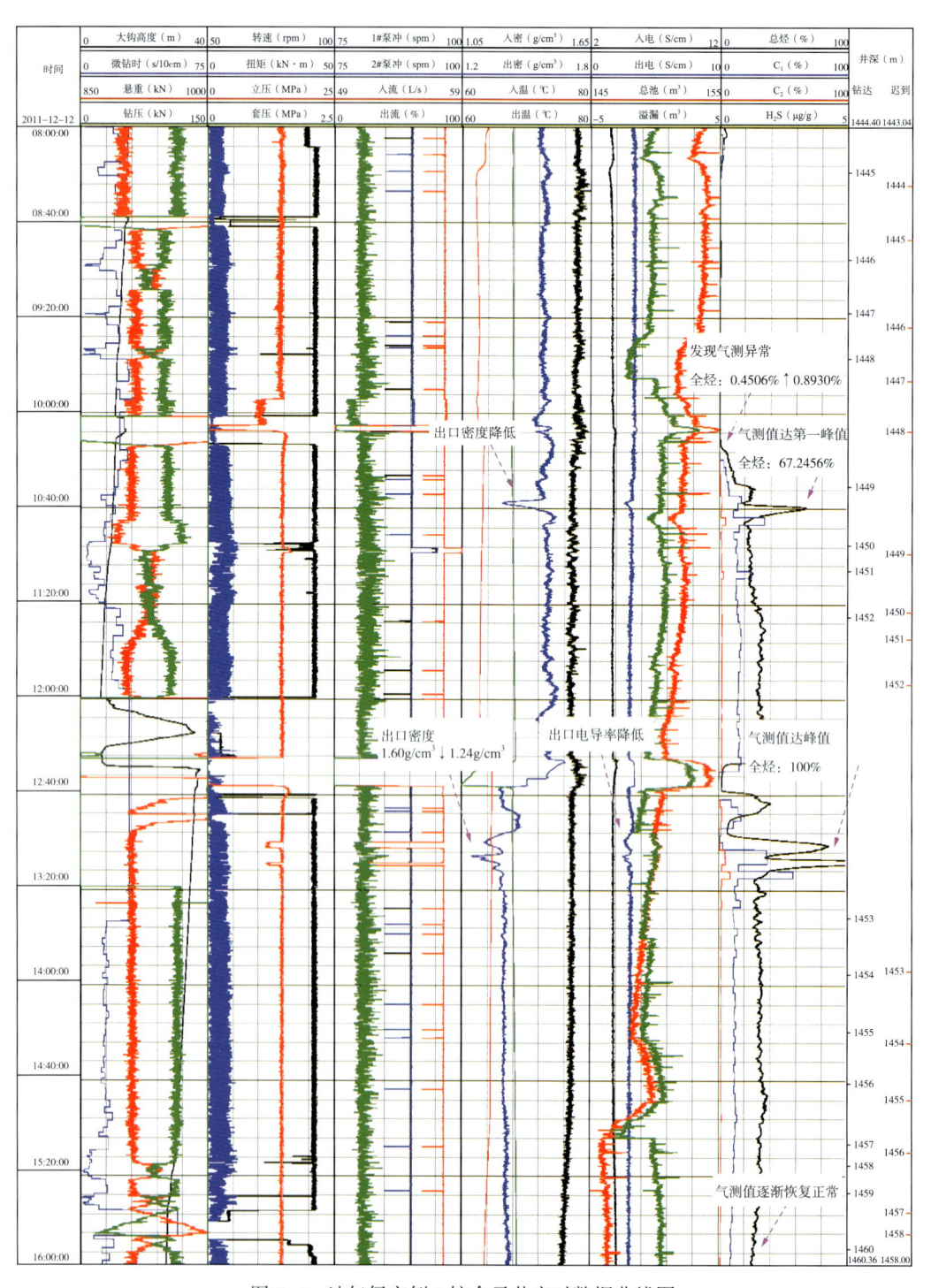

图 2-4　油气侵实例 3 综合录井实时数据曲线图

四、气测异常→气侵实例

气测异常→气侵实例1：×井2013年9月30日16：26用密度1.65g/cm³、黏度46s、氯离子含量66114mg/L氯化钾聚合物钻井液钻进至东岳庙段灰褐色介壳石灰岩，在井深1557.59m（迟深1556.28m）发现气测异常（图2-5），全烃：0.6191%↑1.1590%、C_1：0.3587%↑0.6733%；至16：33发生气侵，钻时微降，出口钻井液密度、电导率降低；至16：37钻进至井深1557.86m（迟深1556.76m），气测值达峰值，全烃：25.2340%、C_1：19.4050%，组分不全，出口钻井液密度1.65g/cm³↓1.59g/cm³，出口钻井液电导率微降，其他参数无明显变化；至16：54至井深1558.51m（迟深1557.35m），气测值恢复正常，显示持续时间29min。

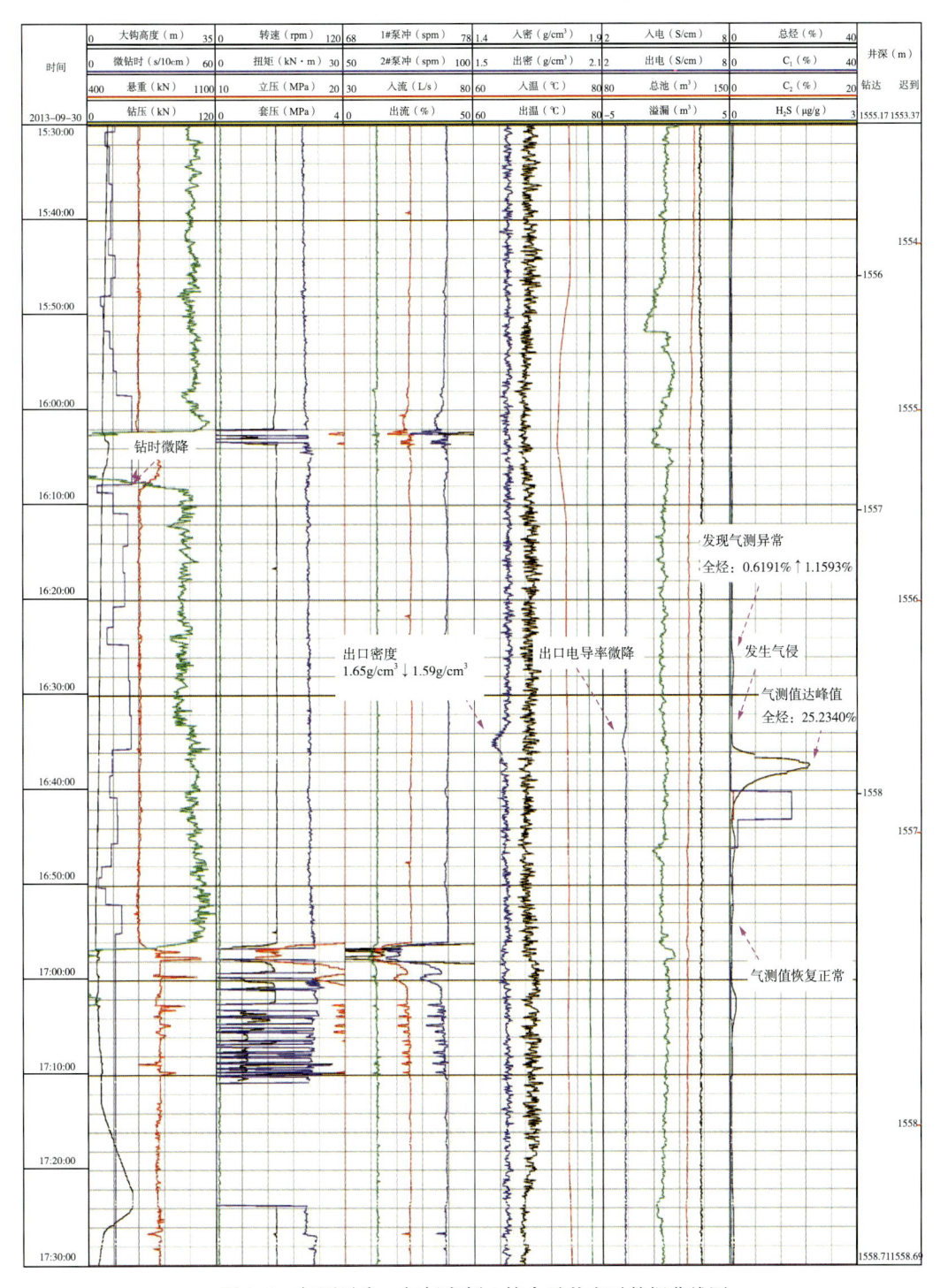

图2-5 气测异常→气侵实例1综合录井实时数据曲线图

气测异常→气侵实例2：×井2013年2月20日18：44用密度1.54g/cm³、黏度46s、氯离子含量71609mg/L氯化钾聚磺钻井液钻至须六段浅灰色细砂岩，在井深1795.20m（迟深1794.21m）发现气测异常（图2-6），全烃：0.3927%↑0.8306%、C₁：0.2786%↑0.5355%；至19：04发生气侵，至19：07钻至井深1795.78m（迟深1795.04m），气测值达峰值，全烃：26.8262%、C₁：21.3696%，组分不全，出口钻井液密度1.54g/cm³↓1.42g/cm³、黏度46s↑48s、电导率微降，槽面观察气泡占5%，池体积上涨0.3m³，集气点火燃，焰高1cm；至19：12钻至井深1795.88m（迟深1795.30m），气测值恢复正常，显示持续时间29min。

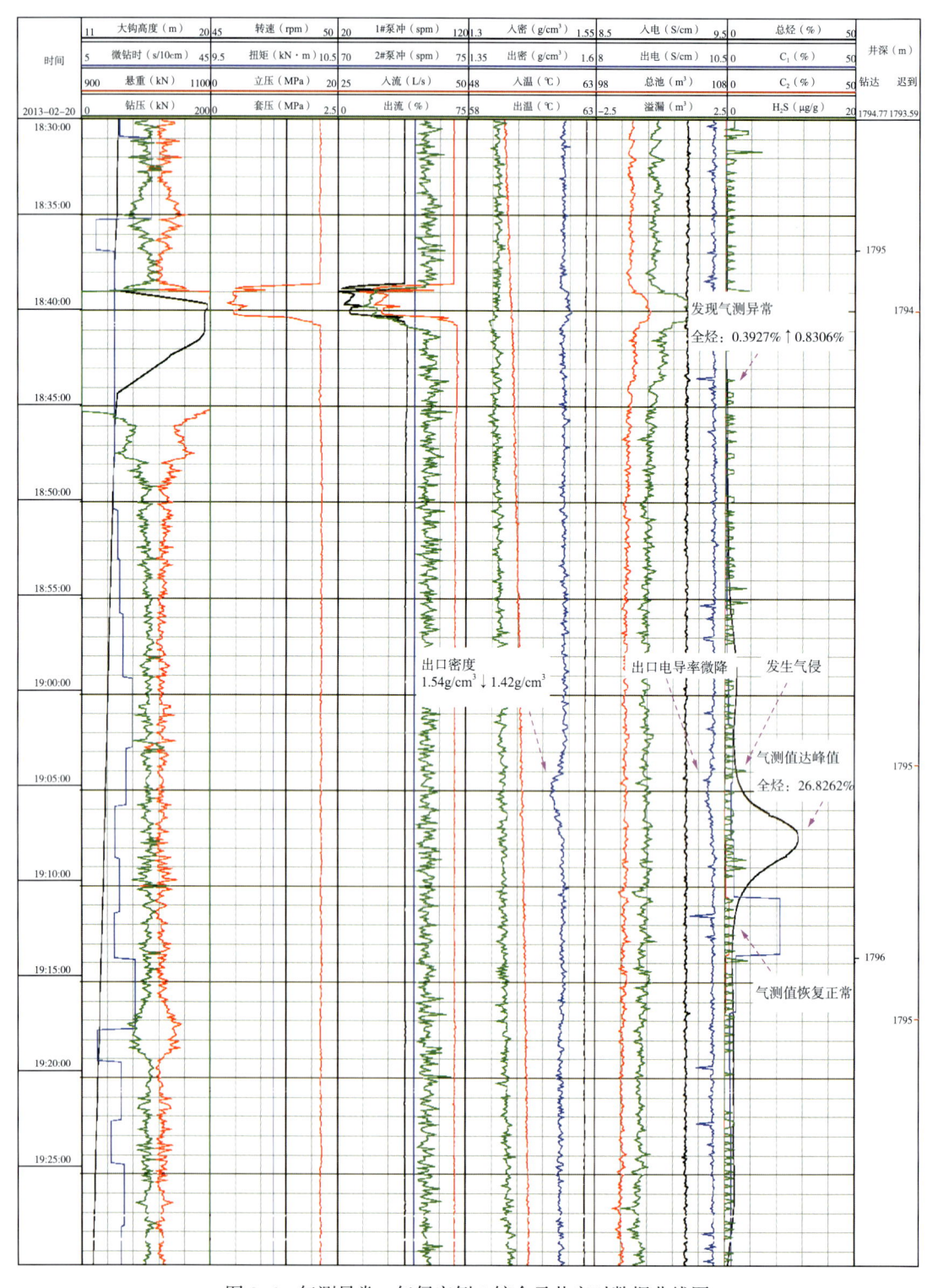

图2-6 气测异常→气侵实例2综合录井实时数据曲线图

气测异常→气侵实例3：×井2011年5月26日14：00用密度1.53g/cm³的钻井液钻进至须六段，在井深4490.39m（迟深4487.89m）发现气测异常（图2-7），全烃：0.6165%↑3.0750%、C_1：0.3142%↑2.4760%；至14：03发生气侵，至14：16钻至井深4490.65m（迟深4488.42m），气测值达峰值，全烃：40.9195%、C_1：49.9852%（色谱仪标定不精准），出口钻井液密度1.48g/cm³↓1.36g/cm³、黏度60s↑63s，液面上涨0.30m³，可能受钻压影响或因钻遇接触式硅质胶结砂岩与裂缝发育段，转盘转速、扭矩呈锯齿状波动；至14：50钻至井深4491.06m（迟深4489.30m），气测值恢复正常，显示持续时间50min。

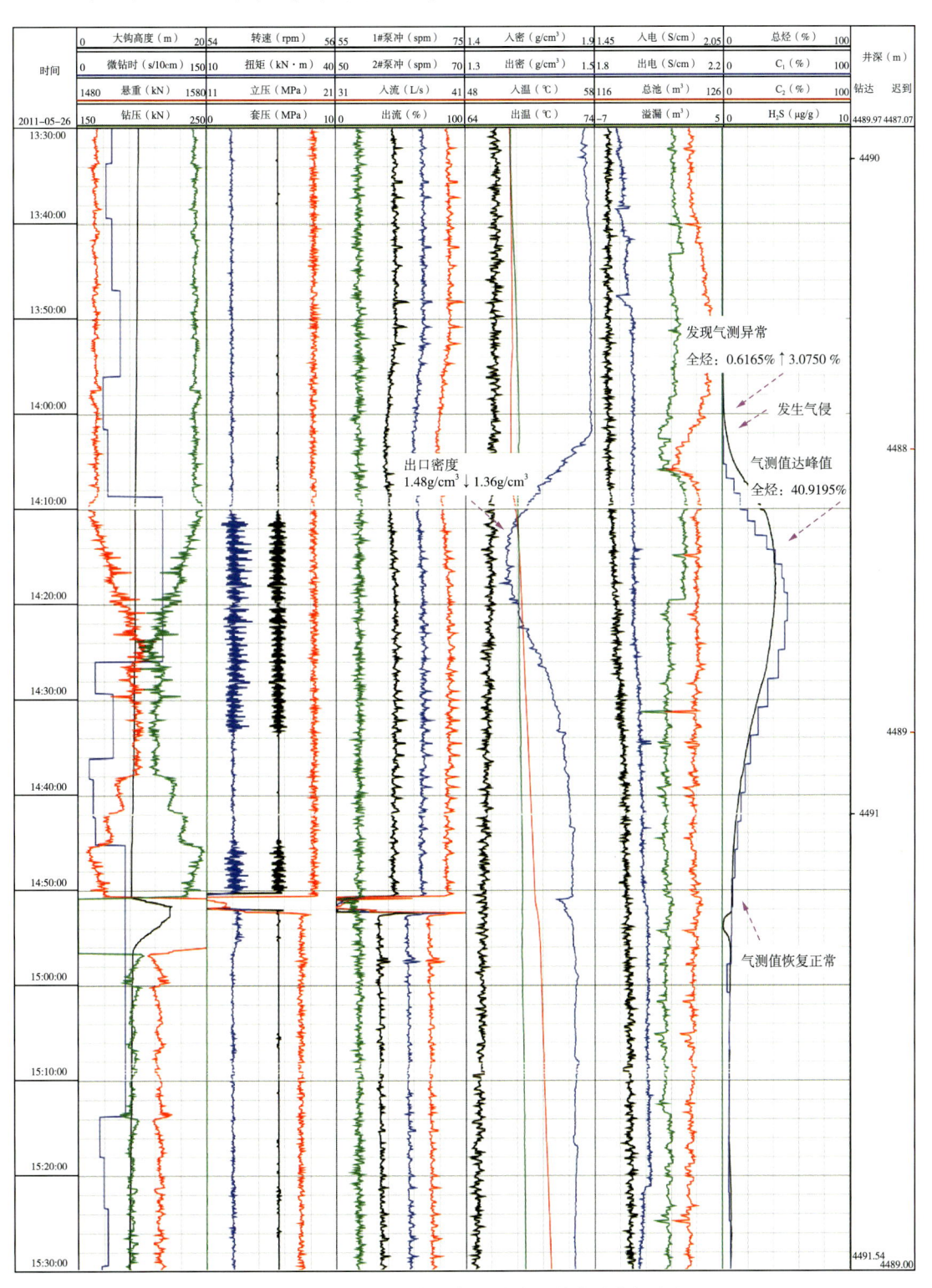

图2-7 气测异常→气侵实例3综合录井实时数据曲线图

气测异常→气侵实例4：×井2012年3月25日11：00用密度1.85g/cm³、黏度53s、氯离子含量13648mg/L的钾聚磺钻井液钻进至须五段煤层，在井深3092.41m（迟深3090.40m）发现气测异常（图2-8），全烃：0.5134%↑1.5500%、C_1：0.1701%↑1.1795%；至11：03发生气侵，至11：10钻进至井深3092.96m（迟深3091.17m），气测值达峰值，全烃：49.2899%、C_1：37.8466%，组分齐全，出口钻井液密度1.85g/cm³↓1.76g/cm³、电导率降低，出口流量增大，池体积上涨0.30m³；至11：18钻进至井深3093.13m（迟深3091.30m），气测值恢复正常，显示持续时间18min。

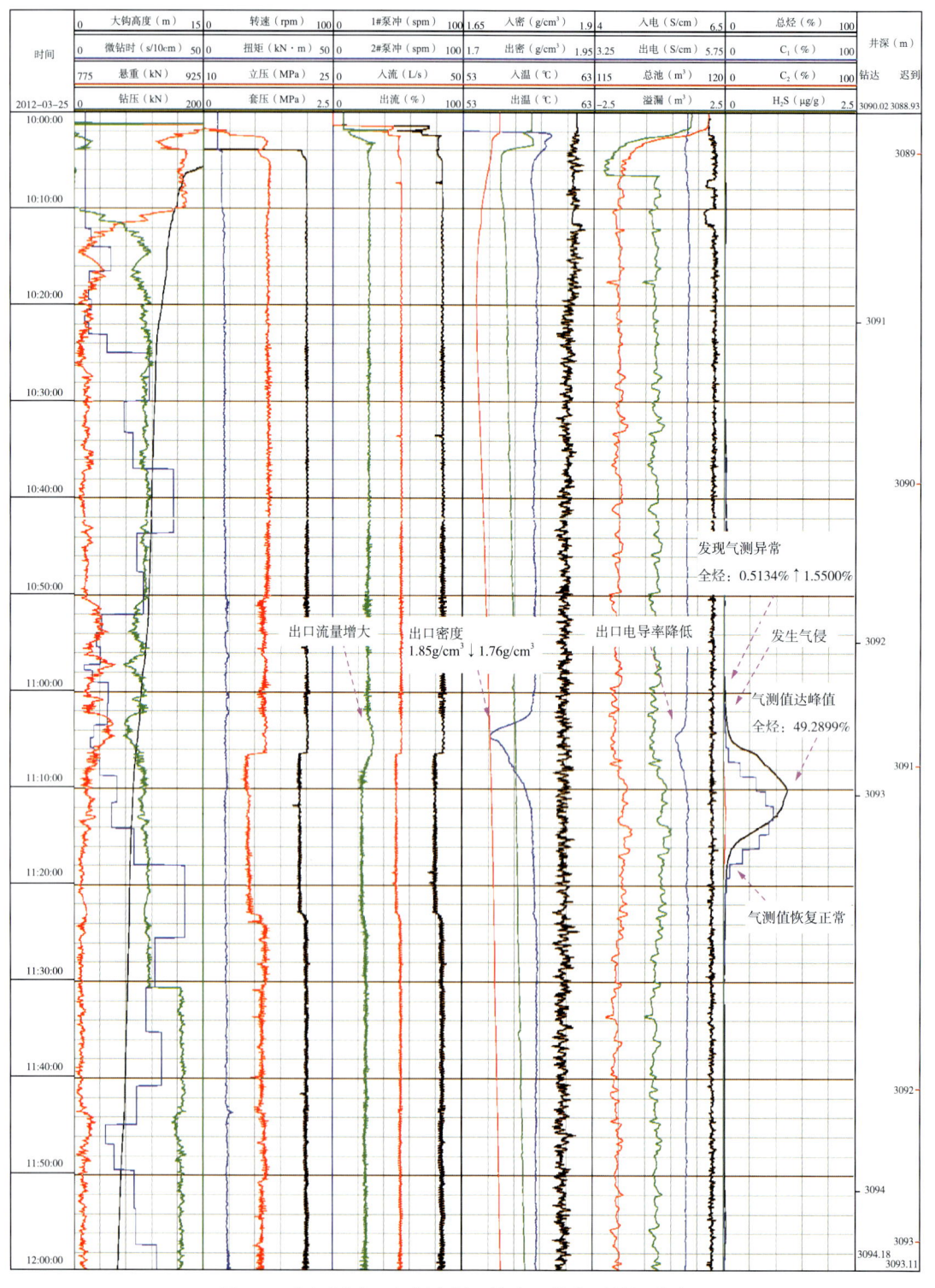

图2-8 气测异常→气侵实例4综合录井实时数据曲线图

气测异常→气侵实例 5：× 井 2013 年 2 月 3 日 01：43 用密度为 1.66g/cm³、黏度 58s、氯离子含量 52821mg/L 钾聚磺钻井液钻至雷四段灰褐色泥质石灰岩，在井深 2386.52m（迟深 2385.44m）发现气测异常（图 2-9），全烃：0.3147% ↑ 1.2089%、C_1：0.2076% ↑ 0.6680%；钻至 01：48 发生气侵，钻井液密度降低，出口流量增大，出口温度降低；至 01：59 钻至井深 2386.72m（迟深 2385.67m），气测值达峰值，全烃：83.5026%、C_1：66.9272%，组分齐全，钻井液密度 1.64g/cm³ ↓ 1.39g/cm³、黏度 58s ↑ 61s，液面上涨 0.3m³，槽面集气点火燃，焰高 2.5cm；至 02：16 钻进至井深 2387.09m（迟深 2385.88m），气测值恢复正常，显示持续时间 33min。

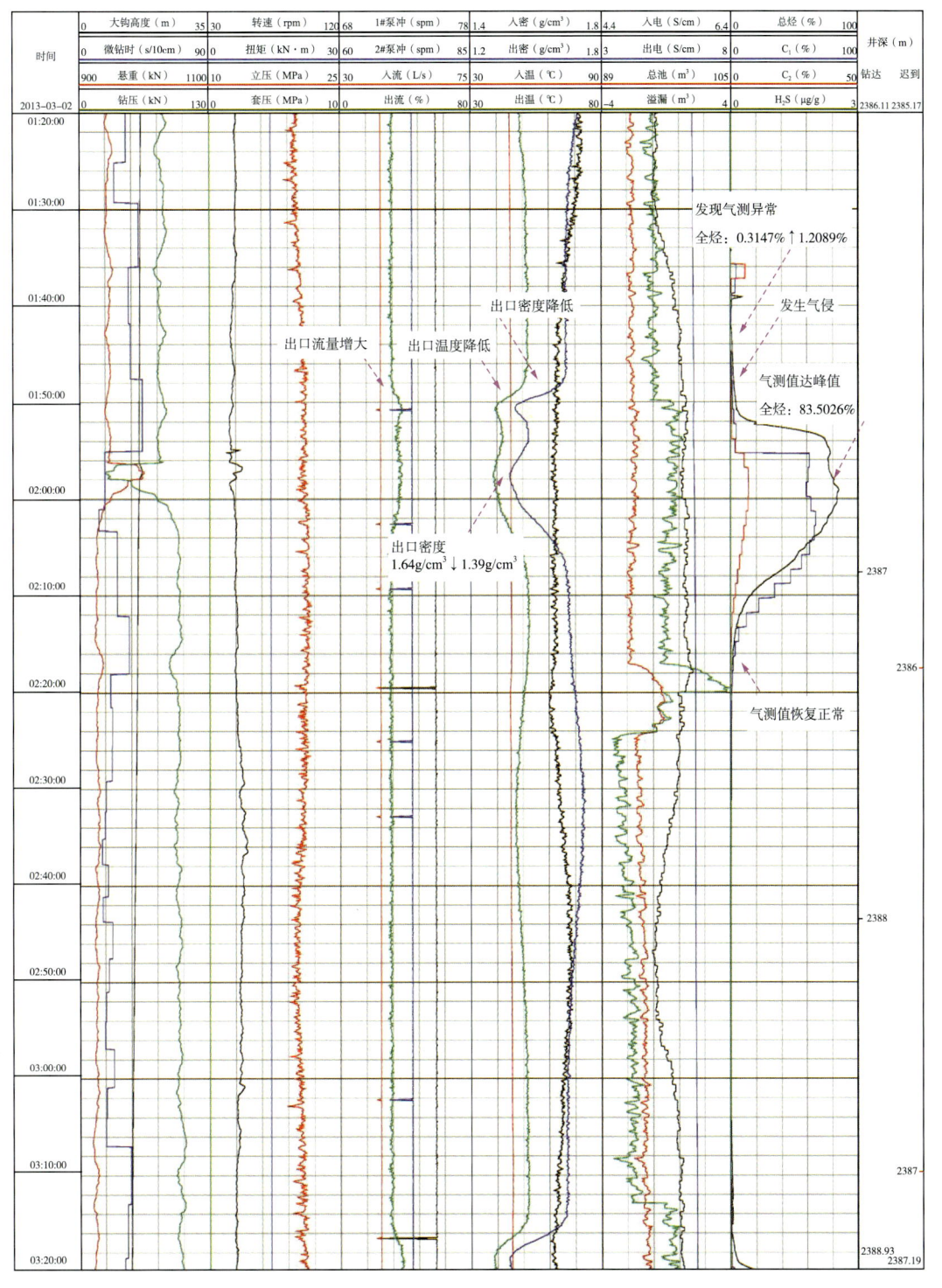

图 2-9　气测异常→气侵实例 5 综合录井实时数据曲线图

气测异常→气侵实例6：× 井 2011 年 11 月 5 日 14：37 用密度 1.56g/cm³、黏度 56s、氯离子含量 29955mg/L 的 MEG 聚磺钻井液钻进至雷三段灰色石灰岩，在井深 2393.19m（迟深 2389.32m）发现气测异常（图 2-10），全烃：0.8166% ↑ 1.4003%、C_1：0.2791% ↑ 0.9365%；至 14：46 发生气侵，至 14：52 钻进至井深 2394.63m（迟深 2391.13m），气测达峰值，全烃：99.9793%、C_1：73.1477%，组分齐全，出口钻井液密度 1.56g/cm³ ↓ 1.29g/cm³、黏度 56s ↑ 70s、电导率 5.1S/cm ↓ 3.9S/cm，总池体积上涨 1.0m³，槽面气泡占 10%，集气点火燃；至 15：18 钻进至井深 2397.20m（迟深 2392.76m），气测值恢复正常，显示持续时间 41min。

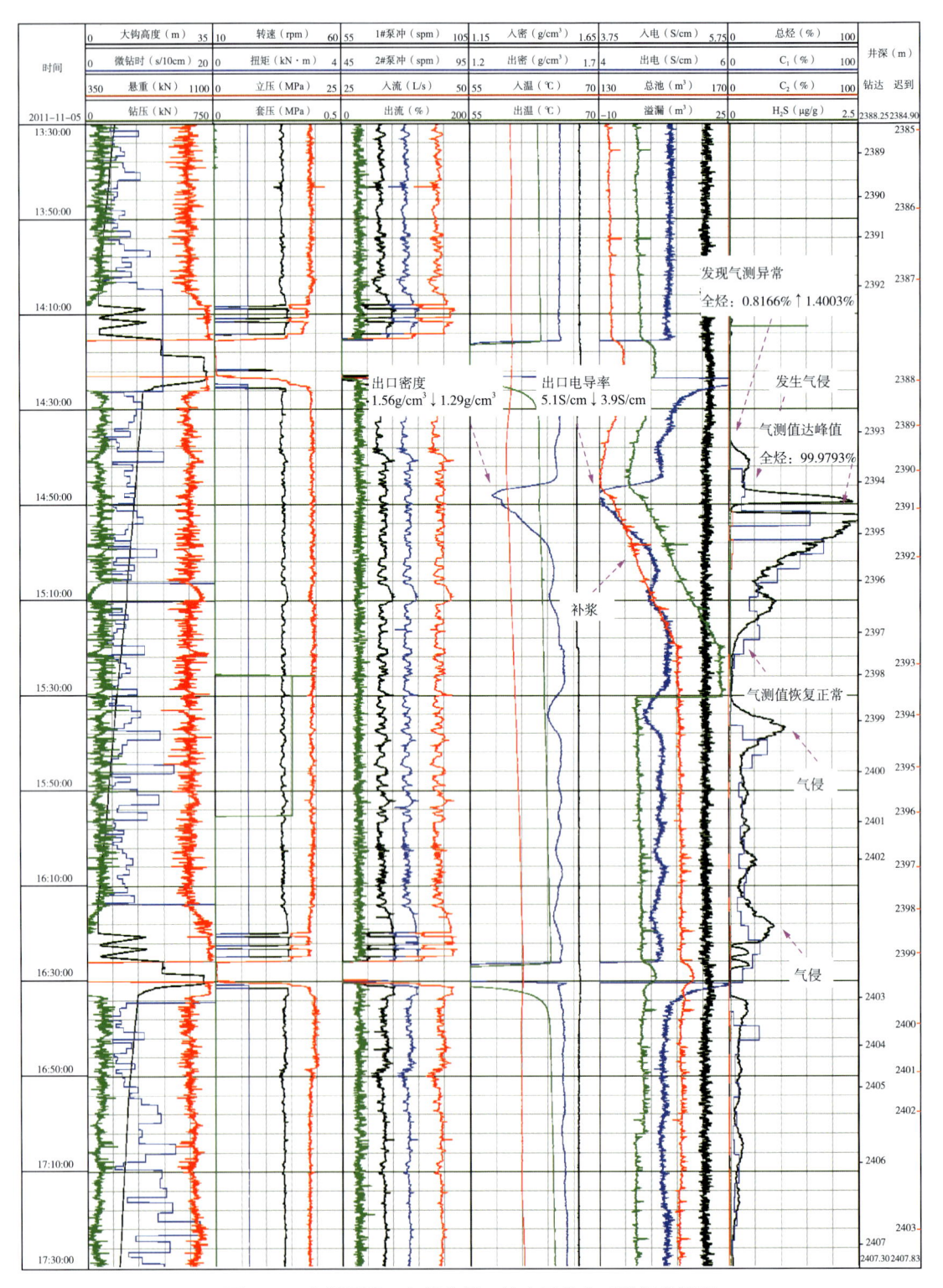

图 2-10　气测异常→气侵实例 6 综合录井实时数据曲线图

气测异常→气侵实例7：×井2011年12月7日06：05用密度1.64g/cm³、黏度60s、氯离子含量19525mg/L聚磺钻井液钻进至嘉三段褐灰色石灰岩，在井深2925.39m(迟深2922.83m)发现气测异常(图2-11)，全烃：0.8610%↑2.3008%、C₁：0.5798%↑1.6691%；至06：10发生气侵，钻井液密度1.64g/cm³↓1.63g/cm³，至06：17钻进至井深2925.56m（迟深2923.43m），气测值达峰值，全烃：18.5540%、C₁：14.4390%，组分不全，出口钻井液密度1.63g/cm³↓1.61g/cm³、电导率微降，集气点火未燃；至06：28钻进至井深2925.97m（迟深2923.77m），气测值恢复正常，显示持续时间23min。

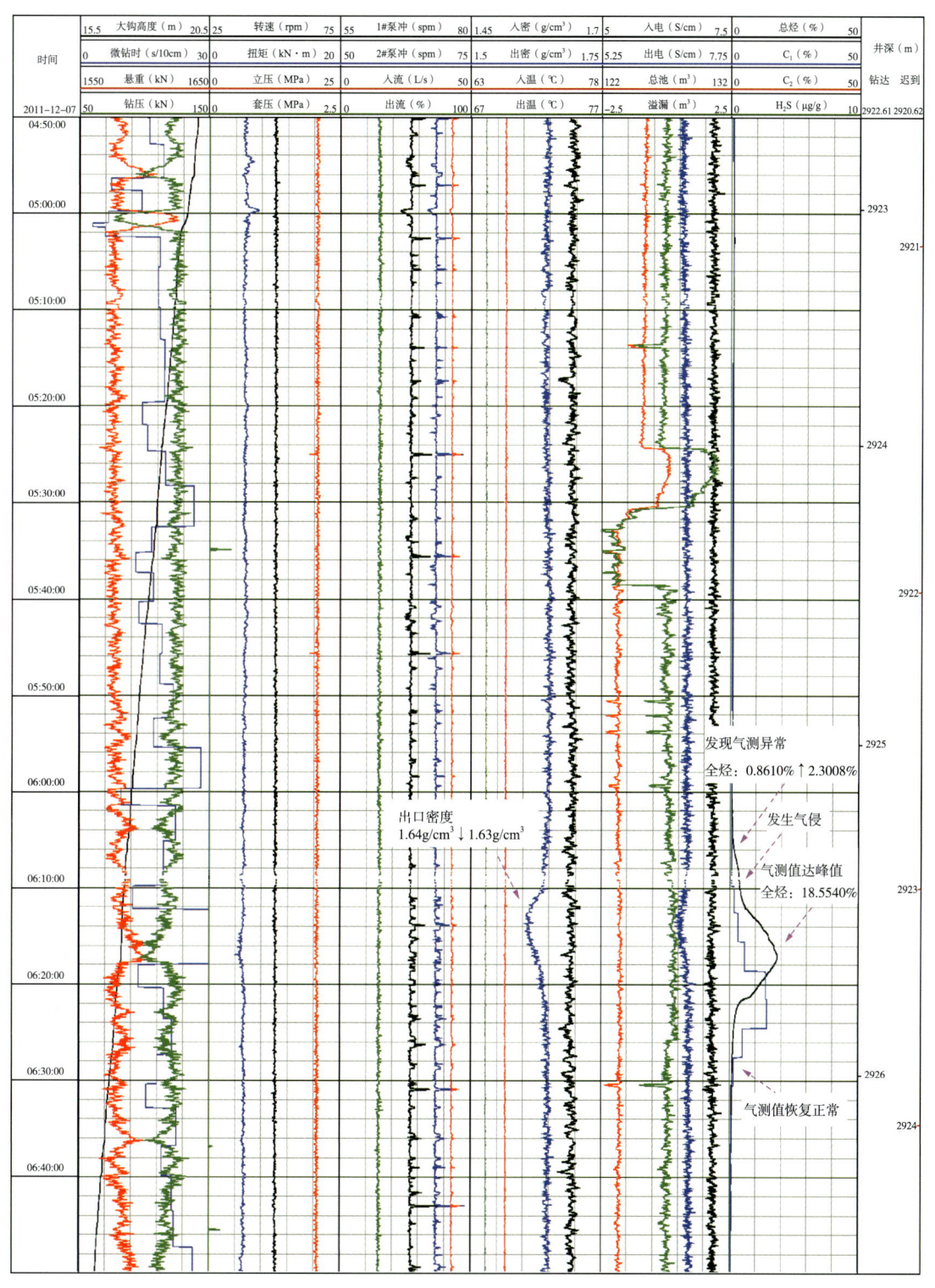

图2-11 气测异常→气侵实例7综合录井实时数据曲线图

气测异常→气侵实例8：× 井 2011 年 12 月 2 日 12：27 用密度 2.06g/cm³、黏度 54s、氯离子含量 15953mg/L 的 MEG 聚磺钻井液钻进至嘉二₂亚段深灰色白云岩，在井深 3147.21m（迟深 3137.10m）发现气测异常（图 2-12），全烃：1.3258%↑2.6326%、C₁：0.9387%↑2.2673%；至 12：45 发生气侵，出口钻井液密度、电导率降低；至 12：52 钻进至 3149.27m（迟深 3143.70m）循环，至 12：55 循环至迟深 3143.98m，气测值达峰值，全烃：79.5512%、C₁：72.7171%，组分不全，出口钻井液密度 2.06g/cm³↓1.86g/cm³、黏度 54s↑61s、电导率 4.3S/cm↓3.9S/cm，总池体积上涨 0.6m³，槽面气泡占 10%，集气点火燃，并开始循环观察；至 13：16 循环钻井液至迟深 3147.40m，全烃：10.0246% 开始钻进，至 13：20 钻进至井深 3150.13m（迟深 3147.75m），气测值恢复正常，显示持续时间 53min。

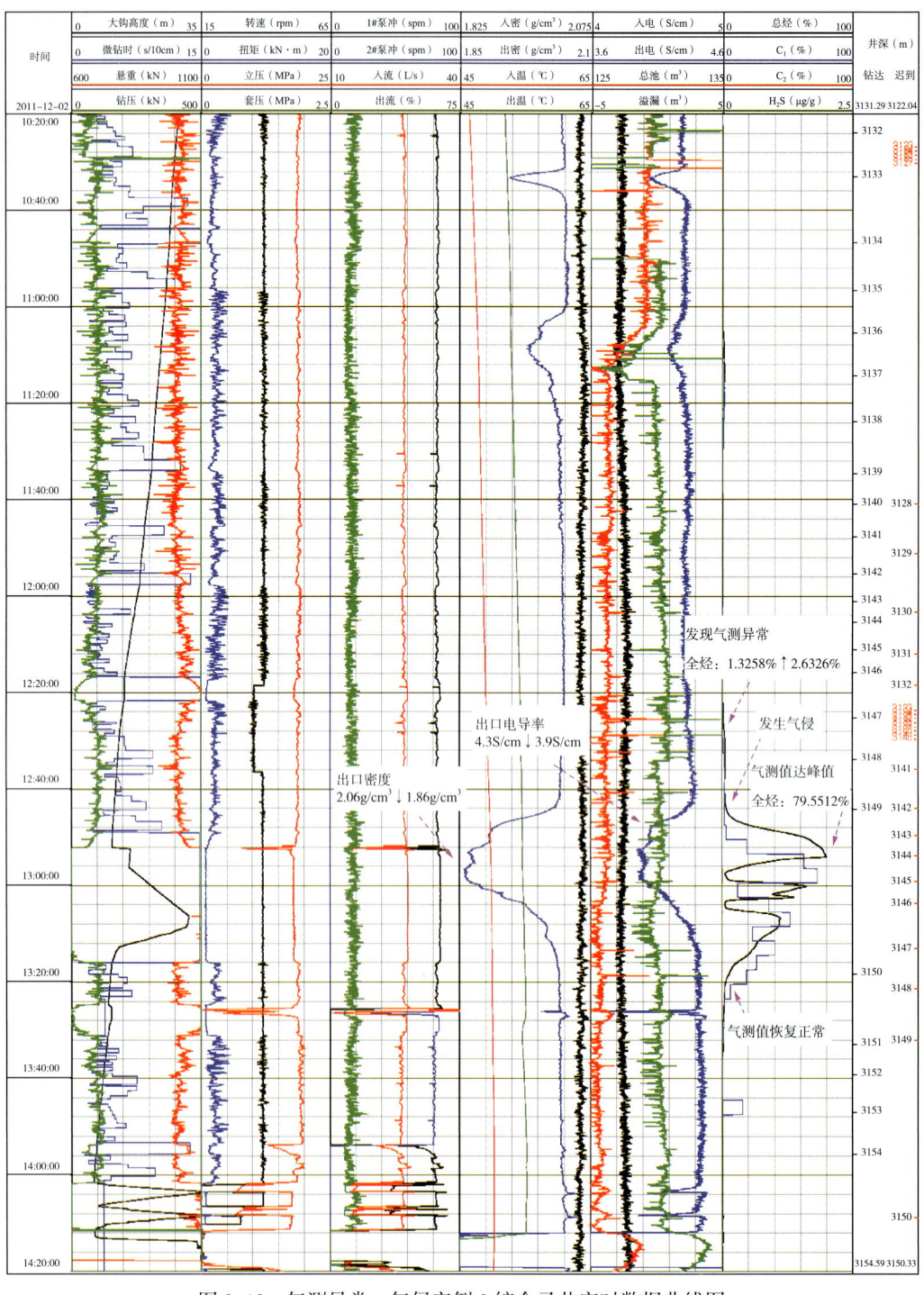

图 2-12 气测异常→气侵实例 8 综合录井实时数据曲线图

气测异常→气侵实例9：×井2013年10月13日12：38用密度2.08g/cm³、黏度46s、氯离子含量26588mg/L的钾聚合物钻井液复合钻进至嘉一段浅褐灰色石灰岩，在井深3041.22m（迟深3032.76m）发现气测异常（图2-13），全烃：1.7087%↑3.7002%、C_1：0.3441%↑3.0130%、C_2—nC_5为0.0000%；至12：51发生气侵，出口钻井液密度2.08g/cm³↓1.99g/cm³、电导率微降；至13：23钻至井深3049.53m（迟深3036.05m），气测值达峰值，全烃：24.9691%、C_1：44.9539%（受色谱仪影响，甲烷值大于全烃值）、C_2：0.0619%、C_3—nC_5为0.0000%，其他参数无明显变化；至13：40钻至井深3052.42m（迟深3037.01m），气测值恢复正常，显示持续时间62min。

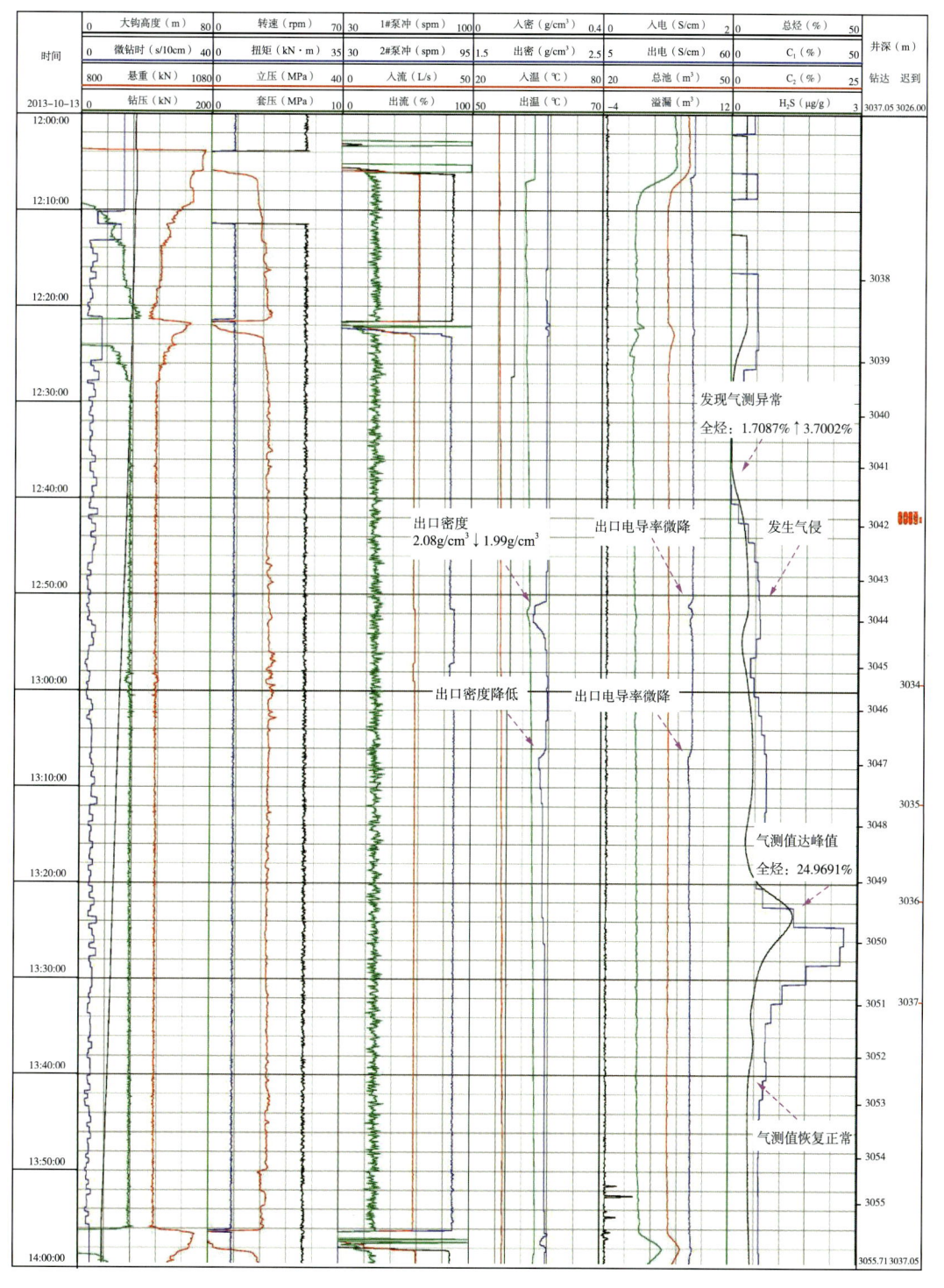

图2-13 气测异常→气侵实例9综合录井实时数据曲线图

综合录井实用图册

气测异常→气侵实例10：× 井 2012 年 4 月 9 日 16：44 用密度 2.03g/cm³、黏度 48s、氯离子含量 11521mg/L 的聚磺钻井液钻进至茅二段褐灰色石灰岩，在井深 4158.20m（迟深 4156.89m）发现气测异常（图 2-14），全烃：15.9111%↑17.8944%、C_1：6.9092%↑11.7667%；至 17：22 循环至迟深 4157.73m，发生气侵，至 18：13 钻进至井深 4159.57m（迟深 4158.48m），气测值达峰值，全烃：68.6909%、C_1：61.2510%，组分不全，出口钻井液密度 2.03g/cm³↓1.97g/cm³、黏度 48s↑55s、电导率微降、槽面观察气泡占 10%，集气点火未燃，色谱集气点火燃，焰高 2cm；至 18：20 钻进至井深 4159.74m（迟深 4158.61m），气测值恢复正常，显示持续时间 96min。

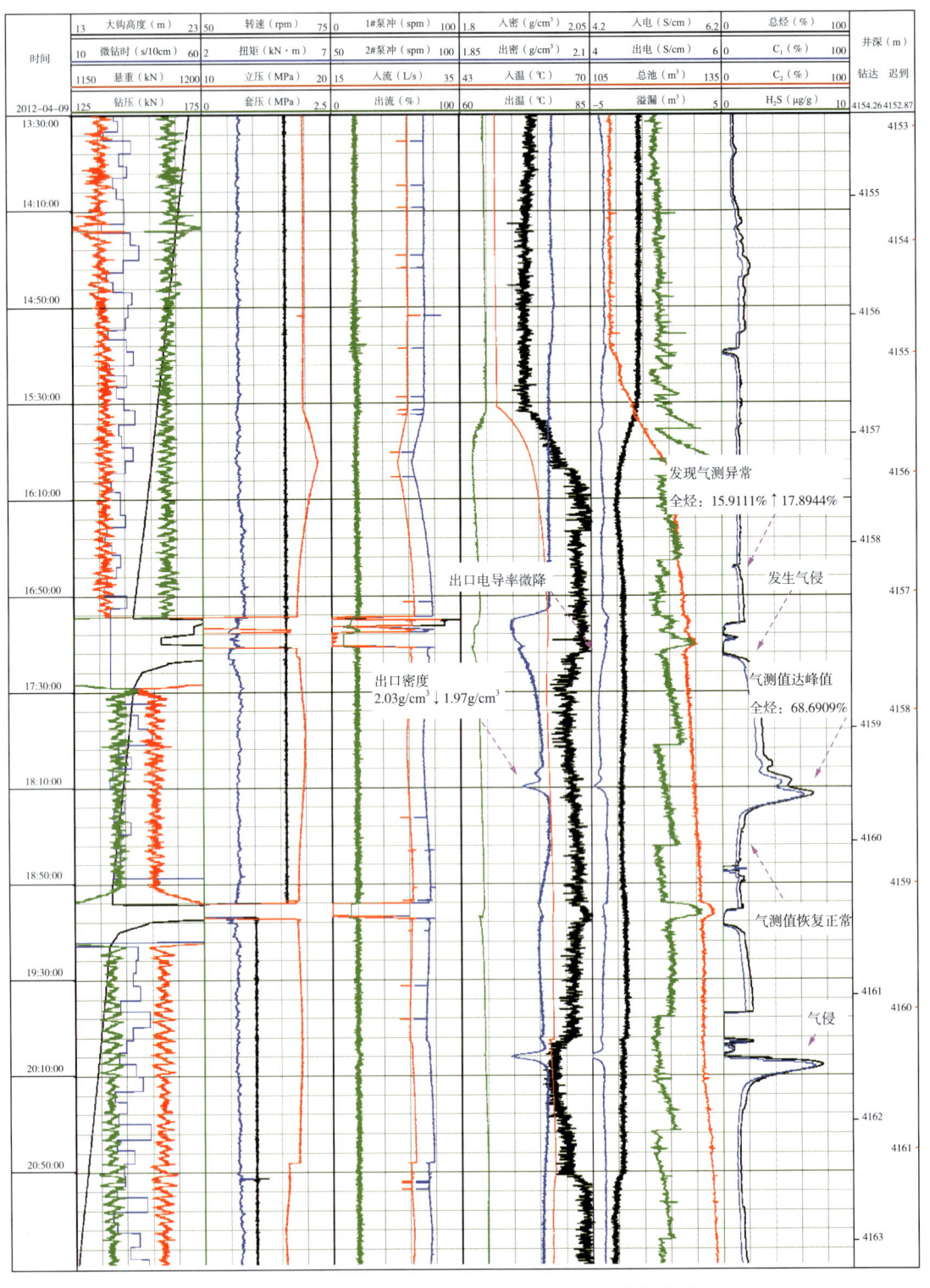

图 2-14 气测异常→气侵实例 10 综合录井实时数据曲线图

气测异常→气侵实例11：×井2014年6月24日05：43用密度1.90g/cm³、黏度50s、氯离子含量888mg/L的聚磺钻井液钻进至梁山组黑色煤层，在井深4409.82m（迟深4407.56m）发现气测异常（图2-15），全烃：0.2301%↑0.5618%、C_1：0.1865%↑0.4125%；至06：24钻进至井深4410.71m（迟深4408.42m），气测值达第一峰值，全烃：13.5997%、C_1：13.6080%，出口钻井液密度微降；其后不断停泵短拉，出现多个峰值，至10：25钻进至井深4417.25m（迟深4414.98m），气测值达峰值，全烃：19.3037%、C_1：19.5030%，并发生气侵，出口钻井液密度1.90g/cm³↓1.80g/cm³、黏度由50s↑53s、出口电导率微降，出口集气点火燃，焰高1~2cm，其他参数无明显变化；至12：58钻进至井深4421.73m（迟深4419.75m），气测值恢复正常，显示持续时间375min。

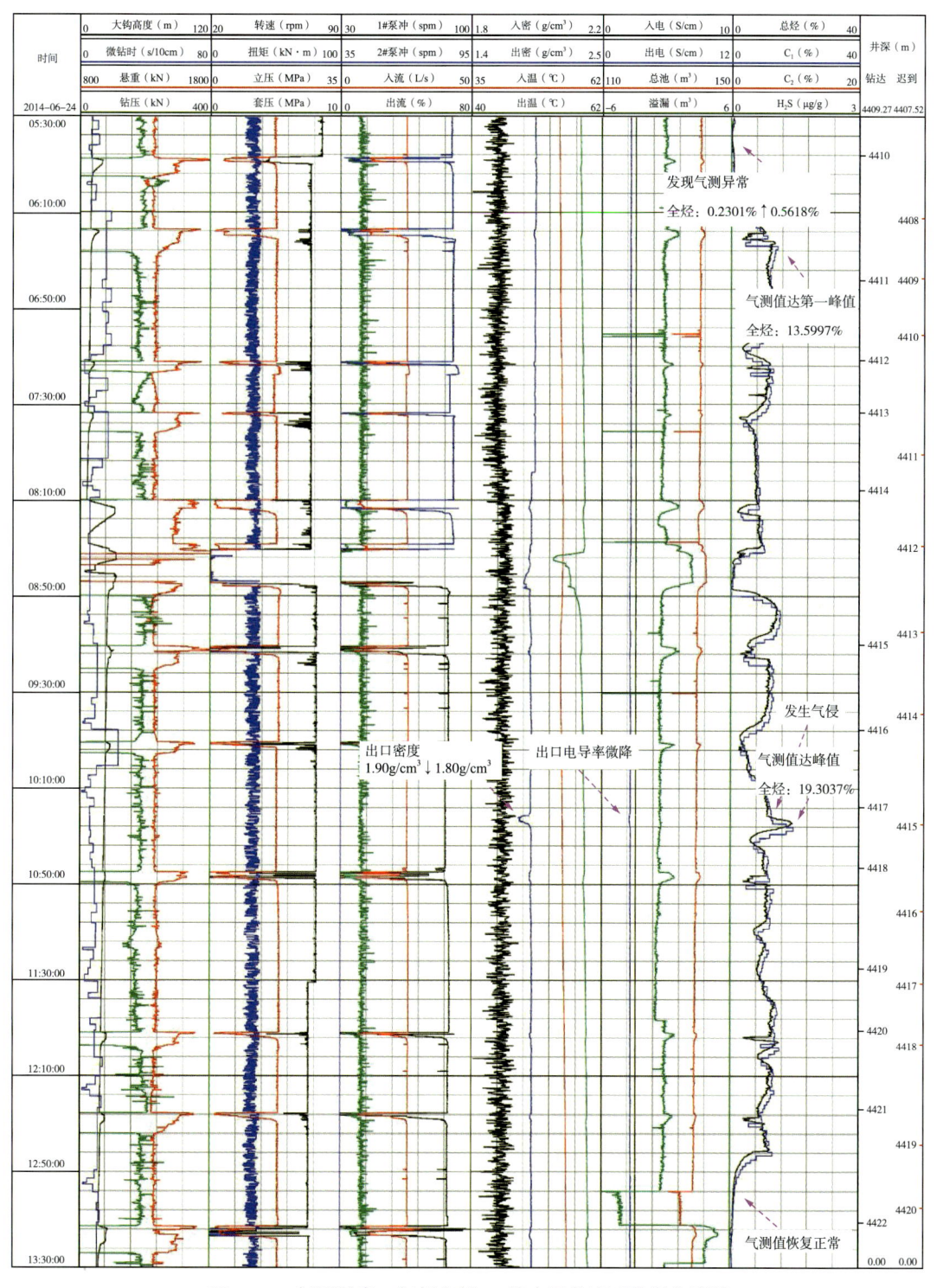

图2-15 气测异常→气侵实例11综合录井实时数据曲线图

综合录井实用图册

气测异常→气侵实例12：× 井 2013 年 3 月 29 日 11：02 用密度 1.24g/cm³、黏度 43s、氯离子含量 11344mg/L 的聚磺钻井液钻进至灯四段灰色白云岩，在井深 5161.34m（迟深 5153.50m）发现气测异常（图 2-16），全烃：2.2302%↑4.7299%、C_1：1.8002%↑2.3843%；钻进至 12：20 发生气侵；至 11：26 钻进至井深 5163.06m（迟深 5155.49m），气测值达峰值，全烃：13.5327%、C_1：12.6287%、C_2—nC_5 为 0.0000%，钻时降低，出口钻井液密度 1.24g/cm³↓1.22g/cm³、电导率微降，其他参数无明显变化；至 11：44 钻进至井深 5164.13m（迟深 5156.63m），气测逐渐恢复正常，显示持续时间 42min。

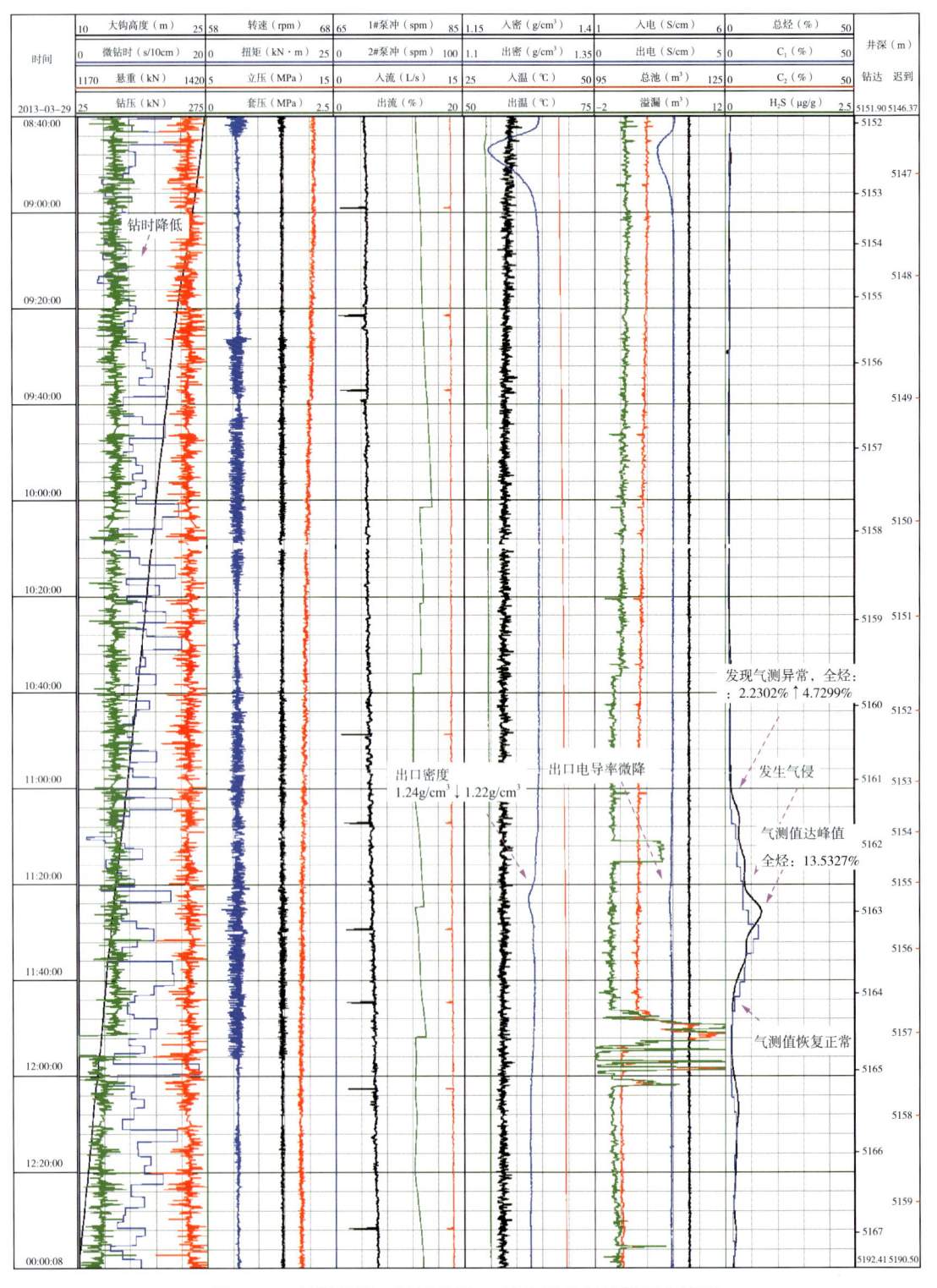

图 2-16 气测异常→气侵实例 12 综合录井实时数据曲线图

气测异常→气侵实例13：×井2012年7月5日00:16用密度1.29g/cm³、黏度36s、氯离子含量5672mg/L的有机盐聚磺钻井液钻进至灯四段浅灰褐色白云岩，在井深5181.65m（迟深5176.72m）发现气测异常（图2-17），全烃：17.5543%↑18.4584%、C₁：15.9538%↑16.3398%，钻时降低；钻进至00:24发生气侵，至00:42钻进至井深5182.30m（迟深5178.12m），气测值出现初值，全烃：30.1354%、C₁：28.8328%，组分不全，出口钻井液密度1.27g/cm³↓1.24g/cm³、黏度36s↑39s、电导率下降，随后停泵上提短拉；至01:27钻进至井深5183.36m（迟深5180.39m），气测值达峰值，全烃：48.9402%、C₁：48.1573，组分不全，出口钻井液密度1.24g/cm³↓1.22g/cm³、黏度39s↑42s、电导率降低，出口流量增大，池体积上涨0.2m³，槽面观察气泡占15%，峰值持续2min，色谱集气点火燃，焰高1~2cm；至01:40钻进至井深5183.67（迟深5181.18m），气测值恢复正常，显示持续时间84min。

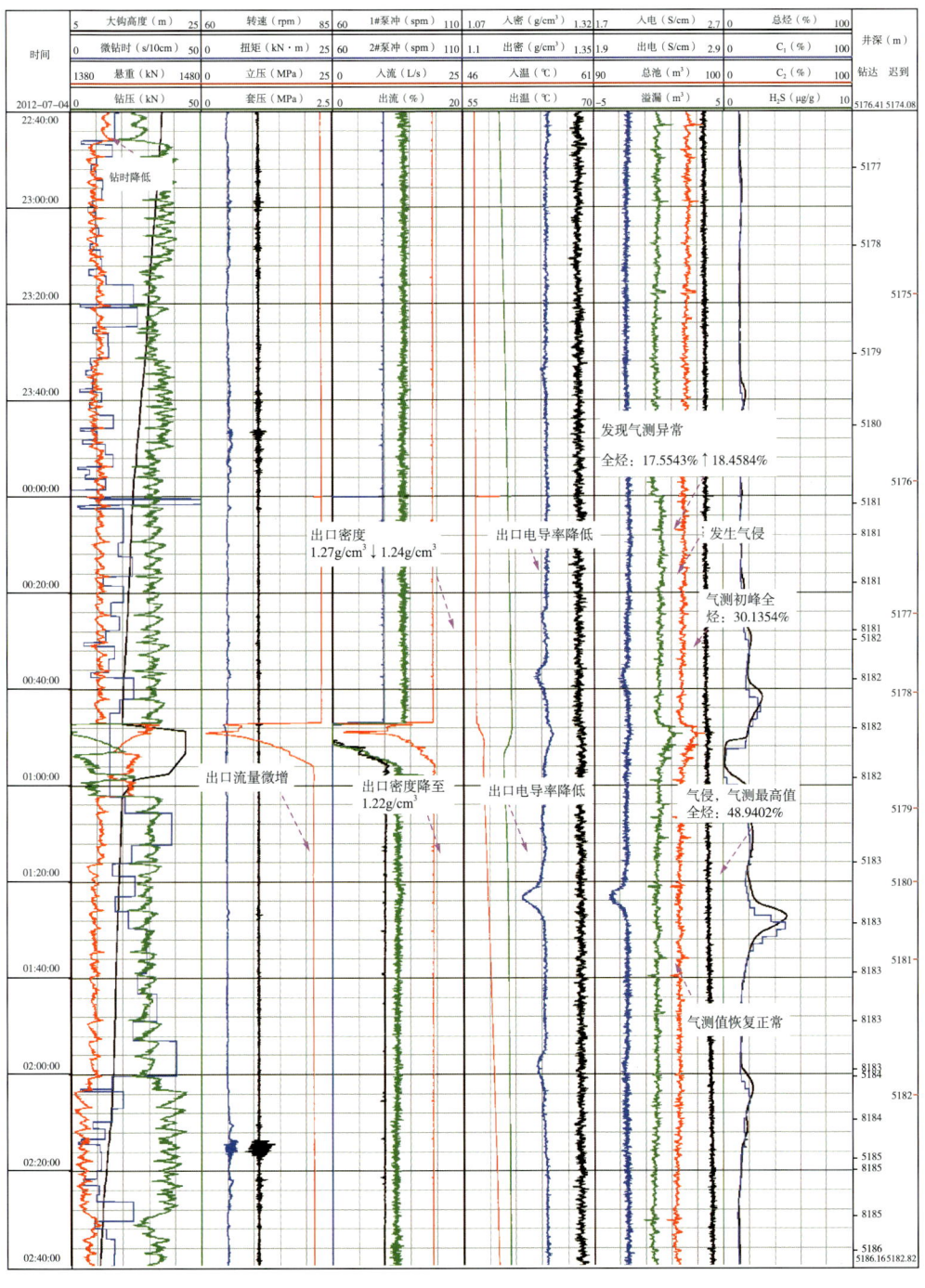

图2-17 气测异常→气侵实例13综合录井实时数据曲线图

气测异常→气侵实例14：× 井 2012 年 3 月 31 日 11：20 用密度 1.39g/cm³，黏度 36s，氯离子含量 13017mg/L 的钻井液钻进至灯三段褐灰色白云岩，在井深 5083.01m（迟深 5078.20m）循环钻井液，循环至 11：30（迟深 5078.56m）发现气测异常（图 2-18），全烃：10.0299% ↑ 19.6733%、C_1：1.8299% ↑ 4.6733%；至 11：38 钻进至井深 5083.62m（迟深 5078.45m），发生气侵，至 11：45 钻进至井深 5083.82m（迟深 5078.56m），气测值达峰值，全烃：95.6222%、C_1：91.2517%、C_2—nC_5 为 0.0000%，出口钻井液密度 1.39g/cm³ ↓ 1.03g/cm³、黏度 36s ↑ 41s、电导率 4.9S/cm ↓ 4.26S/cm，出口流量微增，池体积上涨 0.6m³，其他参数无明显变化；至 12：25 钻进至井深 5085.60m（迟深 5079.70m），气测值恢复正常，显示持续时间 55min。

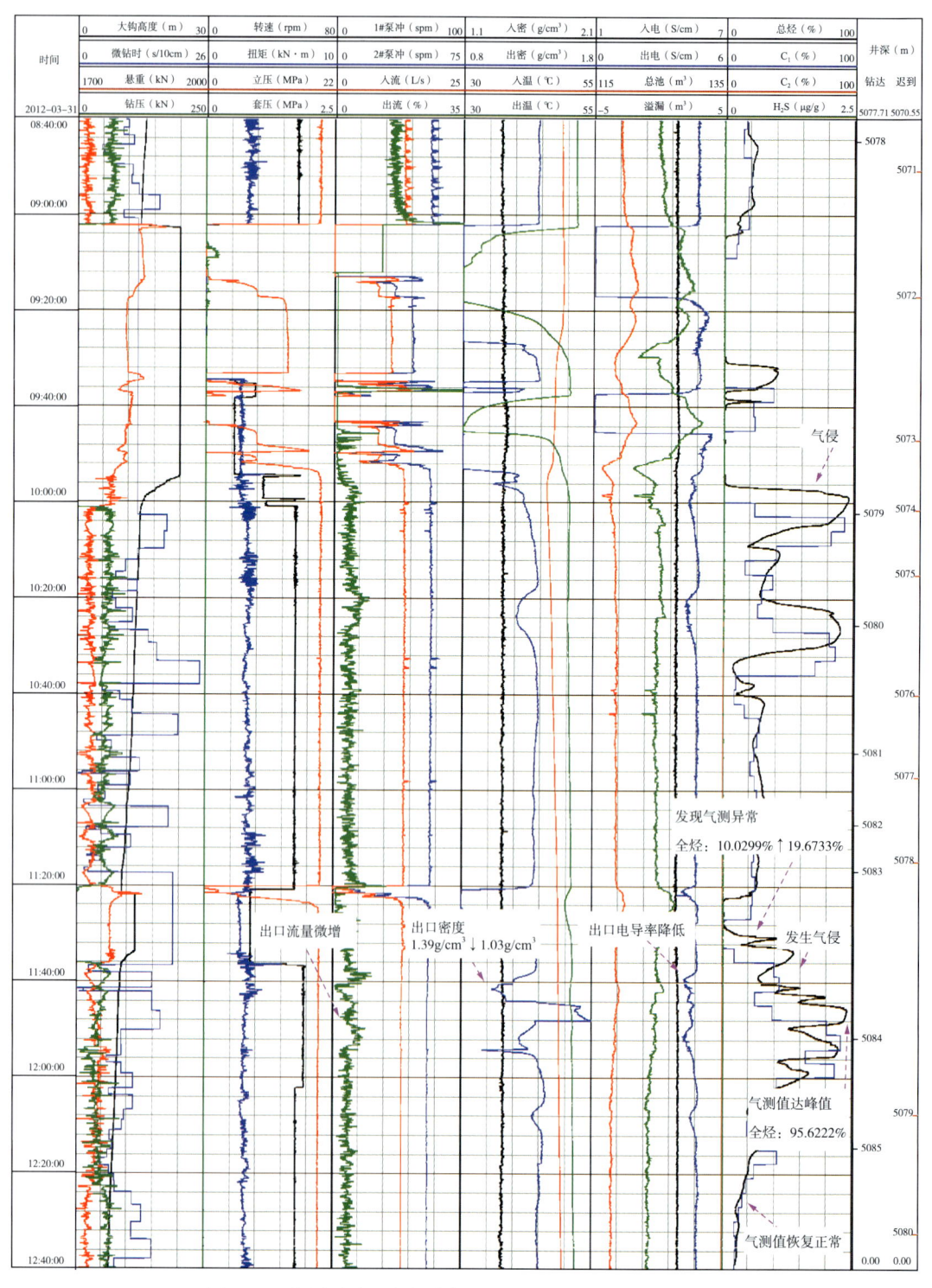

图 2-18　气测异常→气侵实例 14 综合录井实时数据曲线图

气测异常→气侵实例 15：×井 2011 年 5 月 26 日 22：17 用密度 1.46g/cm³、黏度 51s、氯离子含量 5318mg/L 的聚磺钻井液钻进至灯二段深灰色白云岩，在井深 5323.56m（迟深 5319.48m）发现气测异常（图 2-19），全烃：2.7765%↑5.5012%，C_1：1.5307%↑3.1727%；钻进至 22：19 发生气侵，至 22：24 钻进至井深 5324.00m（迟深 5319.86m），气测值达峰值，全烃：25.1482%、C_1：17.9629%，C_2—nC_5 为 0.0000%，出口钻井液密度 1.46g/cm³↓1.43g/cm³、电导率微降，其他参数无明显变化；至 22：38 钻进至井深 5324.82m（迟深 5320.59m），气测值恢复正常，显示持续时间 21min。

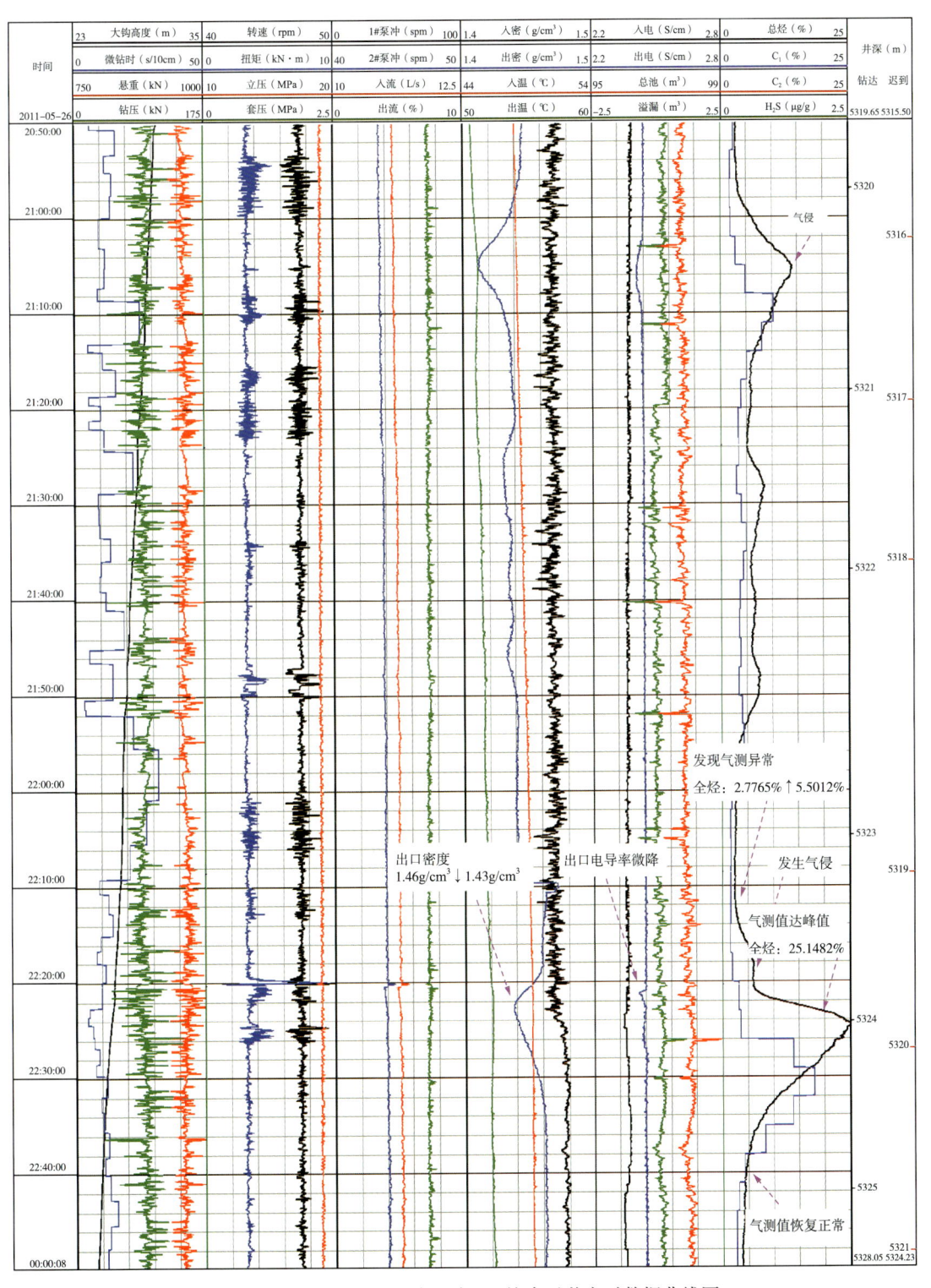

图 2-19　气测异常→气侵实例 15 综合录井实时数据曲线图

气测异常→气侵实例16：×井2012年6月5日08：54用密度1.33g/cm³、黏度45s、氯离子含量8319mg/L的有机盐聚磺钻井液在灯二段褐灰色白云岩取心，钻进至井深5461.76m（迟深5459.26m）发生气测异常（图2-20），全烃：3.1303%↑5.9881%，C_1：3.6082%↑5.0322%；至09：16发生气侵，出口钻井液密度、电导率微降；至09：36钻进至井深5462.24m（迟深5460.04m），气测值达峰值，全烃：25.3902%、C_1：25.2447%、C_2—nC_5为0.0000%，气侵特征更加明显，至09：57钻进至井深5462.52m（迟深5460.41m），停钻增加排量循环，至10：11（迟深5460.67m）气测值再出一尖峰状高值，全烃：40.0576%、C_1：36.0248%，出口钻井液密度1.33g/cm³↓1.28g/cm³、黏度45s↑48s、电导率3.9S/cm↓3.5S/cm，槽面观察气泡占25%，其他参数无明显变化；循环至11：16（迟深5461.47m）气测值逐渐恢复正常，显示持续时间142min。

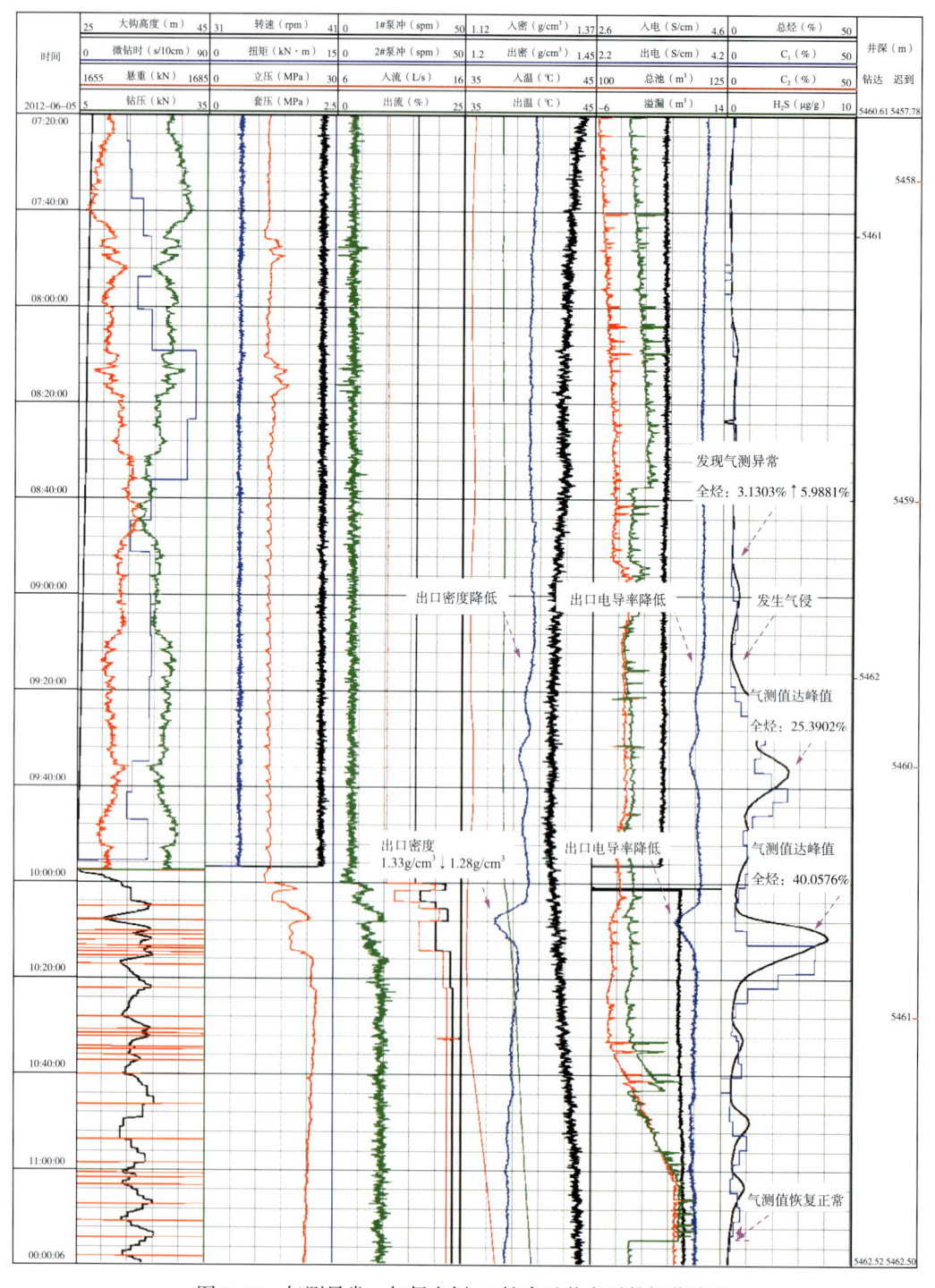

图2-20 气测异常→气侵实例16综合录井实时数据曲线图

气测异常→气侵实例17：×井2012年6月7日09：28用密度1.29g/cm³、黏度45s、氯离子含量7611mg/L的有机盐聚磺钻井液钻进至灯影组二段浅褐灰色白云岩，在井深5521.61m（迟深5514.58m）发现气测异常（图2-21），全烃：0.8965%↑1.9776%、C_1：0.7850%↑1.3273%；至09：36发生气侵，出口钻井液密度降低；至09：43钻进至井深5522.57m（迟深5514.92m），气测值达峰值，全烃：15.1375%、C_1：14.1081%、C_2—nC_5为0.0000%，钻时降低，出口钻井液密度1.25g/cm³↓1.23g/cm³，出口钻井液电导率微降，其他参数无明显变化；至10：12钻进至井深5524.51m（迟深5516.85m），气测值恢复正常，显示持续时间44min。

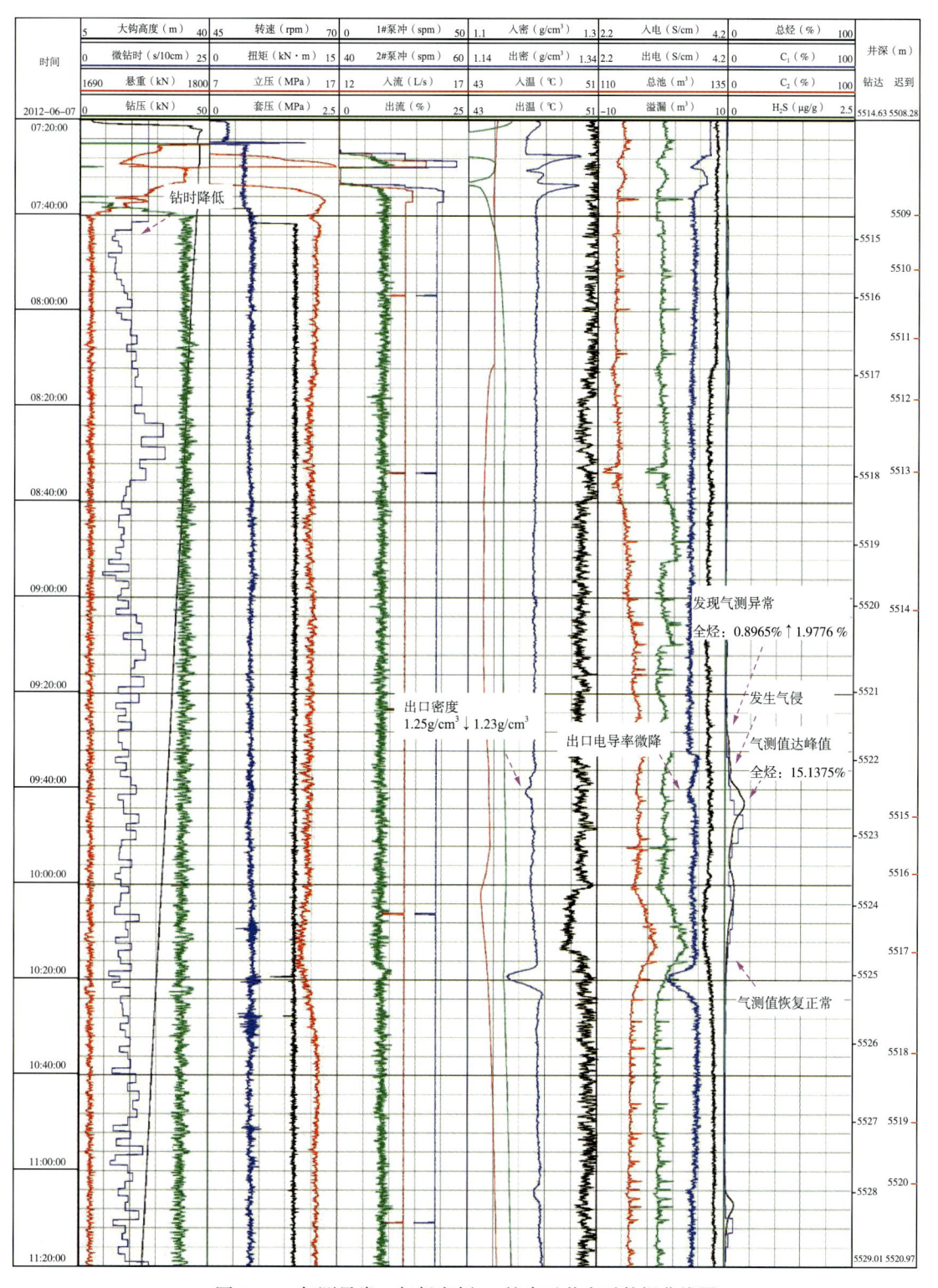

图2-21 气测异常→气侵实例17综合录井实时数据曲线图

综合录井实用图册

气测异常→气侵实例18：×井2012年8月6日21：31用密度1.30g/cm³、黏度41s、氯离子含量9040mg/L的有机盐聚磺钻井液钻进至灯二段褐灰色白云岩，在井深5786.42m（迟深5778.66m）发现气测异常（图2-22），全烃：1.2048% ↑ 2.0126%、C_1：0.8474% ↑ 1.5662%；钻进至21：44发生气侵，钻时降低，出口钻井液密度、电导率降低，至21：50钻至井深5787.64m（迟深5780.02m），气测值达峰值，全烃：39.3491%、C_1：37.2505%，组分不全，出口钻井液密度1.30g/cm³ ↓ 1.23g/cm³、黏度41s ↑ 47s，出口流量增大，池体积上涨0.2m³，槽面观察气泡占10%；至22：04钻进至井深5788.42m（迟深5781.04m），气测值恢复正常，显示持续时间33min。

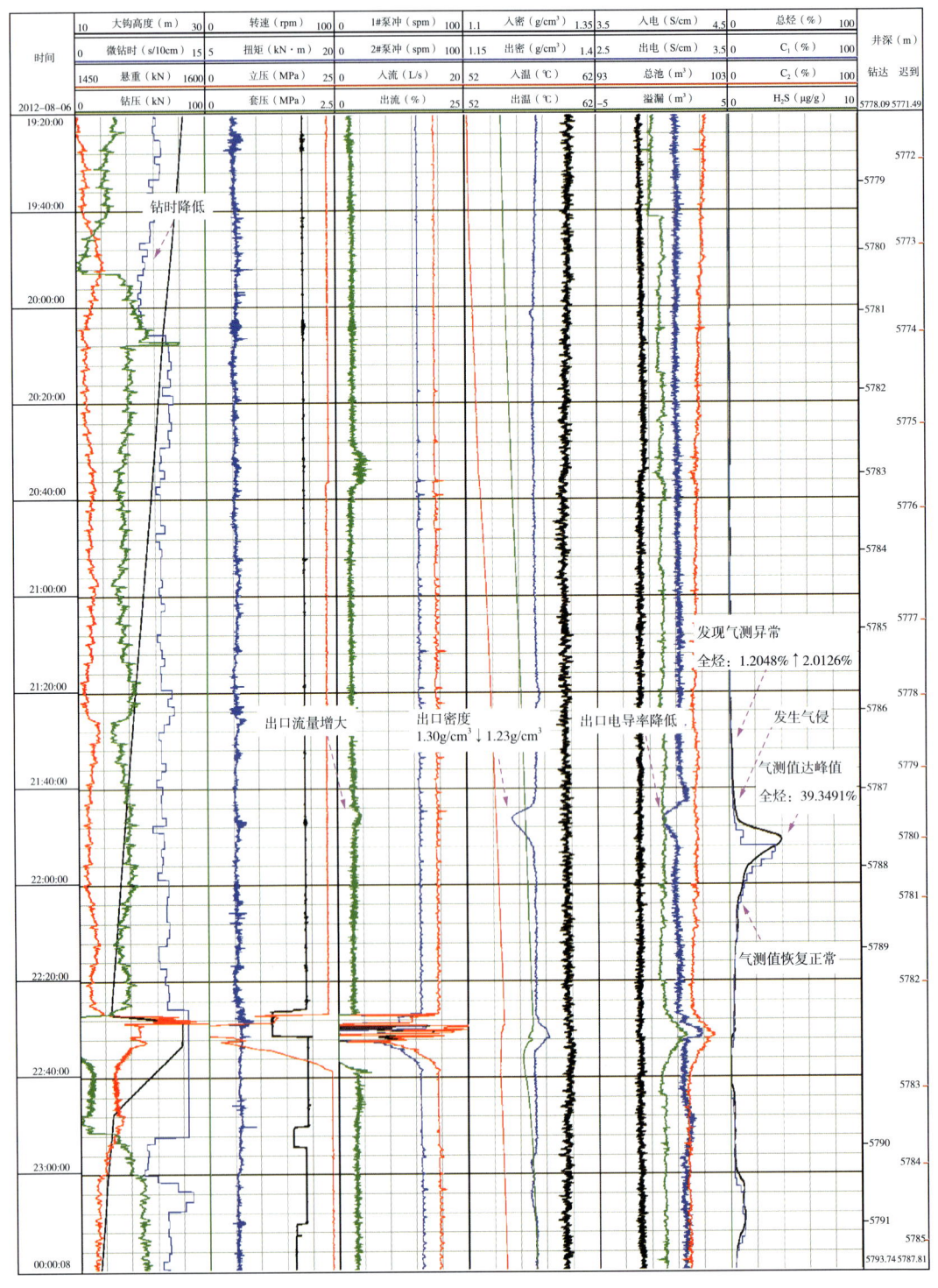

图2-22　气测异常→气侵实例18综合录井实时数据曲线图

五、气侵实例

气侵实例1：×井2012年2月16日20：03用密度1.58g/cm³、黏度53s、氯离子含量7267mg/L的钾聚磺钻井液钻进至遂宁组灰绿色细砂岩，在井深1983.41m（迟深1982.00m）发生气侵（图2-23），全烃：5.5863%↑65.4207%、C_1：5.0083%↑44.1374%，钻井液密度1.58g/cm³↓1.47g/cm³、黏度53s↑57s，槽面观察气泡占1%；至20：13钻进至井深1983.80m（迟深1982.36m），气测值达峰值，全烃：90.1353%、C_1：76.2510%，出口钻井液密度1.47g/cm³↓1.43g/cm³、黏度57s↑60s、出口钻井液电导率5.60S/cm↓5.00S/cm，钻井液出口流量微增，槽面观察气泡约占4%，集气点火燃，焰高1cm；至20：58钻进至井深1895.19m（迟深1983.87m），气测值恢复正常，显示持续时间55min。

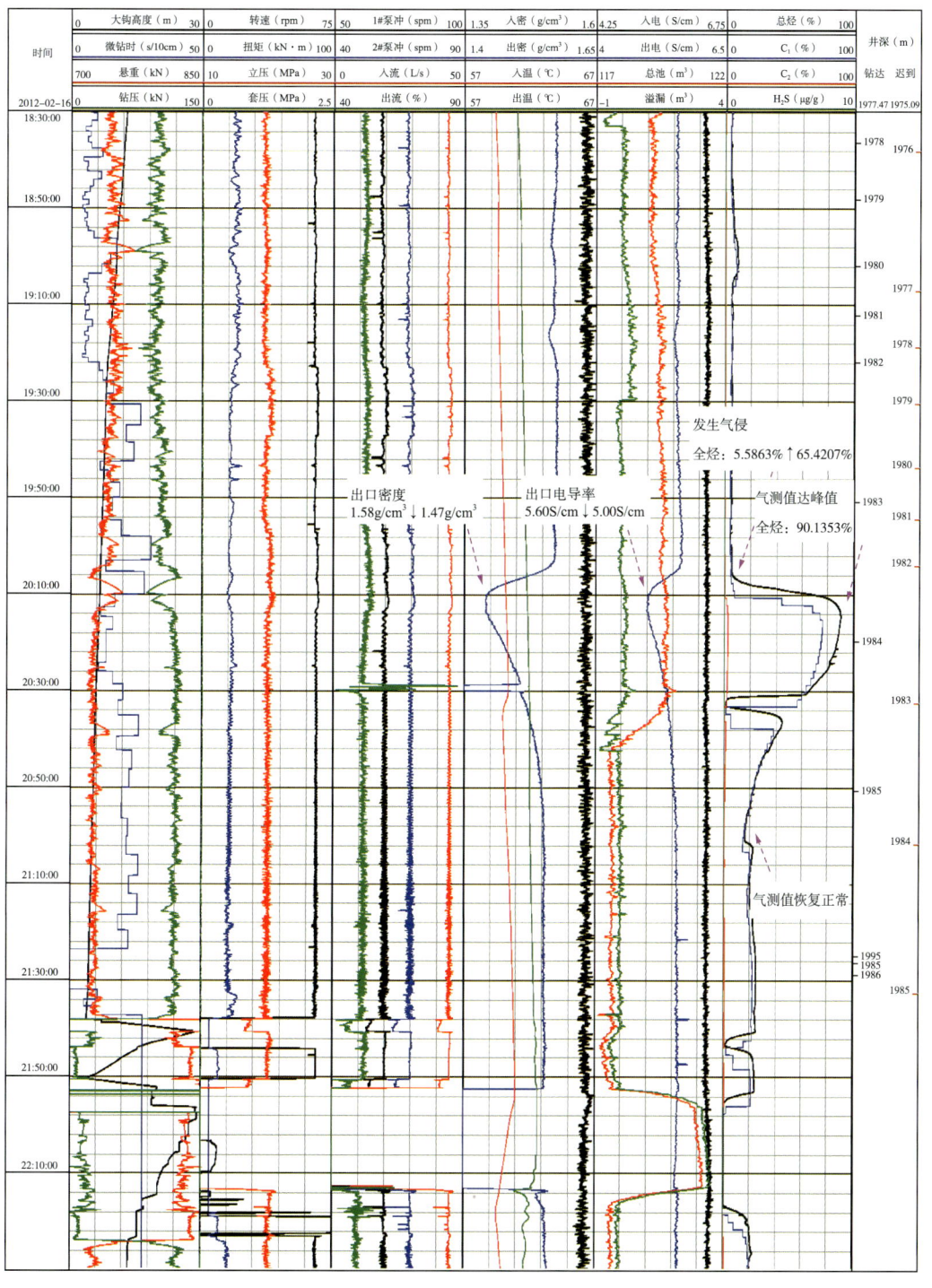

图2-23　气侵实例1综合录井实时数据曲线图

综合录井实用图册

气侵实例 2：× 井 2011 年 12 月 19 日 19：33 用密度 1.71g/cm³、黏度 58s、氯离子含量 10089mg/L 的有机盐聚磺钻井液钻进至须六段浅灰色细砂岩，在井深 1818.28m（迟深 1814.84m）发生气侵（图 2-24），全烃：2.4867%↑3.4833%、C₁：0.7289%↑1.5023%，组分齐全；至 19：49 钻进至井深 1819.41m（迟深 1816.57m），气测值达到峰值，全烃：13.8078%、C₁：7.8016%，组分齐全，钻时降低，出口钻井液密度 1.70g/cm³↓1.68g/cm³，其他参数无明显变化；至 20：08 钻进至井深 1821.14m（迟深 1818.11m），气测值恢复正常；显示持续时间 35min。

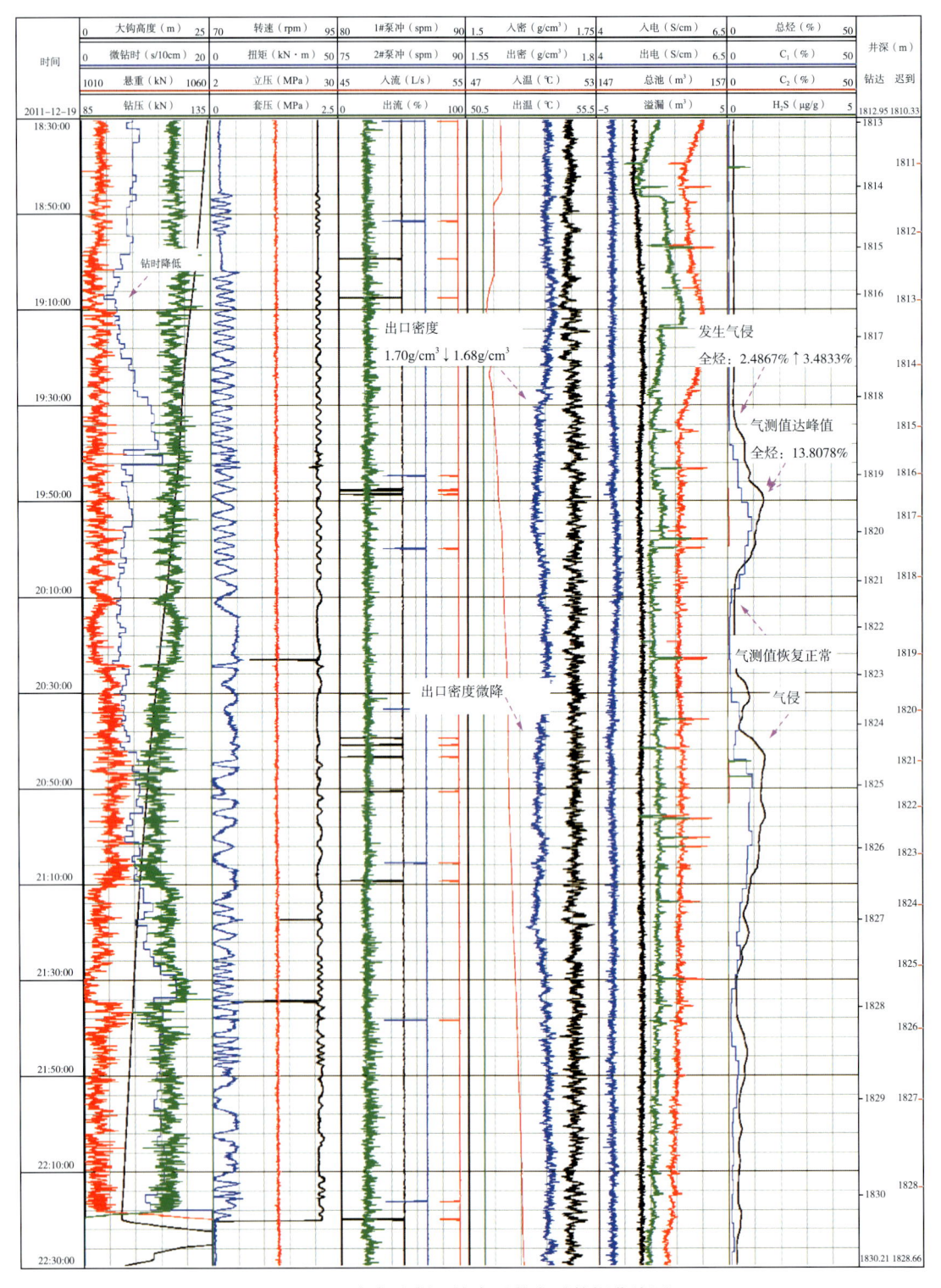

图 2-24　气侵实例 2 综合录井实时数据曲线图

气侵实例3：×井2013年2月25日05：05用密度1.56g/cm³、黏度48s、氯离子含量71432mg/L的氯化钾聚磺钻井液钻进至须五段灰黑色页岩，在井深1918.57m（迟深1917.64m）发生气侵（图2-25），全烃：1.3463%↑2.6342%、C_1：0.5856%↑0.6186%；至05：10钻至井深1918.76m（迟深1918.11m），气测值达峰值，峰值曲线呈驼峰状，全烃：42.1077%、C_1：37.4054%，组分不全，出口钻井液密度由1.55g/cm³↓1.51g/cm³、黏度48s↑53s、电导率10.1S/cm↓9.8S/cm，池体积上涨0.4m³，槽面观察气泡占10%，色谱放空阀集气点火燃，焰高1cm；至05：30钻至井深1919.23m（迟深1918.49m），气测值恢复正常，显示持续时间25min。

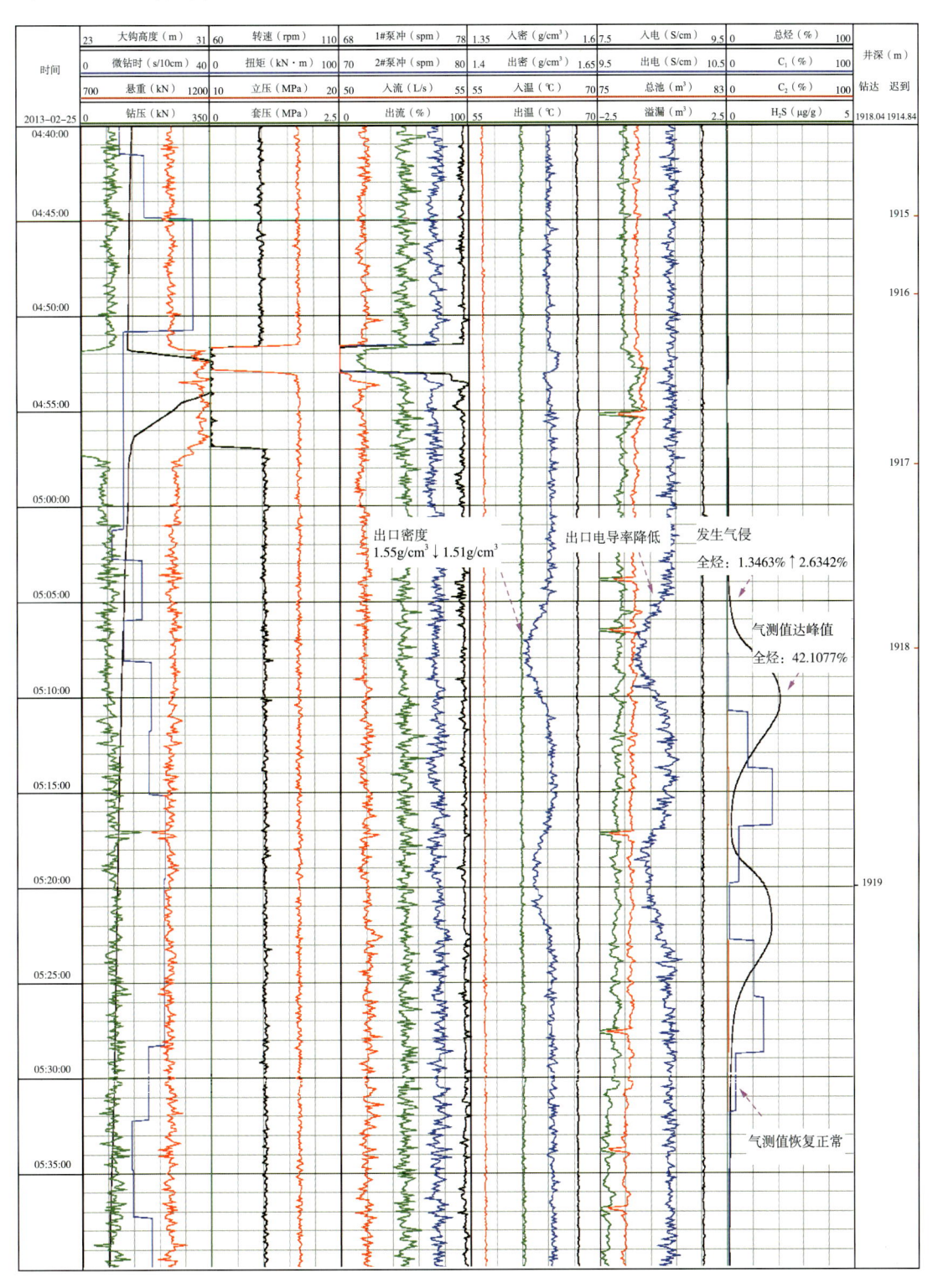

图2-25　气侵实例3综合录井实时数据曲线图

气侵实例4：×井2012年3月21日06：12用密度1.84g/cm³、黏度57s、氯离子含量16130mg/L的钾聚璜钻井液钻至须五段黑色碳质页岩，在井深2946.15m（迟深2944.60m）发生气侵（图2-26），全烃：1.8991%↑6.5875%、C_1：1.0081%↑4.9595%；至06：16钻至井深2946.43m（迟深2944.92m），气测值达峰值，全烃：49.5252%、C_1：36.6010%、C_2：1.9903%、C_3：0.8612%，$iC_4—nC_5$为0.0000%，钻时微降，出口钻井液密度1.83g/cm³↓1.80g/cm³，其他参数无明显变化；至06：22钻至井深2946.67m（迟深2945.20m），气测值恢复正常，显示持续时间10min。

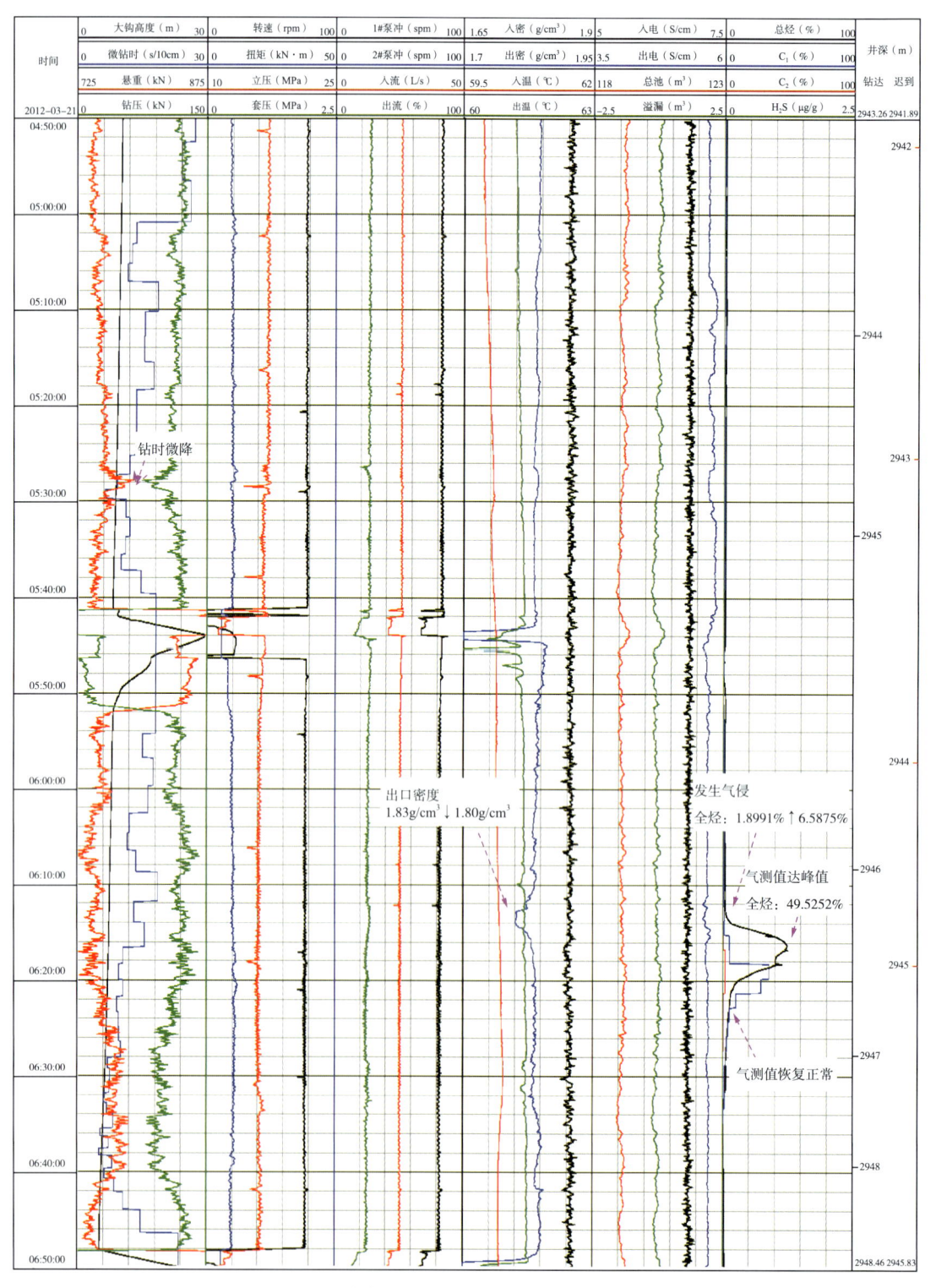

图2-26 气侵实例4综合录井实时数据曲线图

气侵实例5：× 井2011年12月25日05：53用密度1.59g/cm³、黏度58s、氯离子含量9544mg/L聚磺钻井液钻进至须二段灰白色细砂岩，在井深2221.61m（迟深2219.40m）发生气侵（图2-27），全烃：0.3992%↑1.1630%、C₁：0.0921%↑0.3967%，钻时降低，出口钻井液密度、电导率降低；至06：03钻进至井深2221.94m（迟深2220.02m），气测值达峰值，全烃：59.9794%、C₁：50.0747%，组分不全，出口钻井液密度1.59g/cm³↓1.51g/cm³、黏度58s↑61s、电导率降低，出口流量39.7%↑53.0%，发现液面上涨0.5m³，槽面观察见针孔状气泡占20%～30%，色谱放空处集气点火燃，焰高1.0cm；至06：05上提钻具至井深2209.85m关井，至06：13求压，立压0.0MPa（钻具带回压阀），套压0.0MPa↑0.6MPa；至08：15经液气分离器控压循环排气，分离器出口点火燃，焰高1.0～1.5m；至10：02钻进至井深2226.20m（迟深2224.49m），气测值恢复正常，显示持续时间249min。

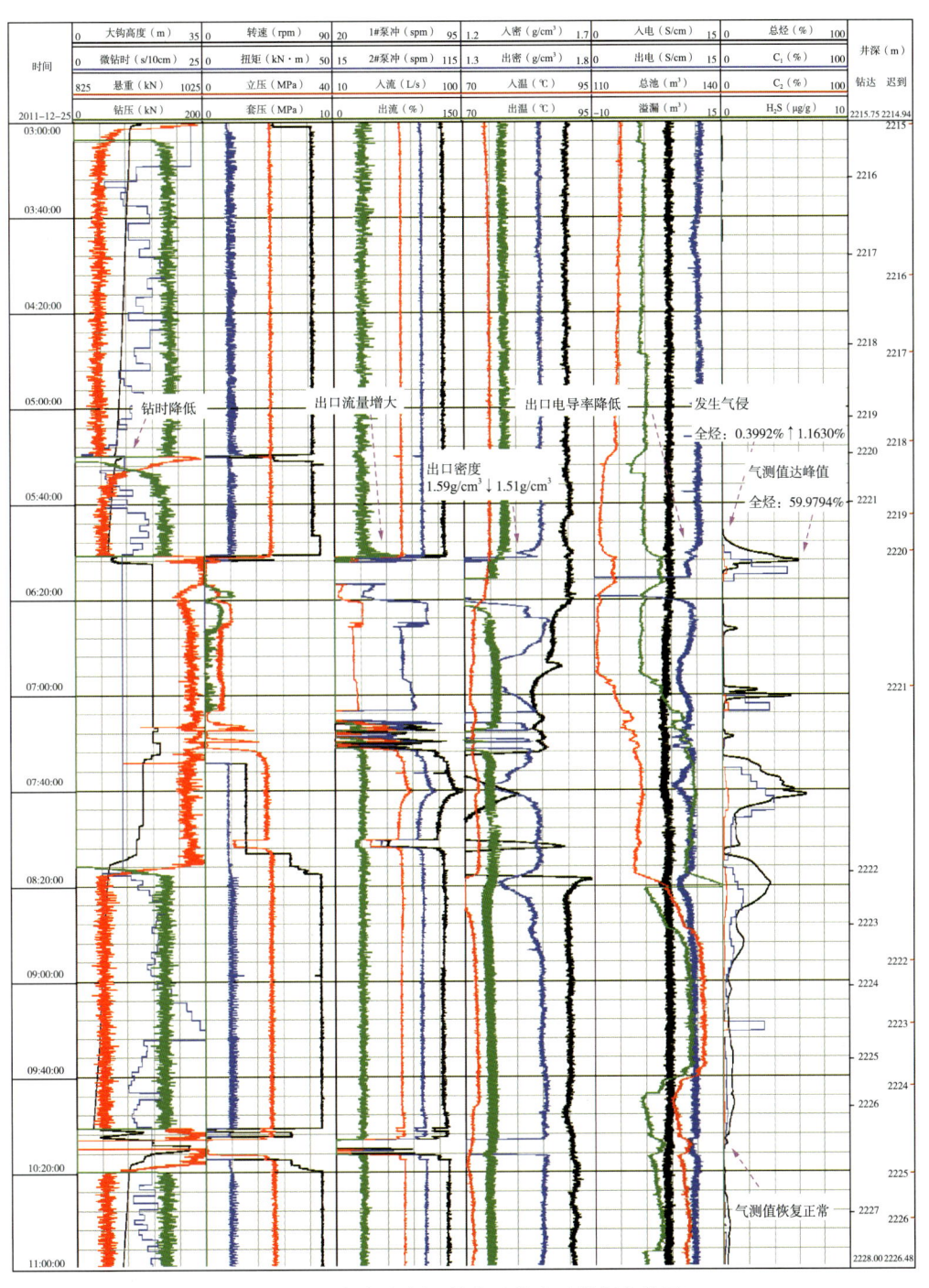

图2-27 气侵实例5综合录井实时数据曲线图

气侵实例6：× 井 2013 年 2 月 25 日 12：11 用密度 1.66g/cm³、黏度 53s、氯离子含量 10103mg/L 的 JFS 封堵防塌钻井液钻进至小塘子组灰色细砂岩，在井深 5412.73m（迟深 5410.68m）发生气侵（图 2-28），全烃：0.2246%↑0.7597%、C_1：0.1248%↑0.2146%、C_2—nC_5 为 0.0000%，出口钻井液密度、电导降低；至 12：15 钻进至井深 5412.78m（迟深 5410.77m），气测值达峰值，全烃：75.9281%、C_1：63.4522%、C_2—nC_5 为 0.0000%，出口钻井液密度 1.66g/cm³↓1.48g/cm³、黏度 53s↑59s、电导率 2.98S/cm↓2.60S/cm，出口温度微增，槽面观察气泡占 10%，集气点火燃，焰高 1cm；至 12：44 钻进至井深 5414.19m（迟深 5411.23m），气测值恢复正常，显示持续时间 33min。

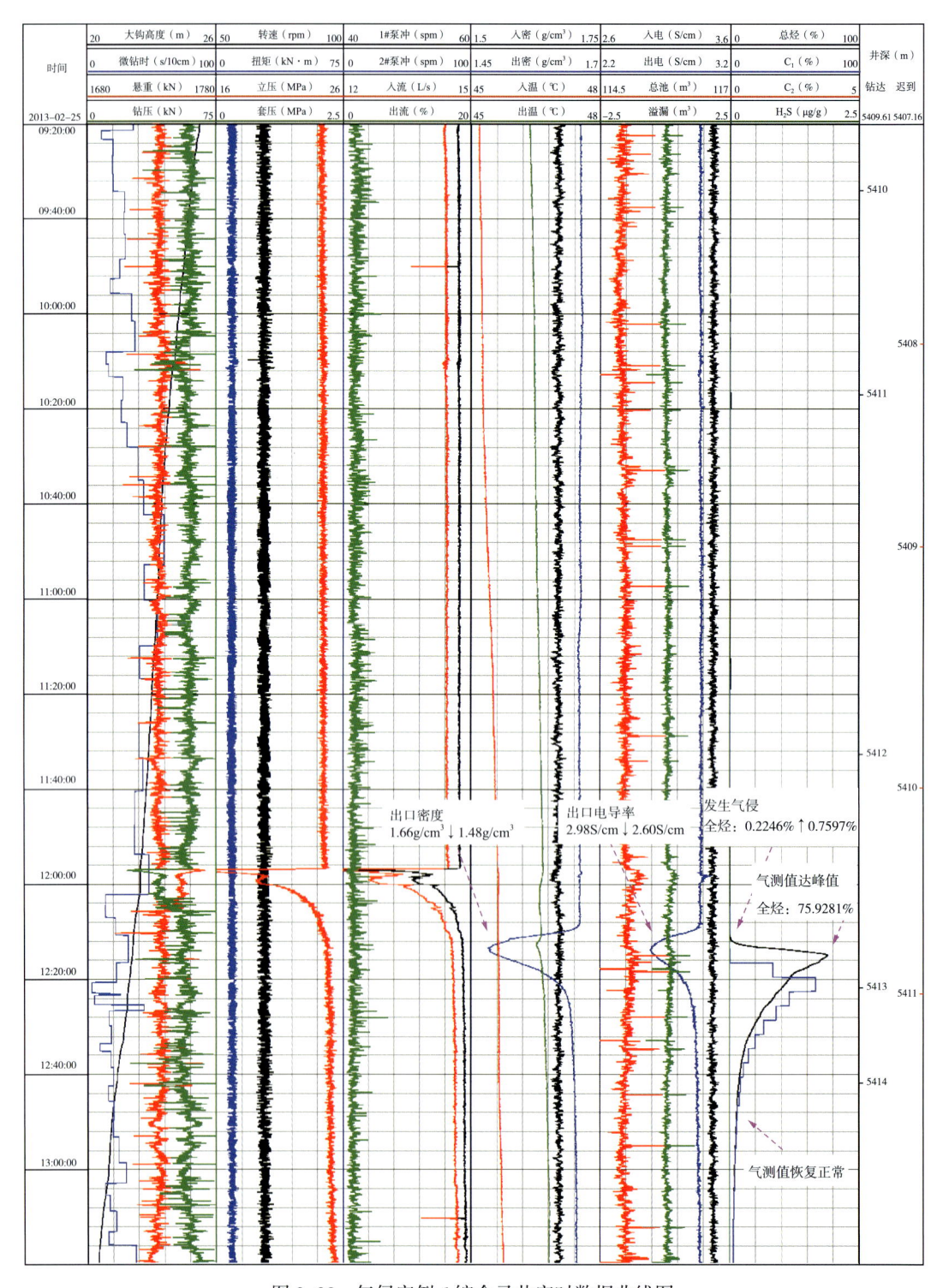

图 2-28　气侵实例 6 综合录井实时数据曲线图

气侵实例7：×井2013年3月1日04：34用密度1.66g/cm³、黏度54s、氯离子含量9926mg/L的JFS封堵防塌钻井液钻进至须一段深灰色细砂岩，在井深5488.86（迟深5487.54m）发生气侵（图2-29），全烃：0.7468%↑1.8179%、C₁：0.5841%↑1.0287%，出口钻井液密度1.65g/cm³↓1.63g/cm³、黏度54s↑56s、电导率2.96S/cm↓2.70S/cm，槽面观察气泡占5%；至05：02钻进至井深5489.24m（迟深5487.81m），气测值达峰值，全烃：69.9560%、C₁：67.7522%、C₂—nC₅为0.0000%，出口钻井液密度1.63g/cm³↓1.52g/cm³、黏度56s↑61s、电导率2.96S/cm↓2.70S/cm，槽面观察气泡占15%，集气点火燃，焰高1cm；至08：16钻进至井深5489.24m（迟深5487.81m），气测值恢复正常，显示持续时间222min。

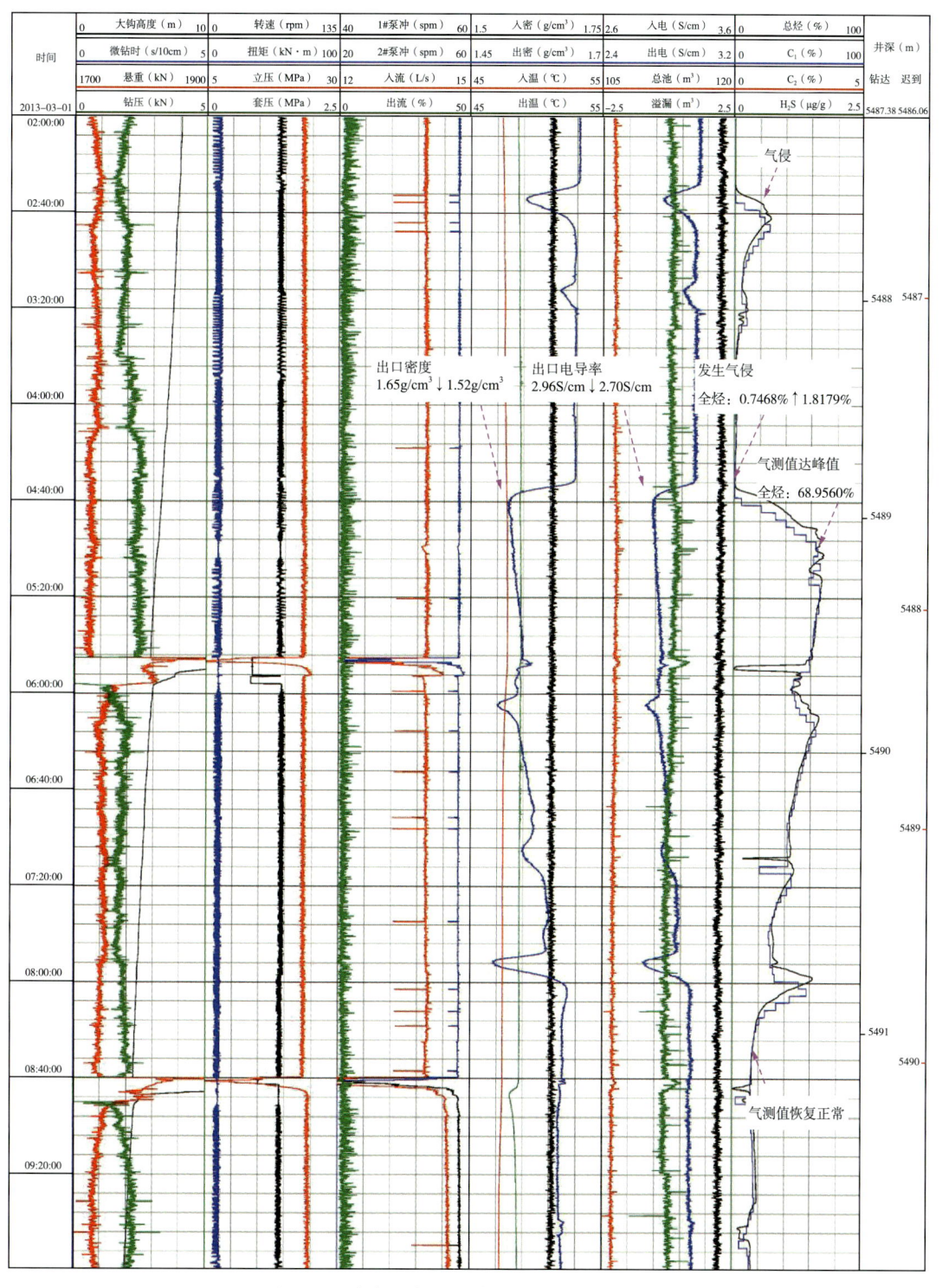

图2-29 气侵实例7综合录井实时数据曲线图

综合录井实用图册

气侵实例 8：×井 2011 年 11 月 13 日 15：30 用密度 1.56g/cm³、黏度 49s、氯离子含量 16272mg/L 的聚磺钻井液钻进至雷四段褐灰色灰质白云岩，在井深 2370.19m（迟深 2368.76m）发生气侵（图 2-30），全烃：0.3241%↑4.1521%、C_1：0.1250%↑0.2072%；至 15：34 钻进至井深 2370.33m（迟深 2368.90m），气测值达峰值，全烃：8.5555%、C_1：8.2789%、C_2：0.5363%、C_3—nC_5 为 0.0000%，出口钻井液密度、电导率降低，其他参数无明显变化；至 15：46 钻进至井深 2370.69m（迟深 2369.28m），气测值恢复正常，显示持续时间 16min。

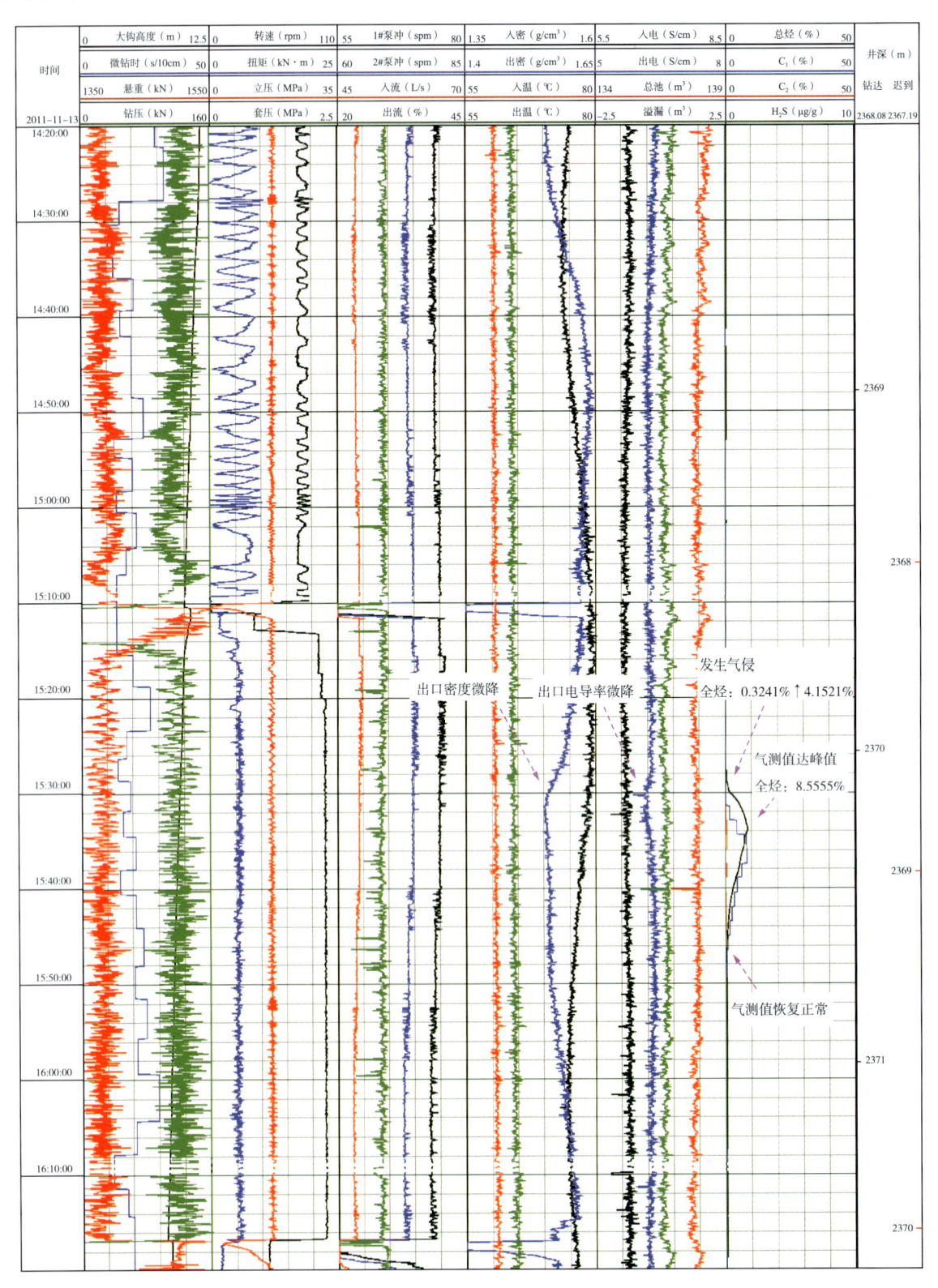

图 2-30　气侵实例 8 综合录井实时数据曲线图

气侵实例9：×井2012年11月24日13：34用密度1.50g/cm³，黏度42s、氯离子含量15243mg/L聚磺钻井液钻至雷一段褐黑色白云岩，在井深2691.11m（迟深2689.18m）发生气侵（图2-31），全烃：0.8863%↑18.6007%、C_1：0.5845%↑0.6048%；至13：34钻至井深2691.16m（迟深2689.24m），气测值达峰值，全烃：51.0913%、C_1：50.0366%，组分齐全，出口钻井液密度1.50g/cm³↓1.43g/cm³、黏度42s↑46s、电导率5.9S/cm↓5.3S/cm，总池上涨0.3m³；至13：46钻至井深2691.47m（迟深2689.59m），气测值恢复正常，显示持续时间12min。

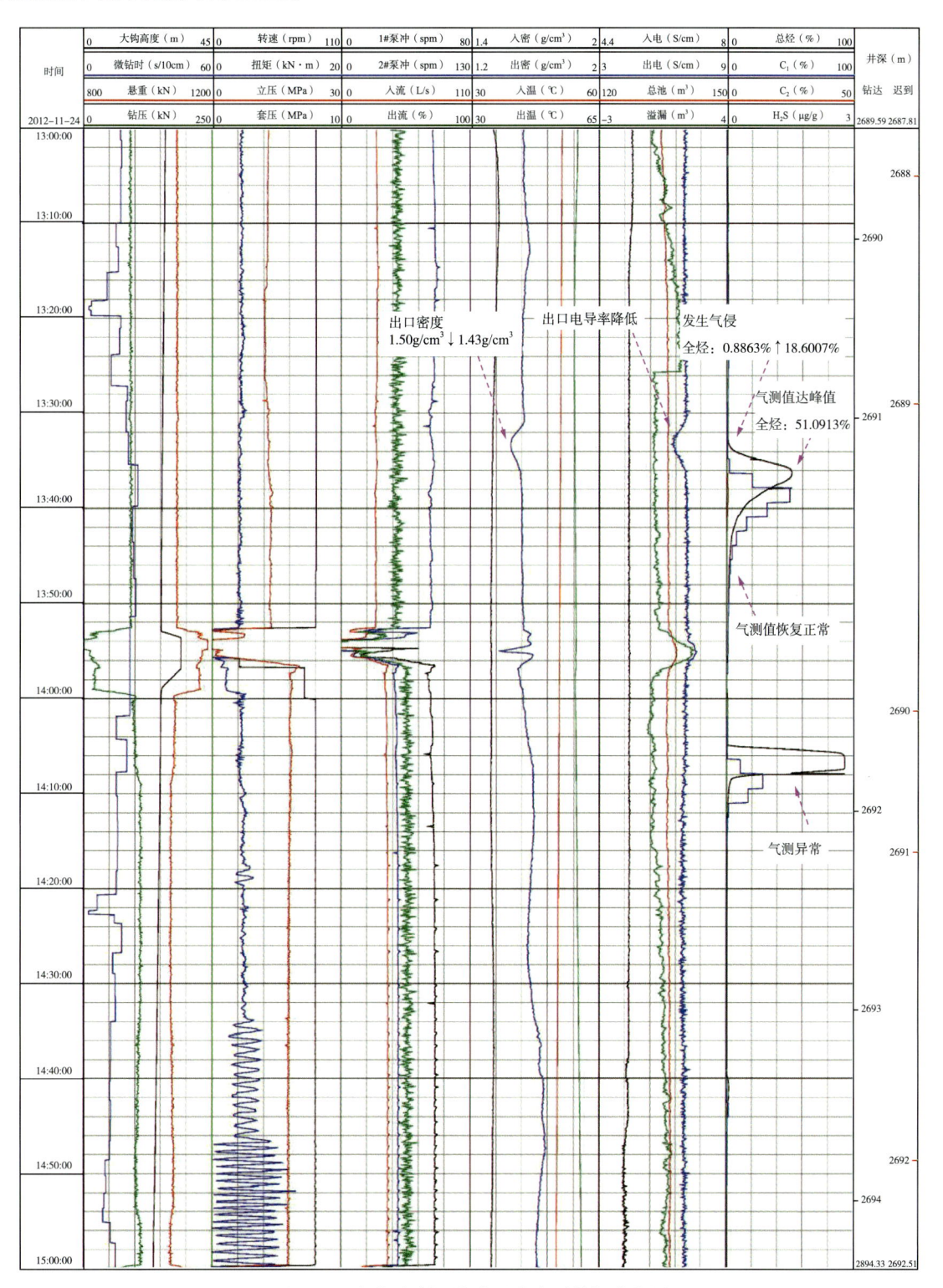

图2-31 气侵实例9综合录井实时数据曲线图

综合录井实用图册

气侵实例 10：× 井 2013 年 9 月 16 日 15：32 用密度 2.08g/cm³、黏度 105s、氯离子含量 40768mg/L 的钾聚磺钻井液钻进至嘉二₃亚段褐灰色白云岩，在井深 3347.75m（迟深 3342.03m）发生气侵（图 2-32），全烃：0.9418%↑1.4598%、C_1：0.4092%↑0.9404%；至 15：38 钻进至井深 3348.29m（迟深 3342.45m），气测值达峰值，全烃：27.4130%、C_1：24.7210%、C_2—nC_5 为 0.0000%，出口钻井液密度、电导率降低，其他参数无明显变化；至 16：00 钻至井深 3350.37m（迟深 3345.57m），气测值开始下降，其后上提倒泵，至 16：08 开泵后钻进，气测值恢复正常，显示持续时间 27min。

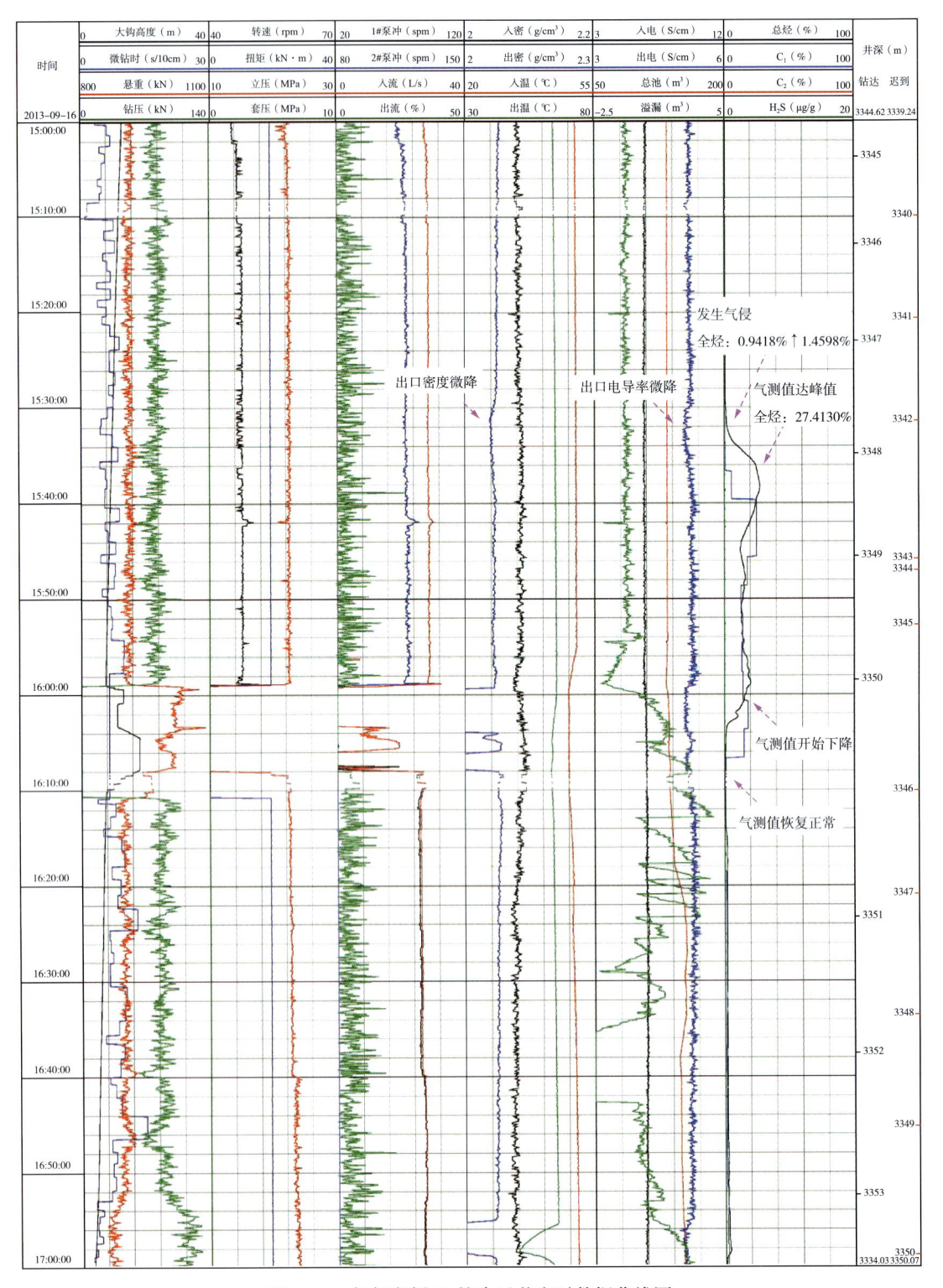

图 2-32　气侵实例 10 综合录井实时数据曲线图

气侵实例 11：× 井 2012 年 1 月 28 日 01：47 用密度 2.15g/cm³、黏度 53s、氯离子含量 25524mg/L 有机盐聚磺钻井液钻至嘉一段深灰色石灰岩，在井深 3322.02m（迟深 3315.21m）开始循环，循环至 01：53（迟深 3315.94m）发生气侵（图 2-33），全烃：3.9759% ↑ 20.5995%、C_1：3.8721% ↑ 10.9403%，出口钻井液密度降低、电导率微降，出口流量增大；至 01：59（迟深 3316.75m）气测值达峰值，全烃：82.6500%、C_1：82.8500%，组分不全，出口钻井液密度 2.15g/cm³ ↓ 2.03g/cm³、黏度 53s ↑ 60s、电导率稳定，出口流量 22.5% ↑ 33.0%，集气点火燃，焰高 5cm；循环至 02：10 出现第二峰值，全烃 59.9501%、C_1：61.1485%，02：12 停泵，至 02：18 开始降排量循环至迟深 3318.74m，气测值恢复正常，显示持续时间约 31min。

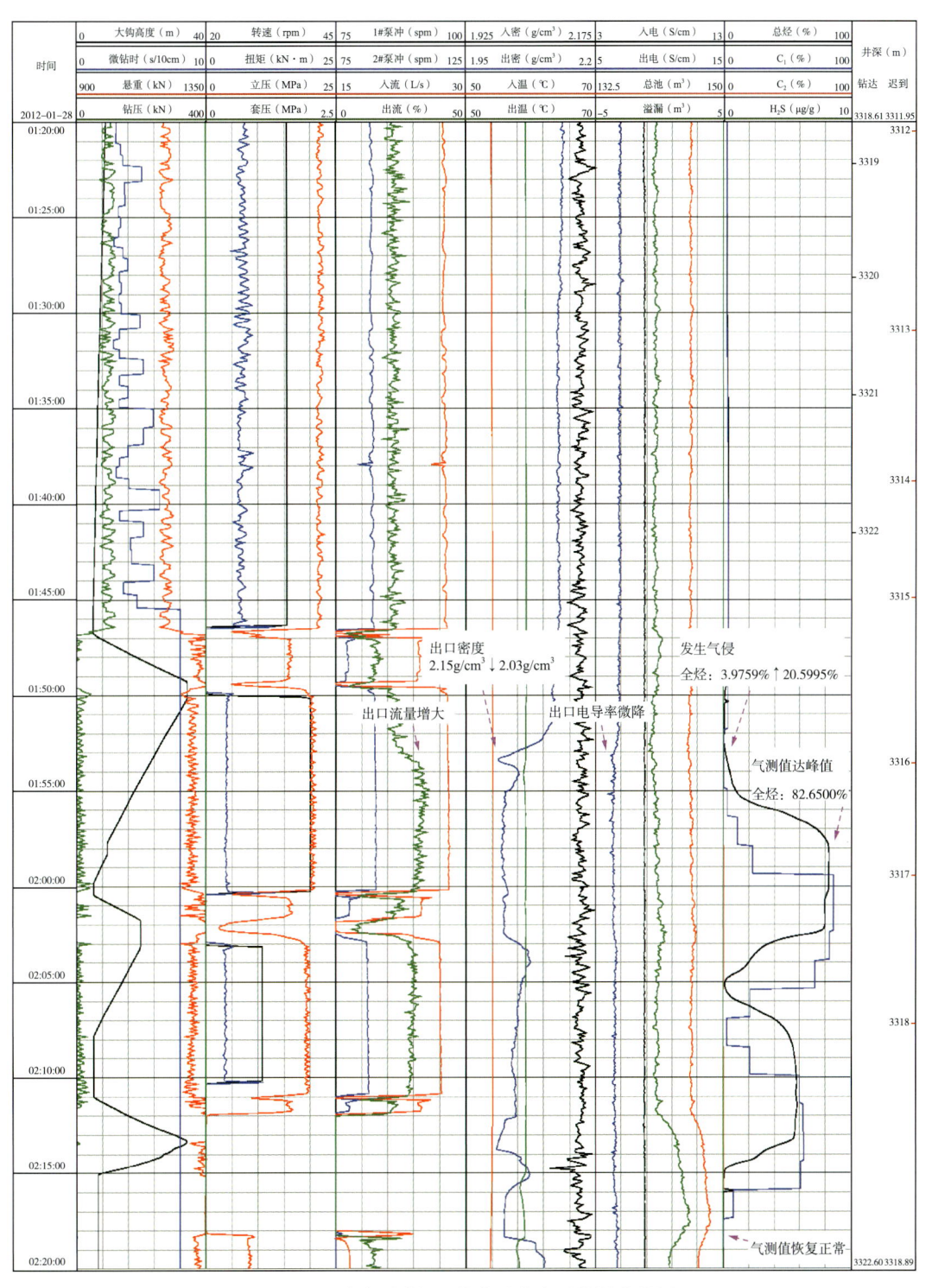

图 2-33 气侵实例 11 综合录井实时数据曲线图

气侵实例12：× 井 2013 年 7 月 1 日 11：31 用密度 2.17g/cm³、黏度 55s、氯离子含量 2139mg/L 的聚磺钻井液钻进至飞三段褐灰色石灰岩，在井深 2521.27m（迟深 2517.53m）发生气侵（图 2-34），全烃：4.1325% ↑ 9.2079%、C₁：3.2017% ↑ 4.7671%，钻井液密度 2.17g/cm³ ↓ 2.00g/cm³；至 11：51 钻至井深 2523.60m（迟深 2518.88m），气测值达峰值，全烃：69.9410%、C₁：72.4571%（色谱仪标定不精准），出口钻井液密度 1.98g/cm³、黏度 60s、电导率略微降低，槽面观察气泡占 20%，集气点火燃，焰高 2.0cm，峰值曲线呈双峰状；至 12：09 钻至井深 2525.73m（迟深 2520.24m），气测值恢复正常，显示持续时间 38min。

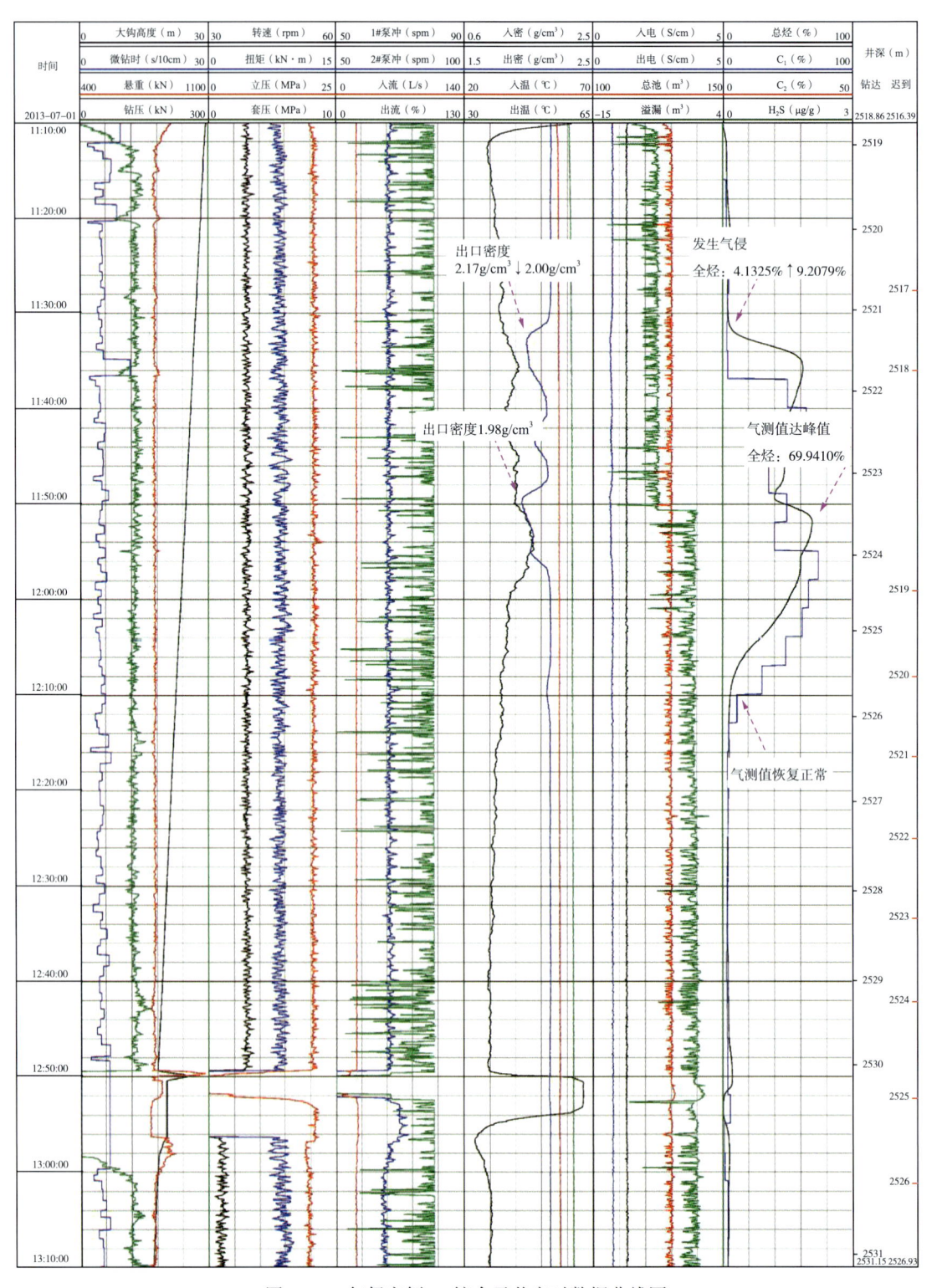

图 2-34　气侵实例 12 综合录井实时数据曲线图

气侵实例13：×井2014年7月12日06：34用密度1.91g/cm³、黏度54s、氯离子含量12053mg/L的聚磺钻井液钻进至飞一段灰褐色石灰岩，在井深2950.39m（迟深2947.18m）发生气侵（图2-35），全烃：2.7672%↑31.9030%、C_1：0.7336%↑25.643%，出口钻井液密度降低；至06：39钻进至井深2950.65m（迟深2947.56m），气测值达峰值，全烃：89.8580%、C_1：67.5430%，出口钻井液密度1.90g/cm³↓1.82g/cm³、黏度53s↑57s，其他参数无明显变化；至06：56钻进至井深2952.00m（迟深2948.86m），气测值恢复正常，显示持续时间22min。

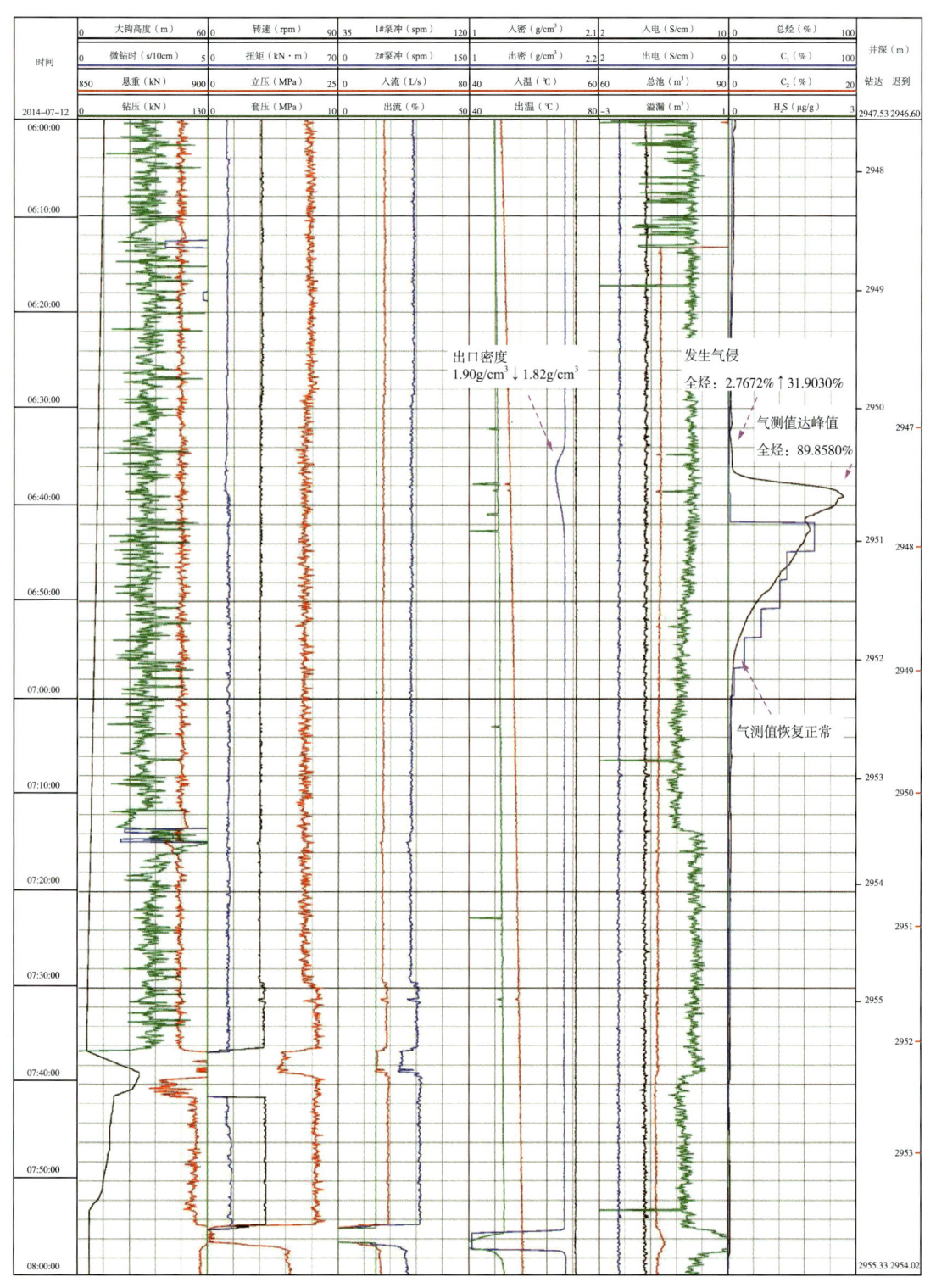

图2-35　气侵实例13综合录井实时数据曲线图

综合录井实用图册

气侵实例 14：× 井 2011 年 12 月 10 日 14：41 用密度 2.14g/cm³、黏度 61s、氯离子含量 16848mg/L 的 MEG 聚磺钻井液钻进至长兴组灰色泥质石灰岩，钻时降低，在井深 3934.23m（迟深 3930.45m）上提钻具循环，至 14：48 循环至迟深 3930.82m，发生气侵（图 2-36），全烃：1.8622% ↑ 3.1033%、C_1：0.5254% ↑ 1.0487%、出口钻井液密度、电导率降低；至 15：02 循环钻井液至迟深 3931.62m，气测值达峰值，全烃：68.9442%、C_1：47.3776%、C_2：0.1526%，组分不全，钻井液密度 2.14g/cm³ ↓ 2.06g/cm³、黏度 61s ↑ 66s、电导率 3.86S/cm ↓ 3.77S/cm，总池体积上涨 0.5m³，槽面观察气泡占 10%，集气点火燃，焰高 1cm；至 16：06 循环钻井液后钻进至井深 3936.70m（迟深 3934.30m），气测值恢复正常，显示持续时间 76min。

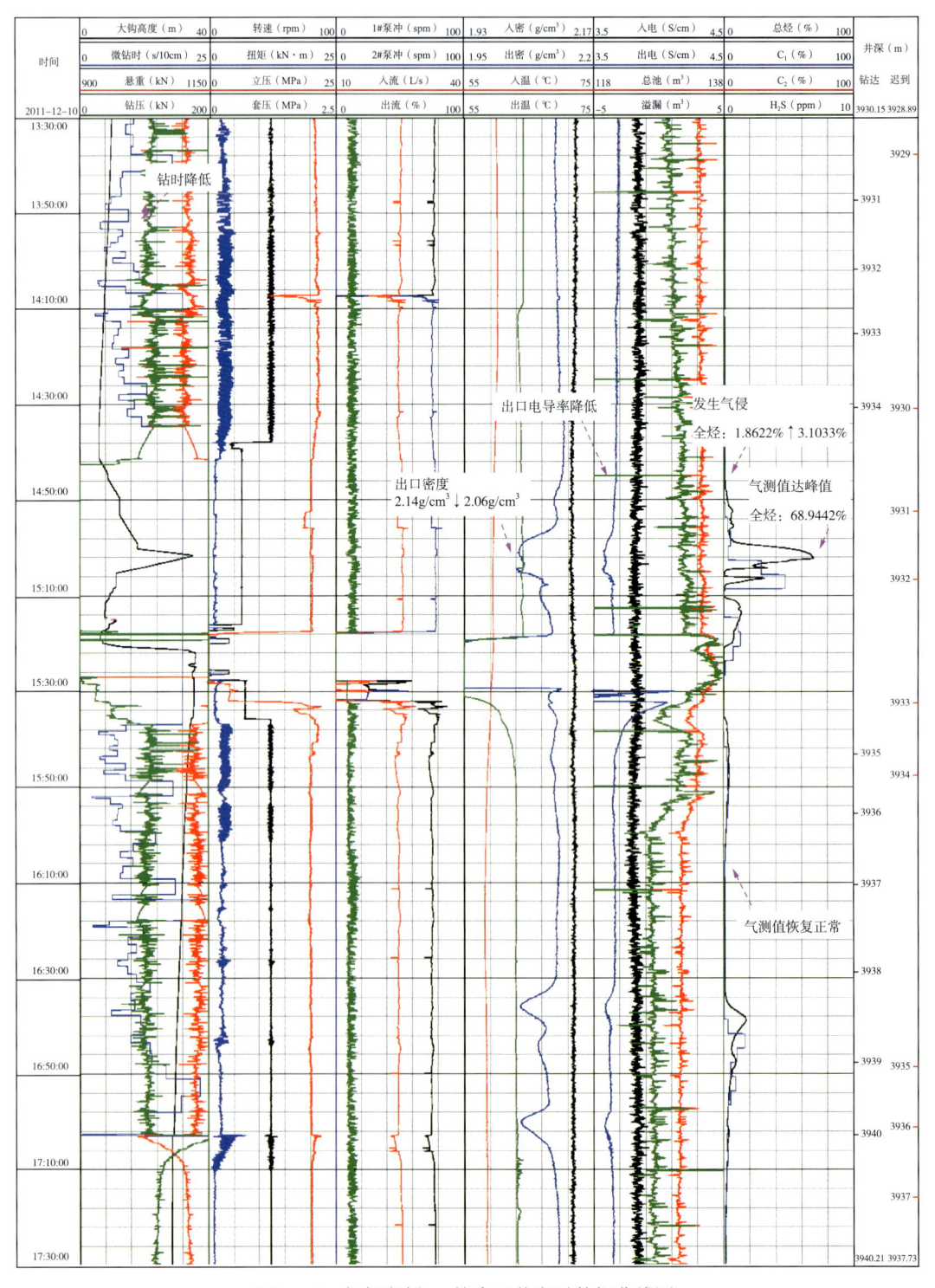

图 2-36 气侵实例 14 综合录井实时数据曲线图

气侵实例 15：× 井 2012 年 1 月 31 日 06：01 用密度 2.11g/cm³、黏度 71s、氯离子含量 5802mg/L 的聚磺钻井液钻进至龙潭组煤层，在井深 3791.36m（迟深 3789.49m）发生气侵（图 2-37），全烃：2.6194% ↑ 5.0384%、C_1：0.9863% ↑ 1.1652%，出口钻井液密度下降；至 06：11 钻进至井深 3791.54m（迟深 3790.44m），气测值达峰值，全烃：72.3126%、C_1：72.5462%、C_2—nC_5 为 0.0000%，出口钻井液密度 2.11g/cm³ ↓ 2.09g/cm³、黏度 71s ↑ 73s、电导率微降，液面上涨 0.4m³，槽面观察气泡占 30%，集气点火燃，焰高 0.3～0.5cm；至 06：55 钻进至井深 3792.54m（迟深 3791.22m），气测值恢复正常，显示持续时间 54min。

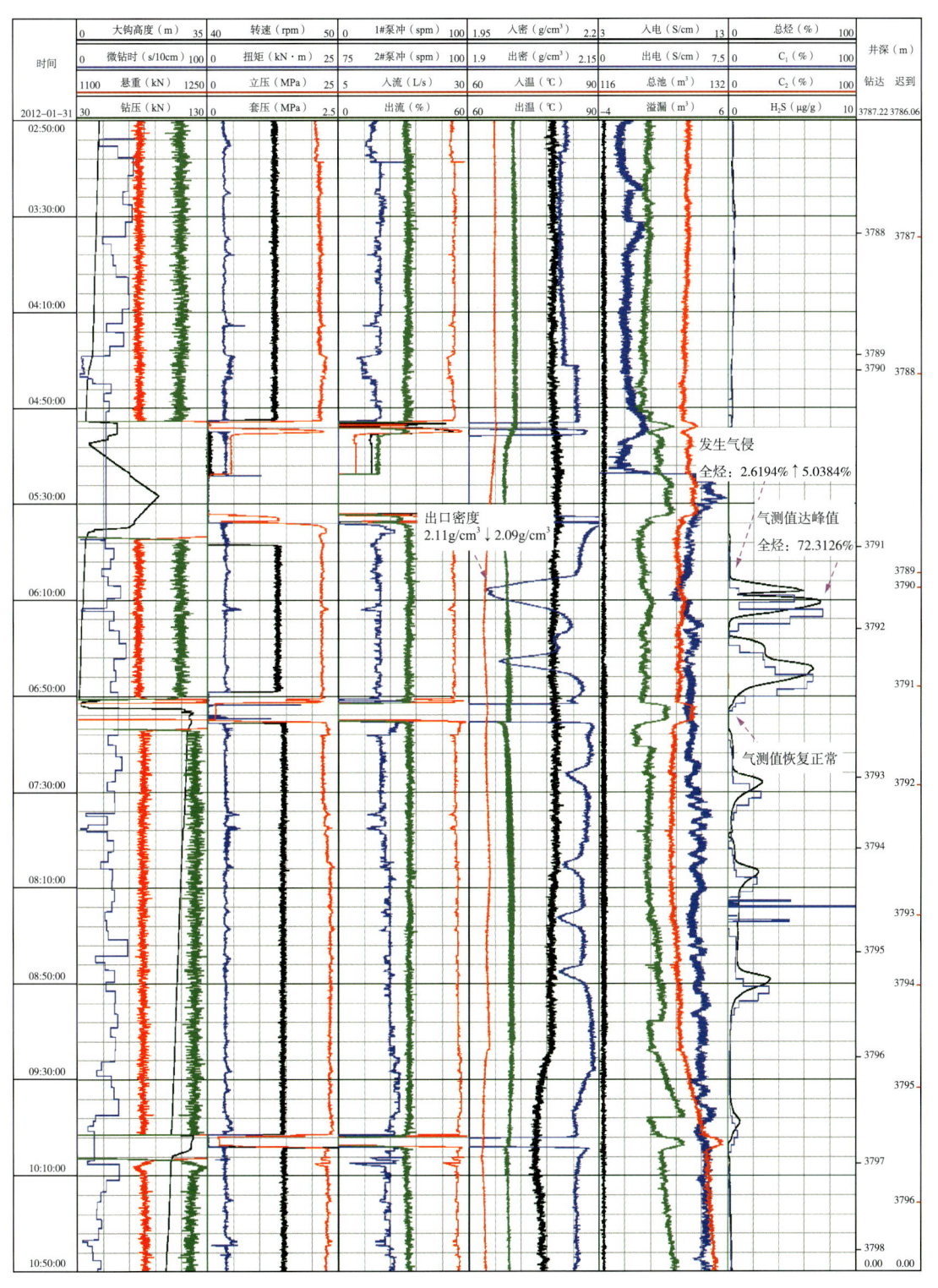

图 2-37　气侵实例 15 综合录井实时数据曲线图

气侵实例 16：× 井 2012 年 1 月 5 日 05：01 用密度 2.14g/cm³、黏度 63s、氯离子含量 19887mg/L 的聚磺钻井液钻进至龙潭组黑色页岩，在井深 3935.30m（迟深 3933.45m）发生气侵（图 2-38），全烃：7.3910% ↑ 11.9249%、C_1：6.5343% ↑ 10.0320%，钻时降低，出口钻井液密度 2.14g/cm³ ↓ 2.13g/cm³、电导率微降；至 05：50 钻进至井深 3936.14m（迟深 3937.98m），气测值达峰值，全烃：52.0419%、C_1：46.0832%，组分不全，出口钻井液密度 2.13g/cm³ ↓ 2.00g/cm³、黏度 63s ↓ 58s、电导率略降，槽面针孔状气泡占 10%，色谱放空处集气点火燃，焰高 1～2cm；至 06：08 钻进至井深 3936.70m（迟深 3935.35m），气测值恢复正常，显示持续时间 67min。

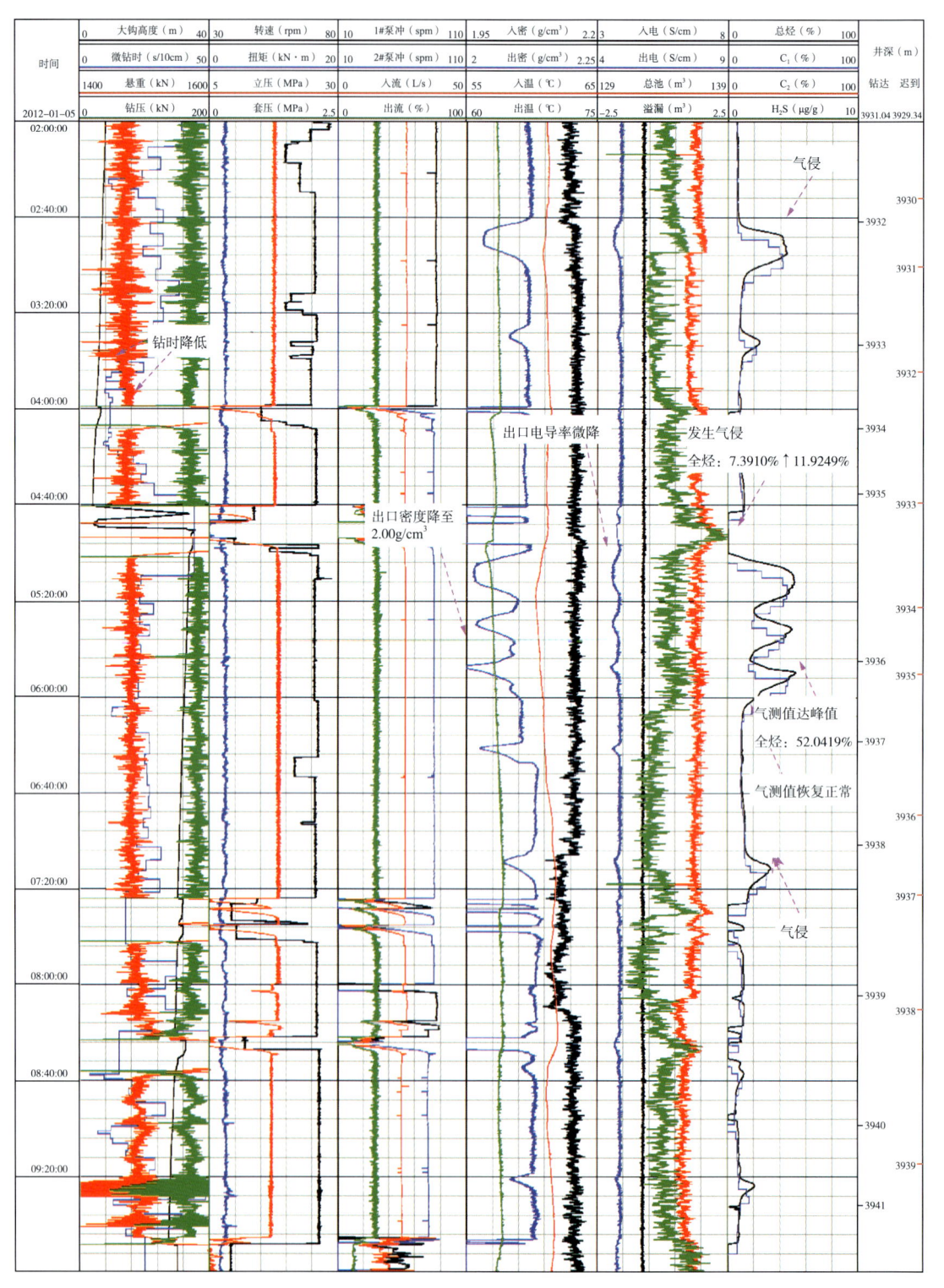

图 2-38　气侵实例 16 综合录井实时数据曲线图

气侵实例17：×井2012年2月11日21：51用密度2.28g/cm³、黏度58s、氯离子含量20561mg/L的有机盐聚磺钻井液钻至龙潭组黑色碳质页岩，在井深4166.10m（迟深4163.26m）发生气侵（图2-39），全烃：2.7893%↑4.2083%、C_1：2.4522%↑3.1434%，组分不全，钻时降低，出口钻井液密度下降、电导率微降；至23：07钻进至井深4169.13m（迟深4166.49m），气测值达峰值，全烃：63.3490%、C_1：60.7851%，组分不全，出口钻井液密度2.28g/cm³↓2.09g/cm³、黏度58s↑67s；至2月12日00：12钻至井深4170.20m（迟深4169.15m），气测值恢复正常，显示持续时间141min。

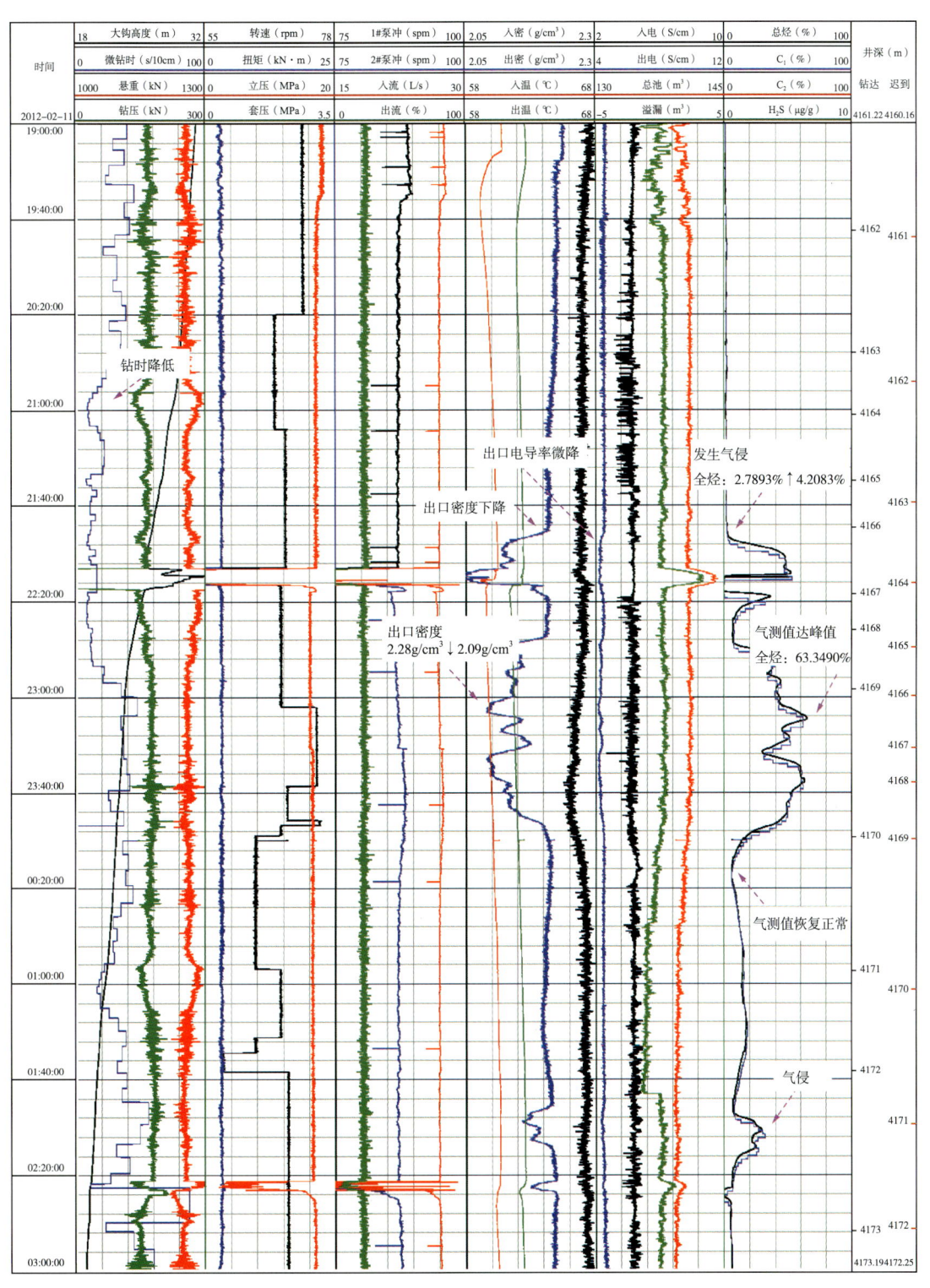

图2-39 气侵实例17综合录井实时数据曲线图

气侵实例18：× 井 2012 年 2 月 2 日 19：49 用密度 2.09g/cm³、黏度 71s、氯离子含量 5534mg/L 的聚磺钻井液钻进至茅三段灰褐色石灰岩，在井深 3924.55m（迟深 3916.47m）发生气侵（图 2-40），全烃：2.3304% ↑ 4.8746%、C_1：1.6998% ↑ 4.4502%、C_2—nC_5 为 0.0000%；至 20：16 钻进至井深 3927.21m（迟深 3920.33m），气测值达峰值，全烃：23.4542%、C_1：22.8119%、C_2—nC_5 为 0.0000%，钻时降低，出口钻井液密度 2.08g/cm³ ↓ 2.04g/cm³，其他参数无明显变化；至 20：36 钻进至井深 3928.81m（迟深 3923.14m），气测值恢复正常，显示持续时间 47min。

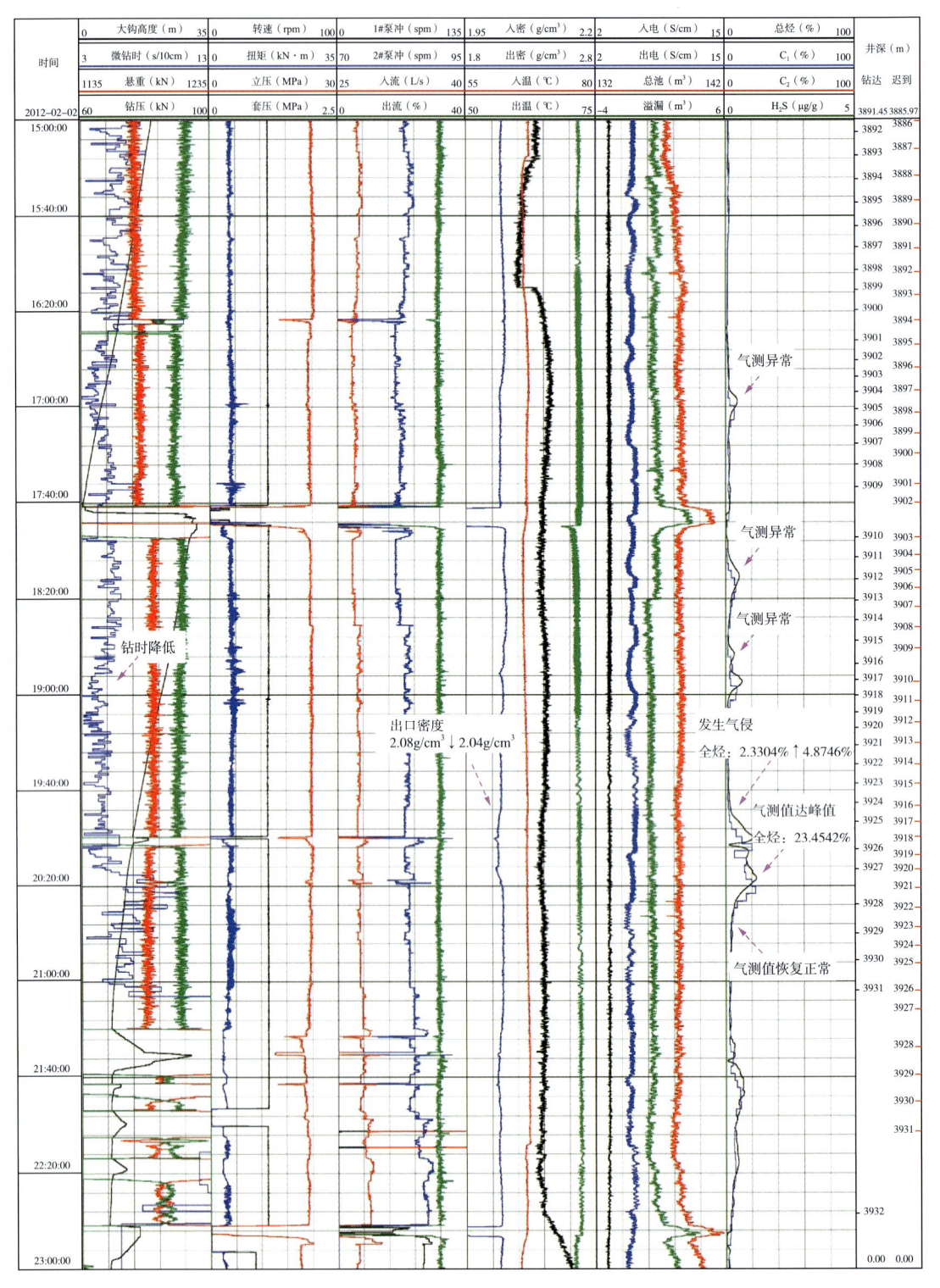

图 2-40　气侵实例 18 综合录井实时数据曲线图

气侵实例19：×井2012年1月10日11：27用密度2.14g/cm³、黏度61s、氯离子含量19164mg/L的聚磺钻井液钻进至茅三段浅褐灰色石灰岩，在井深4071.78m（迟深4068.98m）发生气侵（图2-41），全烃：5.2287%↑8.4419%、C_1：3.6691%↑7.2134%，出口钻井液密度降低；至11：31钻进至井深4071.95m（迟深4069.18m），气测值达峰值，全烃：53.2313%、C_1：45.2396%，组分不全，出口钻井液密度2.14g/cm³↓2.00g/cm³、电导率降低，集气点火未燃；至11：43钻进至井深4072.45（迟深4069.56m），气测值恢复正常，显示持续时间16min。

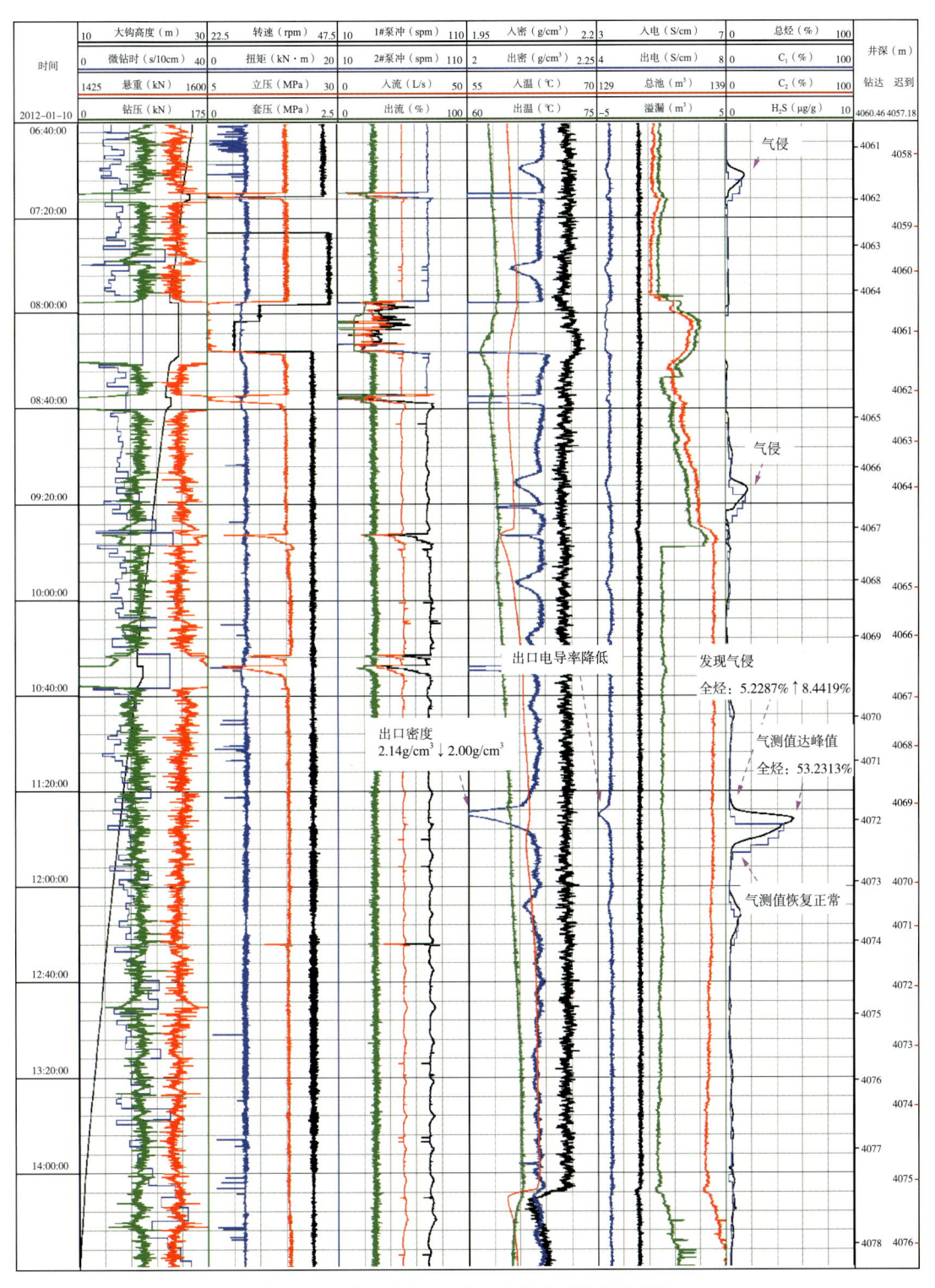

图2-41　气侵实例19综合录井实时数据曲线图

综合录井实用图册

气侵实例 20：× 井于 2012 年 2 月 7 日 22：28 用密度 2.31g/cm³、黏度 50s、氯离子含量 19647mg/L 的聚磺钻井液钻至茅三段褐灰色石灰岩，在井深 4165.44m（迟深 4159.78m）发生气侵（图 2-42），全烃：1.8670%↑4.1944%、C_1：0.8458%↑1.5060%、C_2—nC_5 为 0.0000%，钻时降低，出口钻井液密度、电导率降低；至 22：32 钻至井深 4165.81m（迟深 4160.19m），气测值达峰值，全烃：39.9366%、C_1：32.6036%，组分不全，出口钻井液密度由 2.31g/cm³↓2.23 g/cm³、黏度 50s↑59s、电导率 4.23S/cm↓3.93S/cm，槽面观察气泡占 30%，集气点火燃，焰高 1~2cm；至 23：09 钻进至井深 4170.75m（迟深 4164.25m），气测值恢复正常，显示持续时间 41min。

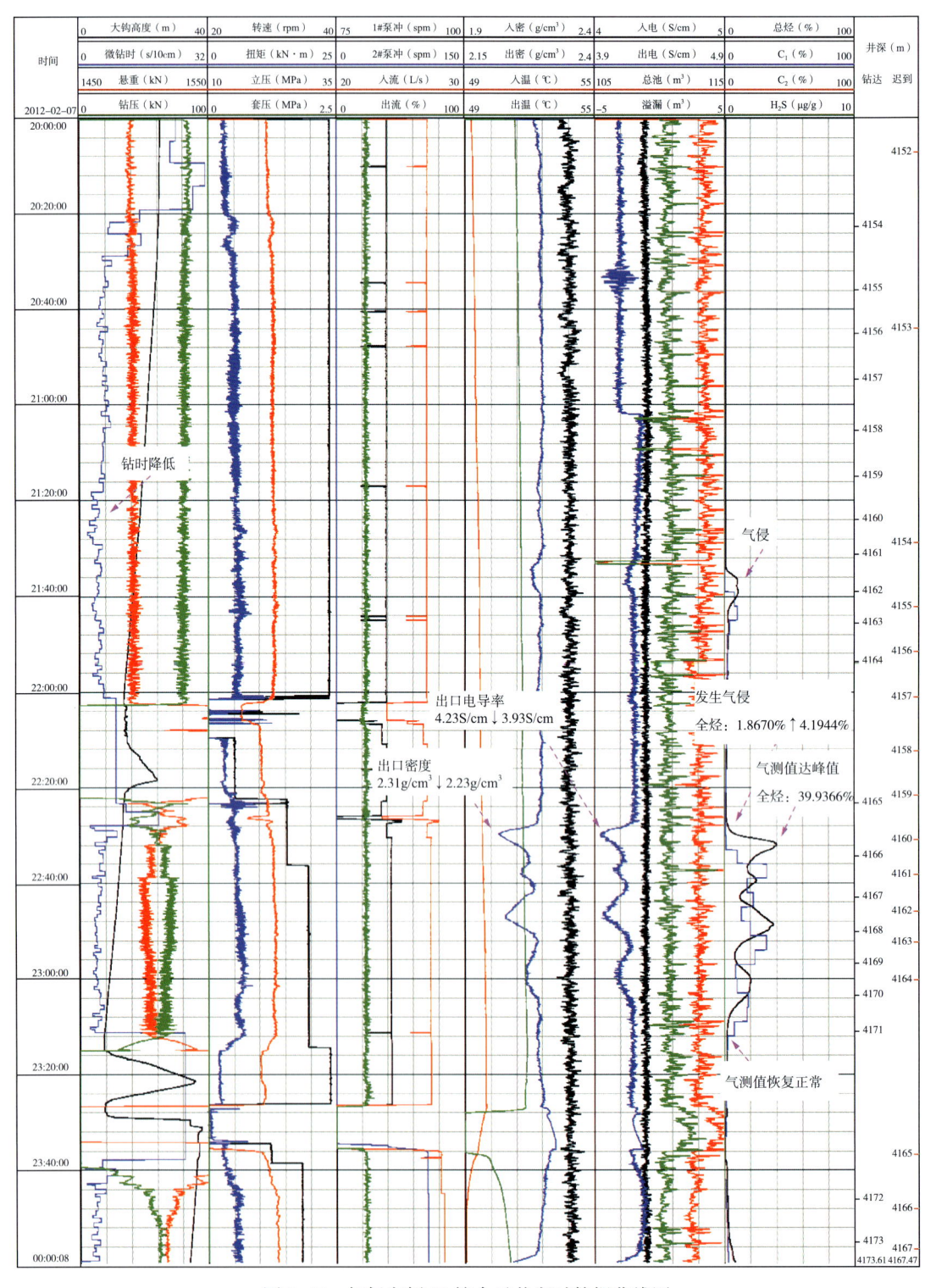

图 2-42 气侵实例 20 综合录井实时数据曲线图

气侵实例21：×井2012年4月11日16：04用密度2.06g/cm³、黏度48s、氯离子含量15598mg/L的聚磺钻井液钻进至茅二段深褐灰色石灰岩，在井深4178.02m（迟深：4174.78m）发生气侵（图2-43），全烃：13.7936% ↑ 14.0394%，C_1：11.0087% ↑ 11.9994%，出口钻井液密度微降；至16：38钻进至井深4179.75m（迟深4177.25m），气测值达峰值，全烃：91.0500%、C_1：88.2521%，组分不全，出口钻井液密度2.06g/cm³ ↓ 1.96g/cm³，黏度48s ↑ 67s，出口电导3.12S/cm ↓ 3.09S/cm，池体积上涨0.3m³，槽面观察气泡占30%，槽面、色谱集气点火燃，焰高2cm；至16：50钻进至井深4180.15m（迟深4177.52m），气测值恢复正常，显示持续时间46min。

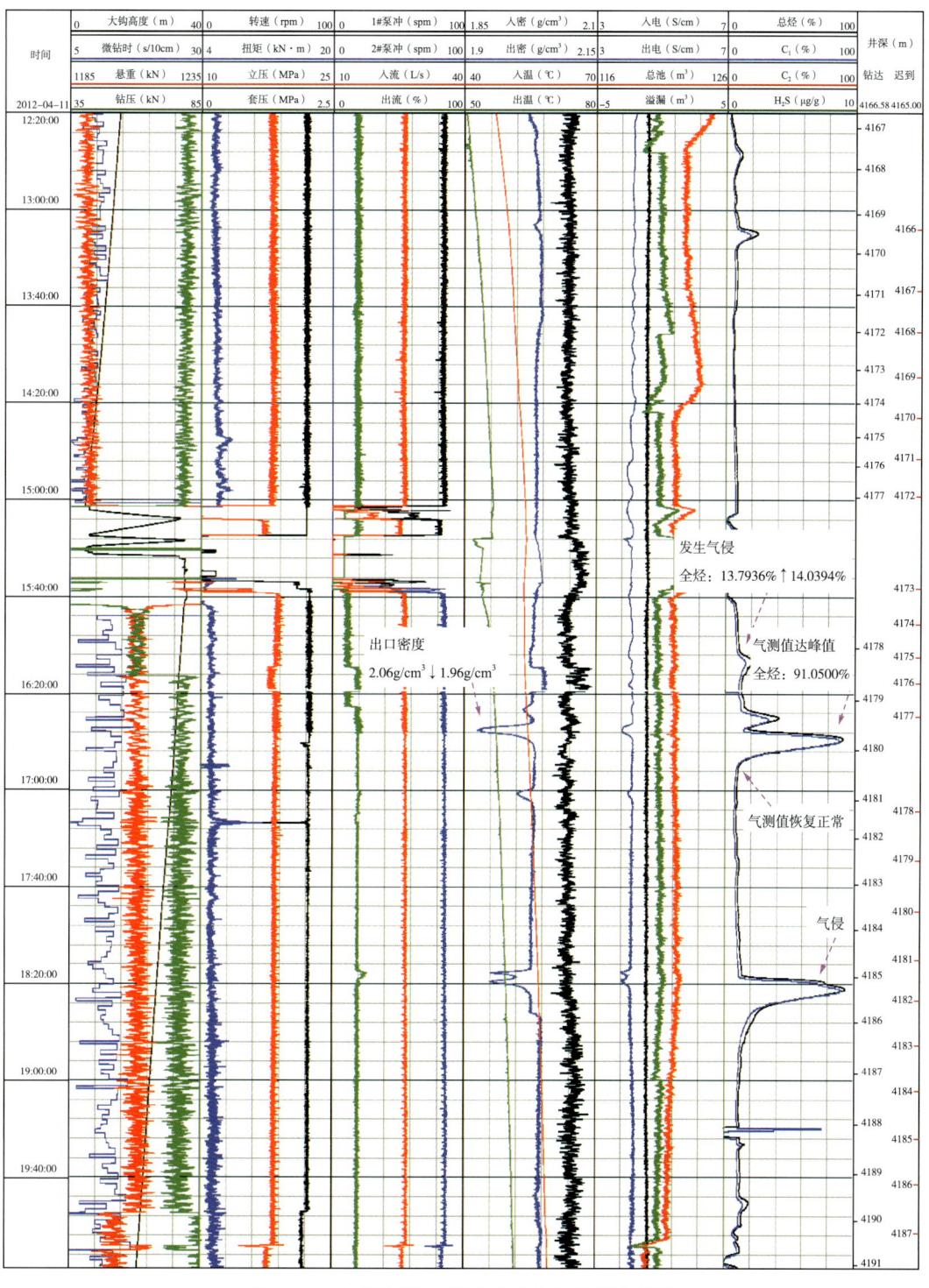

图2-43　气侵实例21综合录井实时数据曲线图

综合录井实用图册

气侵实例22：×井2012年1月19日06：56用密度2.12g/cm³、黏度60s、氯离子含量5785mg/L钻井液钻进至栖一段灰褐色灰质白云岩，在井深4289.16m（迟深4285.73m）发生气侵（图2-44），全烃：7.3910%↑47.6732%、C_1：5.2129%↑45.2679%，钻时微降，出口钻井液密度2.12g/cm³↓2.10g/cm³、黏度60s↑62s、出口电导率降低，池体积上涨0.2m³，槽面观察气泡占8%；至07：02钻进至井深4289.49m（迟深4286.12m），气测值达峰值，全烃：87.1564%、C_1：83.5691%，组分不全，出口钻井液密度2.09g/cm³↓1.71g/cm³、黏度↑65s、电导率4.40S/cm↓3.35S/cm，液面见气泡占20%，池体积上涨0.4m³，集气点火燃，焰高3.0cm；至07：40钻进至井深4290.84m（迟深4288.13m），气测值恢复正常，显示持续时间40min。

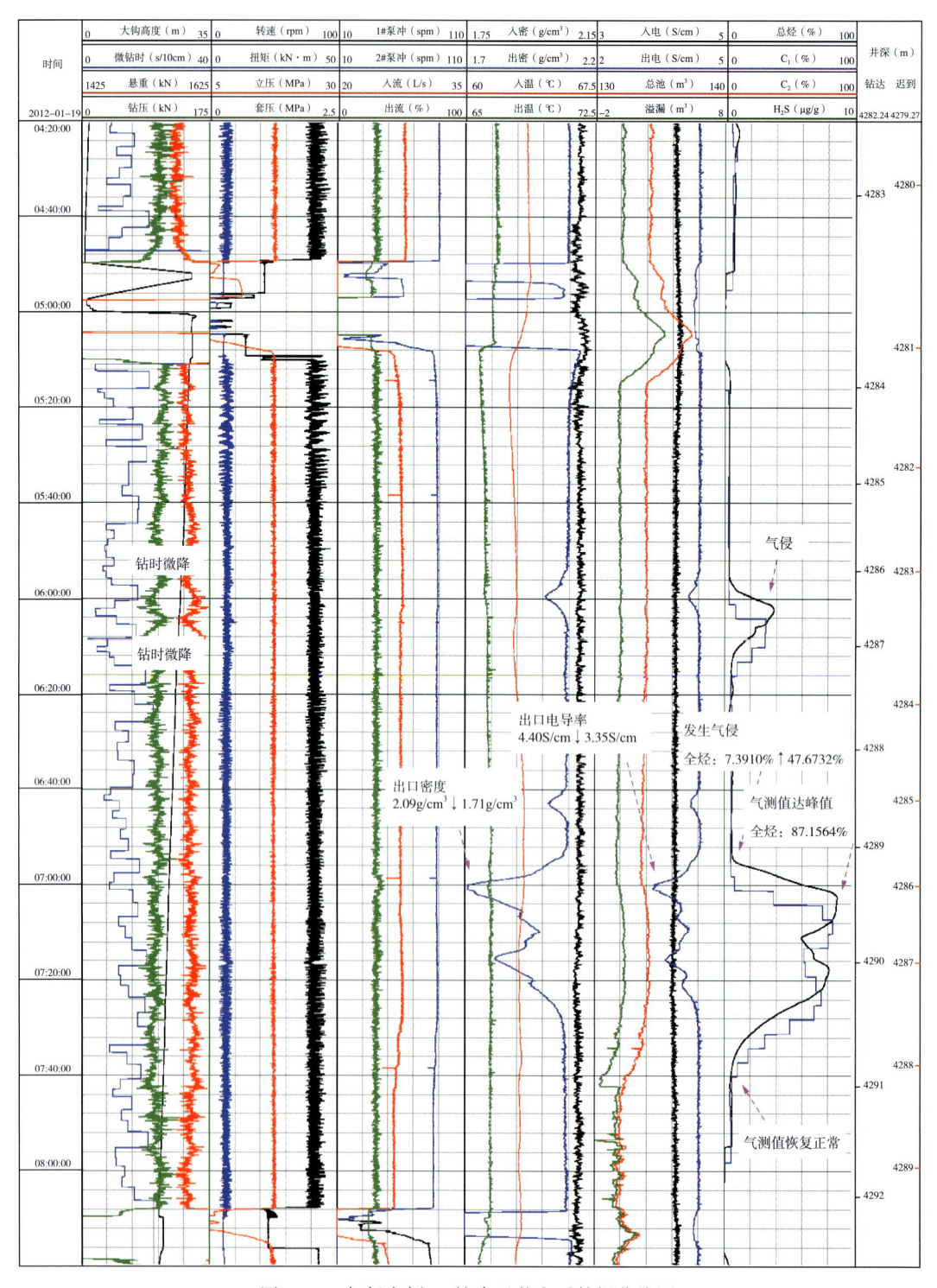

图2-44 气侵实例22综合录井实时数据曲线图

气侵实例23：×井2012年4月14日12：58用密度2.03g/cm³、黏度48s、氯离子含量15598mg/L的聚磺钻井液钻进至栖一段褐灰色云质石灰岩，在井深4330.77m（迟深4326.12m）发生气侵（图2-45），全烃：7.3910%↑47.6732%、C₁：5.2129%↑45.2679%，钻时降低，出口钻井液密度2.03g/cm³↓1.91g/cm³、黏度60s↑62s、电导率略微降低，至13：05钻进至井深4331.10m（迟深4327.16m），气测值达峰值，全烃：96.8890%，C₁：93.1350%，组分不全，出口钻井液密度、电导率高低与气测值高低呈镜像，钻井液出口流量18.7%↑20.2%，槽面观察气泡占10%，集气点火燃，焰高2cm；至13：40钻进至井深4332.97m（迟深4329.63m），气测值恢复正常，显示持续时间42min。

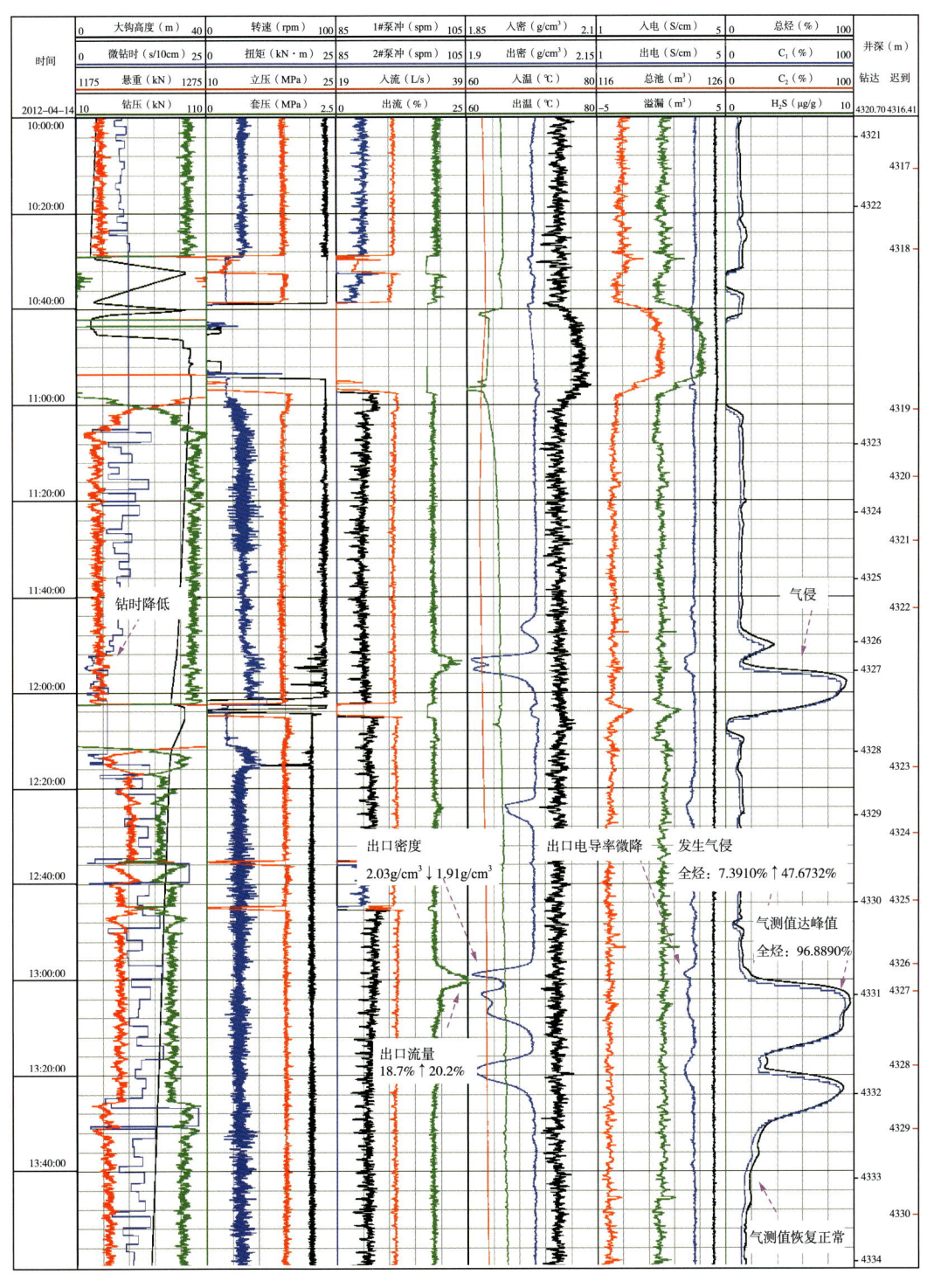

图2-45 气侵实例23综合录井实时数据曲线图

气侵实例 24：× 井 2012 年 1 月 3 日 15：49 用密度 2.14g/cm³、黏度 67s、氯离子含量 18965mg/L 有机盐聚磺钻井液钻进至栖一段褐灰色石灰岩，在井深 4342.89m（迟深 4340.20m）发生气侵（图 2-46），全烃：0.2443%↑7.6028%、C_1：0.1427%↑5.4270%，钻时微降，转速和扭矩波动，可能钻遇裂缝发育层段，出口钻井液密度、电导率降低，出口流量增大；至 15：51 钻进至井深 4342.95m（迟深 4340.34m），气测值达峰值，全烃：45.1642%、C_1：41.4239%，组分不全，出口钻井液密度 2.13g/cm³↓1.93g/cm³、黏度 67s↑75s、电导率 4.1S/m↓3.7S/m，总池体积上涨 0.4m³，槽面观察气泡占 10%，集气点火燃；至 16：32 钻进 4344.60m（迟深 4342.16m），气测值恢复正常，显示持续时间 43min。

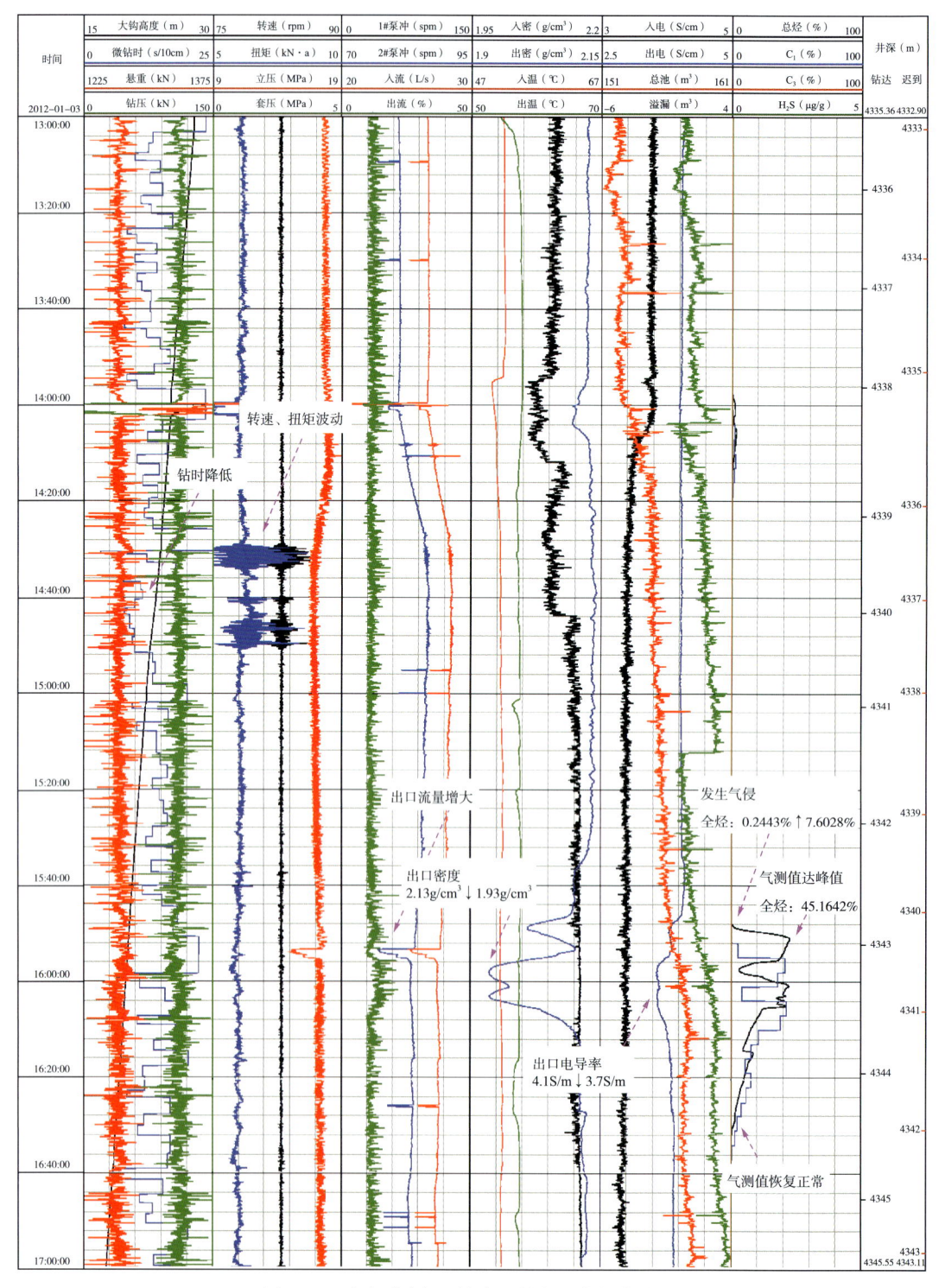

图 2-46　气侵实例 24 综合录井实时数据曲线图

气侵实例25：×井2012年2月28日11：16用密度2.31g/cm³、黏度66s、氯离子含量15952mg/L有机盐聚磺钻井液钻至栖一段深灰色泥质石灰岩，在井深4535.53m（迟深4533.20m）发生气侵（图2-47），全烃：6.7954%↑7.8262%、C_1：4.7014%↑4.9496%、C_2—nC_5为0.0000%；至14：21钻至井深4540.65m（迟深4538.25m），气测值达到峰值，全烃：24.8237%、C_1：22.4208%、C_2—nC_5为0.0000%，出口钻井液密度2.30g/cm³↓2.25g/cm³，其他参数无明显变化，至14：47钻进至井深4541.16m（迟深4539.02m），上提间断循环，至15：54钻至井深4542.12m（迟深4540.38m），气测值恢复正常，显示持续时间218min。

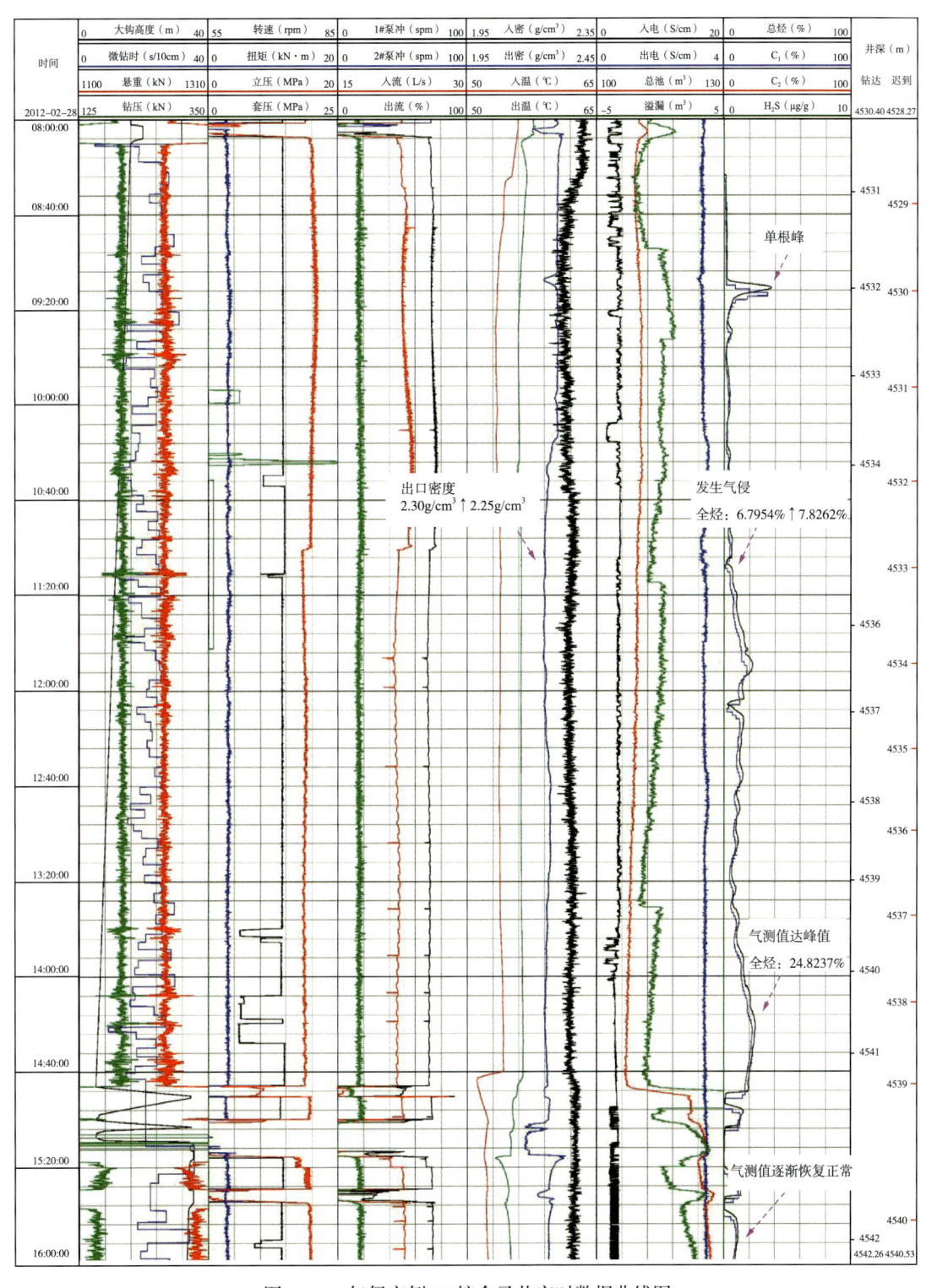

图2-47 气侵实例25综合录井实时数据曲线图

气侵实例 26：× 井 2011 年 2 月 24 日 09：15 用密度 1.36g/cm³、黏度 42s、氯离子含量 3011mg/L 的聚磺钻井液钻进至石炭系灰褐色白云岩，在井深 4515.79m（迟深 4503.80m）发生气侵（图 2-48），全烃：0.7943%↑1.3349%、C1：0.0503%↑0.1161%、C_2—nC_5 为 0.0000%；至 10：05 钻至井深 4520.06m（迟深 4507.62m），气测值达峰值，全烃：17.9547%、C_1：12.9337%、C_2：0.0445%、C_3—nC_5 为 0.0000%，出口钻井液密度 1.37g/cm³↓1.35g/cm³，其他参数无明显变化；至 10：20 钻至井深 4520.95m（迟深 4509.62m），气测值恢复正常，显示持续时间 65min。

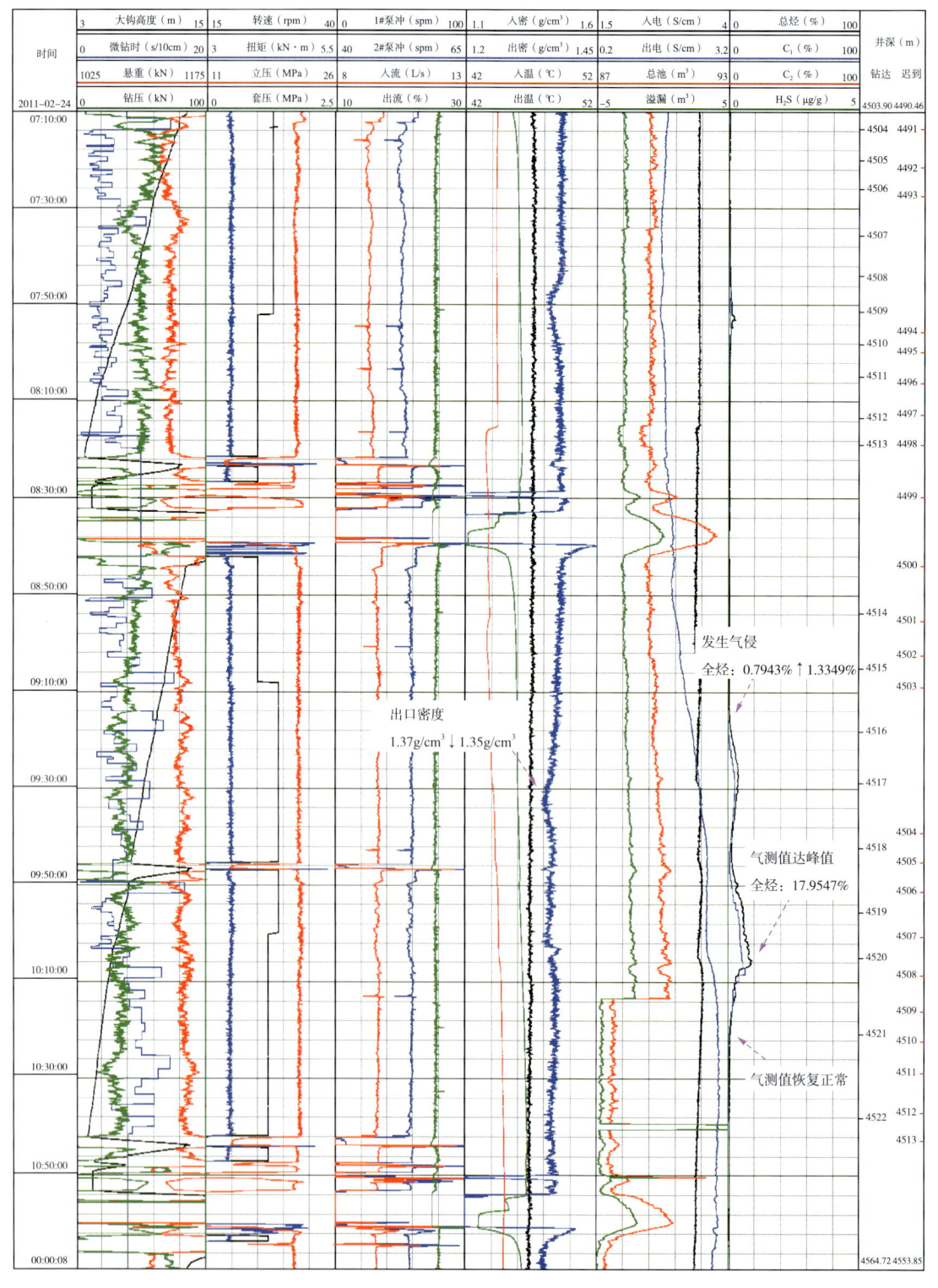

图 2-48　气侵实例 26 综合录井实时数据曲线图

气侵实例27：×井2014年8月6日22：31用密度1.51g/cm³、黏度43s、氯离子含量1882mg/L的聚磺钻井液钻进至石炭系灰褐色灰质白云岩，在井深4557.46m（迟深4555.11m）发生气侵（图2—49），全烃：0.0000%↑47.7297%、C_1：0.0000%↑43.9349%，至22：36上提钻具循环至迟到井深4555.34m，气测达到峰值，全烃：61.4152%、C_1：78.1305%、C_2—nC_5为0.0000%，出口钻井液密度1.49g/cm³↓1.38g/cm³，其他参数无明显变化，集气点火燃，焰高2～3cm；至22：44钻进至井深4557.72m（迟深4555.69m），气测值恢复正常，显示持续时间13min。

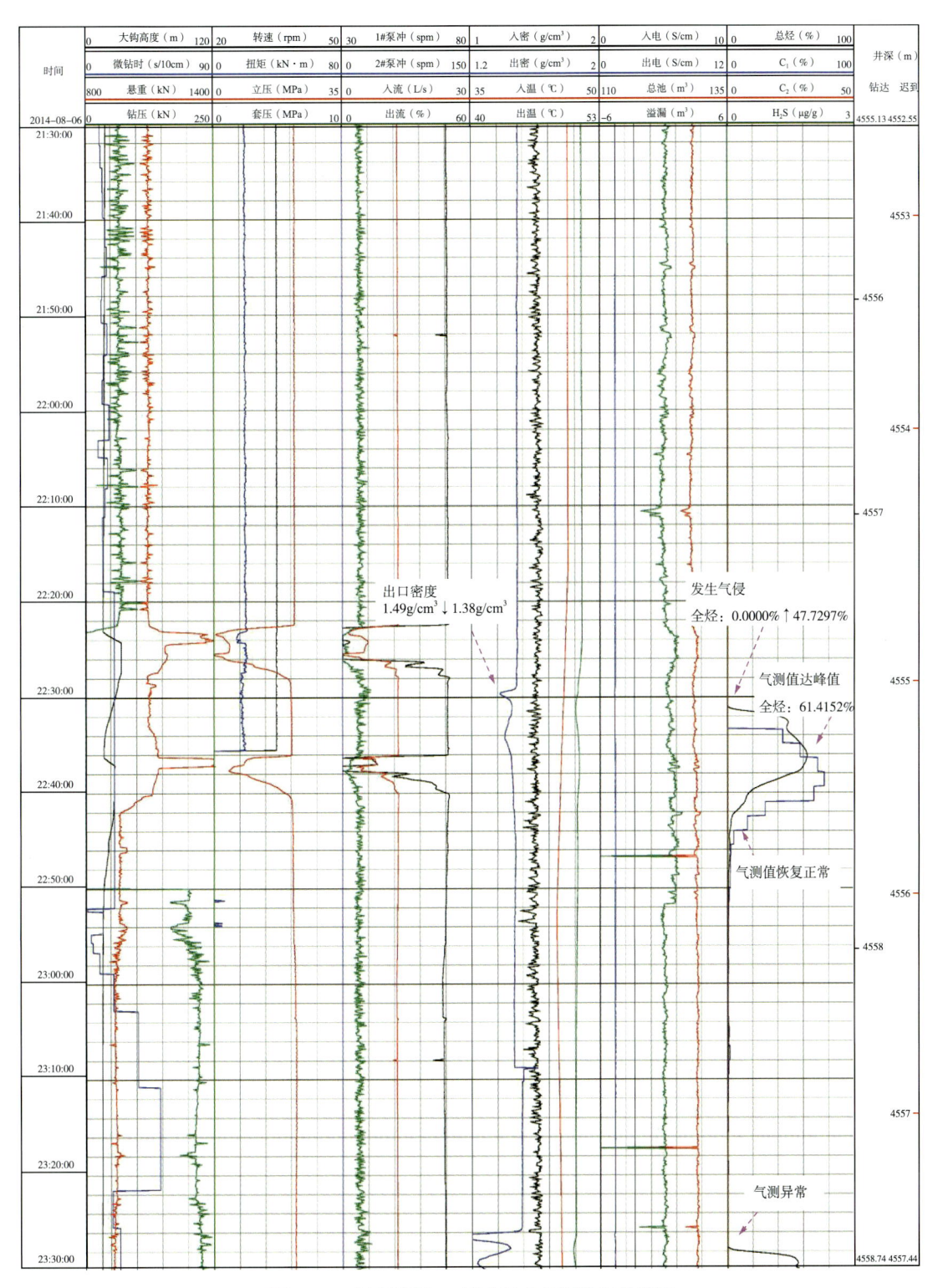

图2—49　气侵实例27综合录井实时数据曲线图

综合录井实用图册

气侵实例28：× 井2011年2月27日17：56用密度1.34g/cm³、黏度39s、氯离子含量3387mg/L聚磺钻井液钻至石炭系灰褐色云岩，在井深4776.58m（迟深4771.65m）发生气侵（图2-50），全烃：1.1637% ↑ 2.2125%、C_1：0.3042% ↑ 0.7151%，出口钻井液密度下降，其他参数无明显变化；至21：18钻至井深4784.78m（迟深4779.39m），气测值达峰值，全烃：51.3910%、C_1：47.4018%，组分不全，出口钻井液密度1.34g/cm³ ↓ 1.31g/cm³、黏度39s ↑ 37s，出口电导率传感器不正常，液面上涨0.3m³，槽面观察气泡占65%，集气点火燃，焰高1.0～2.0cm；至22：00钻至井深4785.82m（迟深4780.68m），气测值恢复正常，显示持续时间244min。

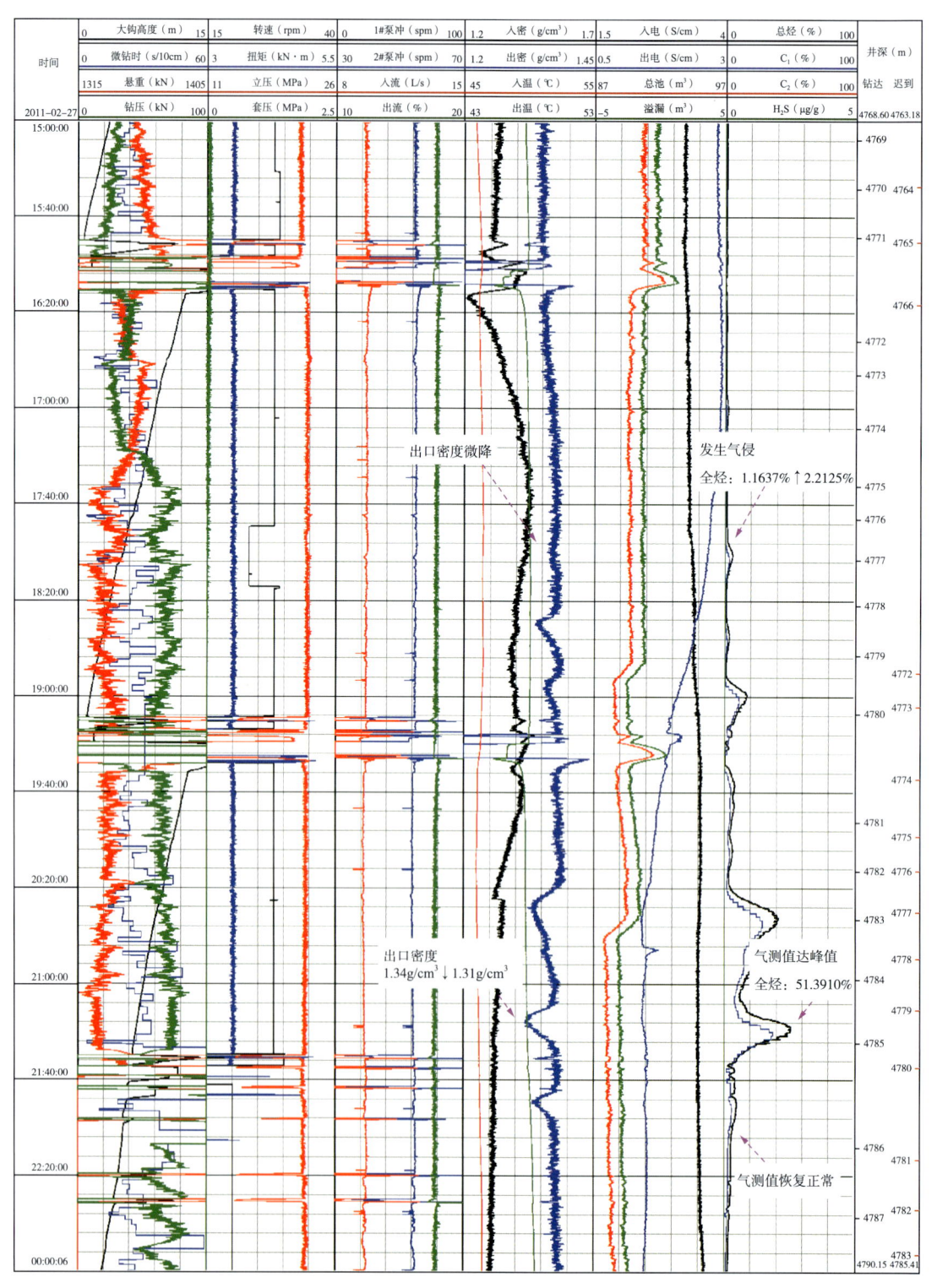

图2-50　气侵实例28综合录井实时数据曲线图

气侵实例29：×井2012年5月12日20：16用密度1.52g/cm³、黏度60s、氯离子含量2304mg/L的聚磺钻井液钻进至石炭系黄龙组灰色白云岩，在井深5189.87m（迟深5181.64m）发生气侵（图2-51），全烃：0.7718%↑1.0361%、C_1：0.2758%↑0.9483%；至20：38钻进至井深5190.85m（迟深5182.44m），气测值达峰值，全烃：20.0000%、C_1：17.2187%，钻时微降，出口钻井液密度1.53g/cm³↓1.51g/cm³，其他参数无明显变化；至21：30钻至井深5192.84m（迟深5187.20m），气测值恢复正常，显示持续时间74min。

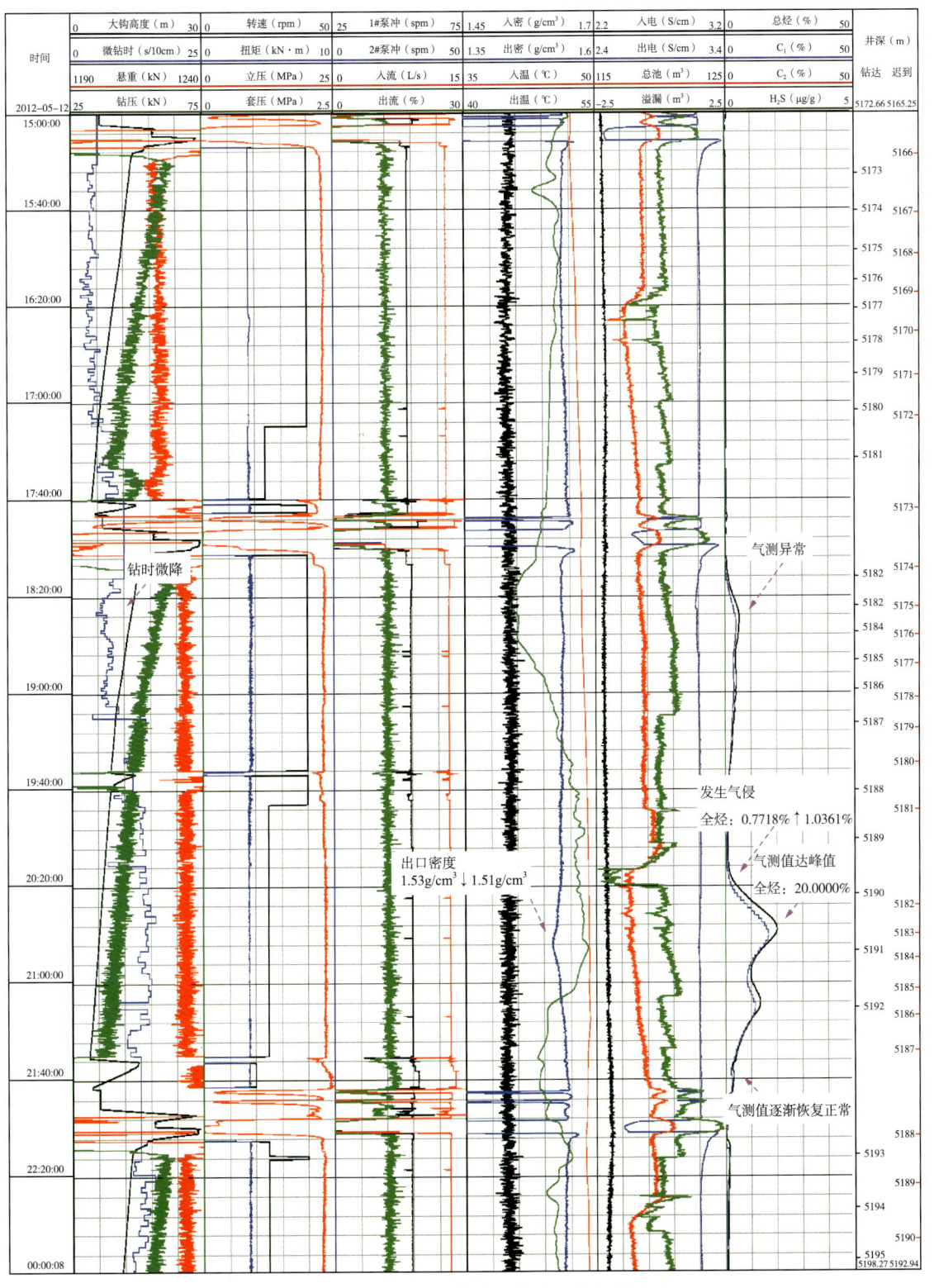

图2-51 气侵实例29综合录井实时数据曲线图

综合录井实用图册

气侵实例30：×井2011年3月8日17：37用密度1.35g/cm³、黏度43s、氯离子含量3011mg/L的聚磺钻井液钻至石炭系深褐灰色白云岩，在井深5286.07m（迟深5277.86m）发生气侵（图2–52），全烃：1.9673%↑4.6215%、C₁：1.6676%↑4.2232%，出口钻井液密度降低；至20：03钻至井深5292.44m（迟深5286.77m），气测值达峰值，全烃：21.2708%、C₁：20.6156%，组分不全，钻时降低，出口钻井液密度1.35g/cm³↓1.32g/cm³、电导率3.88S/cm↓3.32S/cm，其他参数无明显变化；至21：04钻至井深5295.78m（迟深5289.45m），气测值恢复正常，显示持续时间207min。

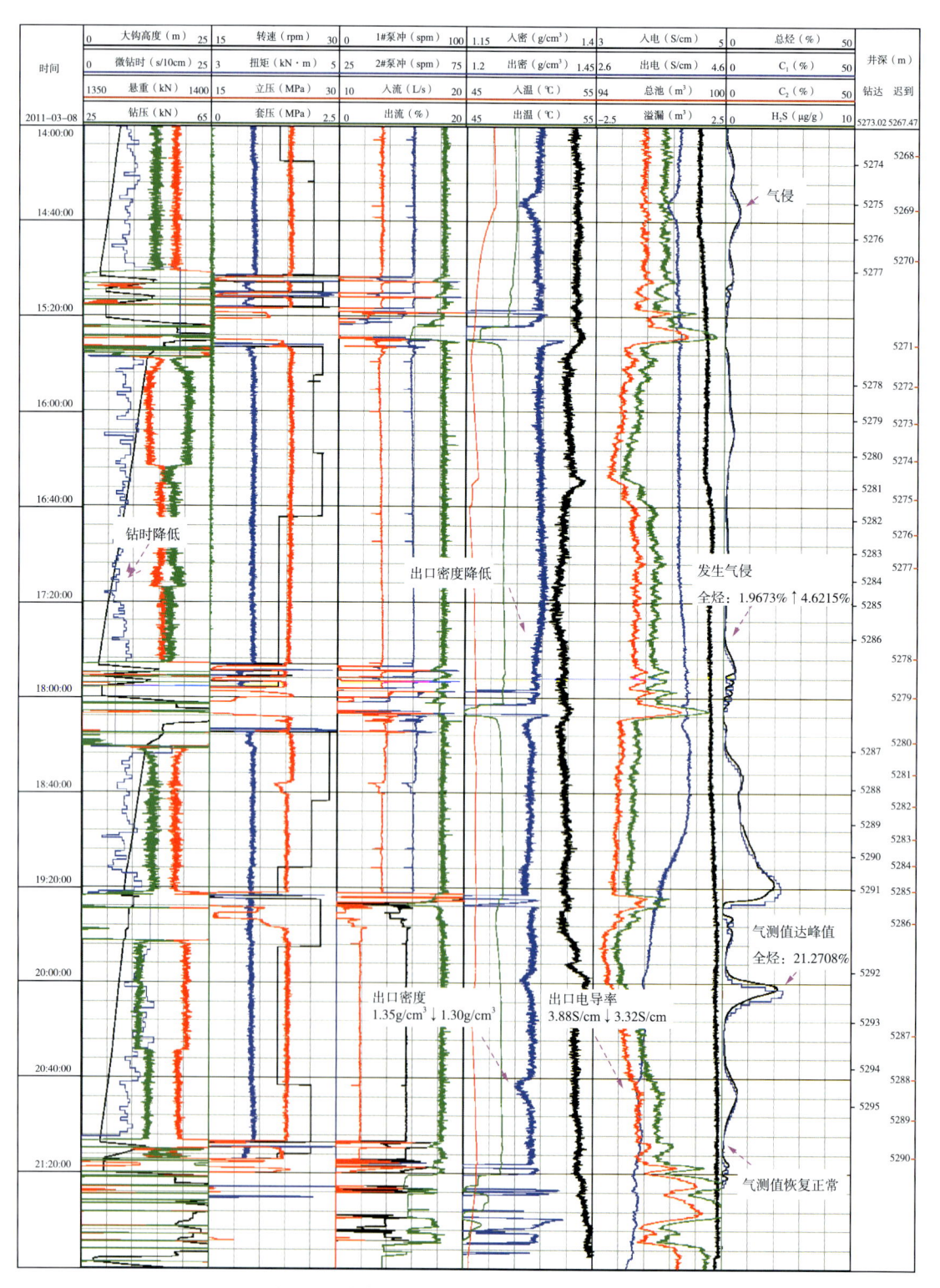

图2–52 气侵实例30综合录井实时数据曲线图

气侵实例31：×井2010年12月24日01：52用密度1.36g/cm³、黏度40s、氯离子含量3085mg/L的聚磺钻井液钻进至石炭系，在井深5442.20m（迟深5437.76m）发生气侵（图2-53），全烃：8.2500%↑10.7500%、C_1：7.8500%↑9.8500%，出口钻井液密度降低；至04：33钻至井深5445.76m（迟深5442.08m），气测曲线开始呈箱状显示，气测值保持在60.3286%～68.6552%之间，出口钻井液密度1.35g/cm³↓1.30g/cm³、黏度40s↑43s、电导率降低，至08：00钻进至5450.35m（迟深5446.47m）气侵显示未结束，显示持续时间大于368min。

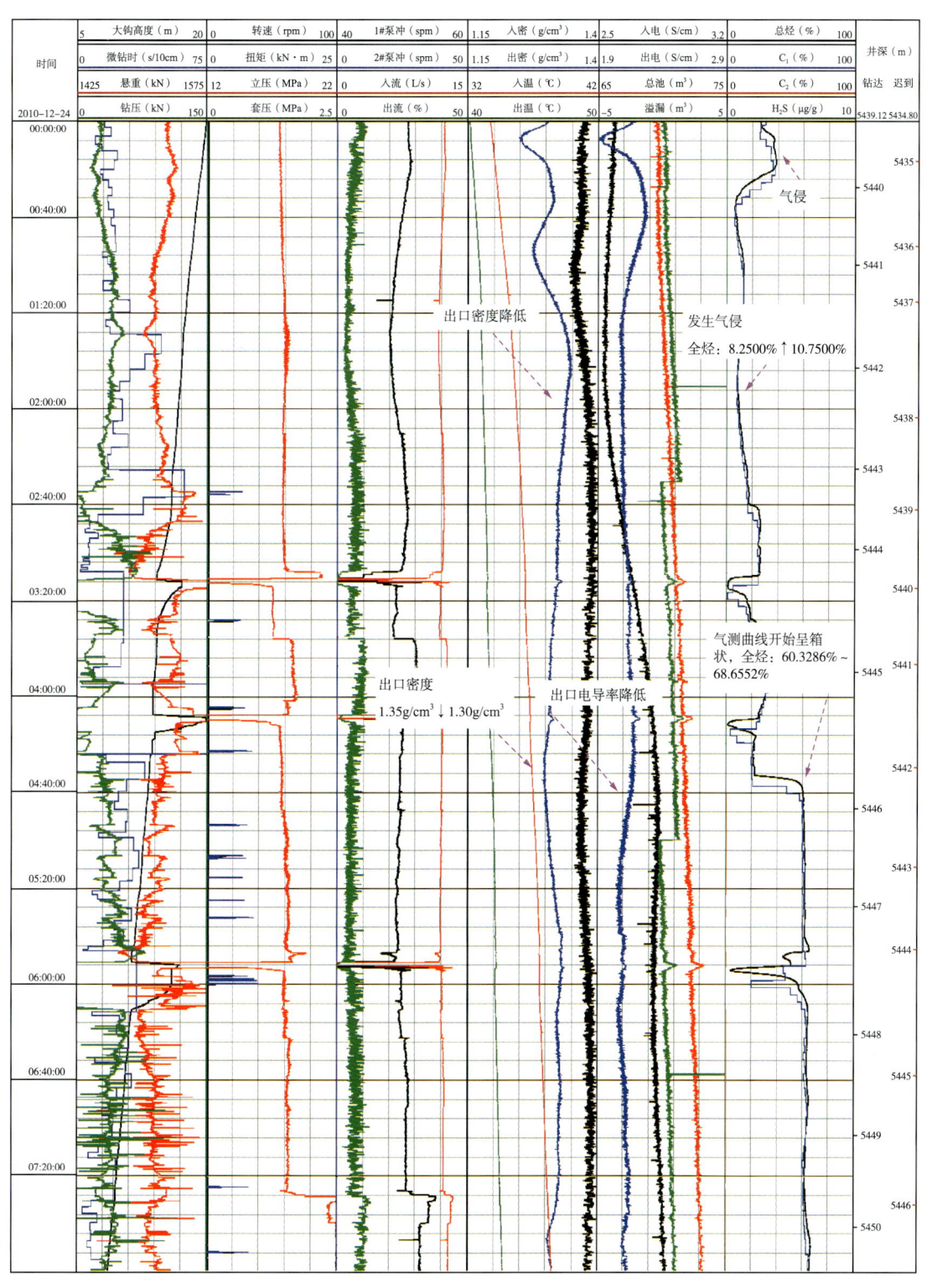

图2-53 气侵实例31综合录井实时数据曲线图

气侵实例32：× 井2014年4月19日08：28用密度2.17g/cm³、黏度87s的白油基钻井液钻进至龙马溪组黑色页岩,在井深2727.65m(迟深2722.08m)发生气侵(图2-54),全烃：4.6841%↑18.0626%、C$_1$：4.1461%↑5.2973%,出口钻井液密度下降,其他参数无明显变化；至12：08钻进至井深2746.85m（迟深2744.05m）,气测值达峰值,全烃：44.2153%、C$_1$：40.5426%,组分不全,出口钻井液密度2.17g/cm³↓2.13g/cm³、黏度87s↑94s,槽面观察气泡占10%,集气点火燃,焰高2~3cm；至13：54钻进至井深2757.80m（迟深2754.42m）,气测值恢复正常,显示持续时间326min。

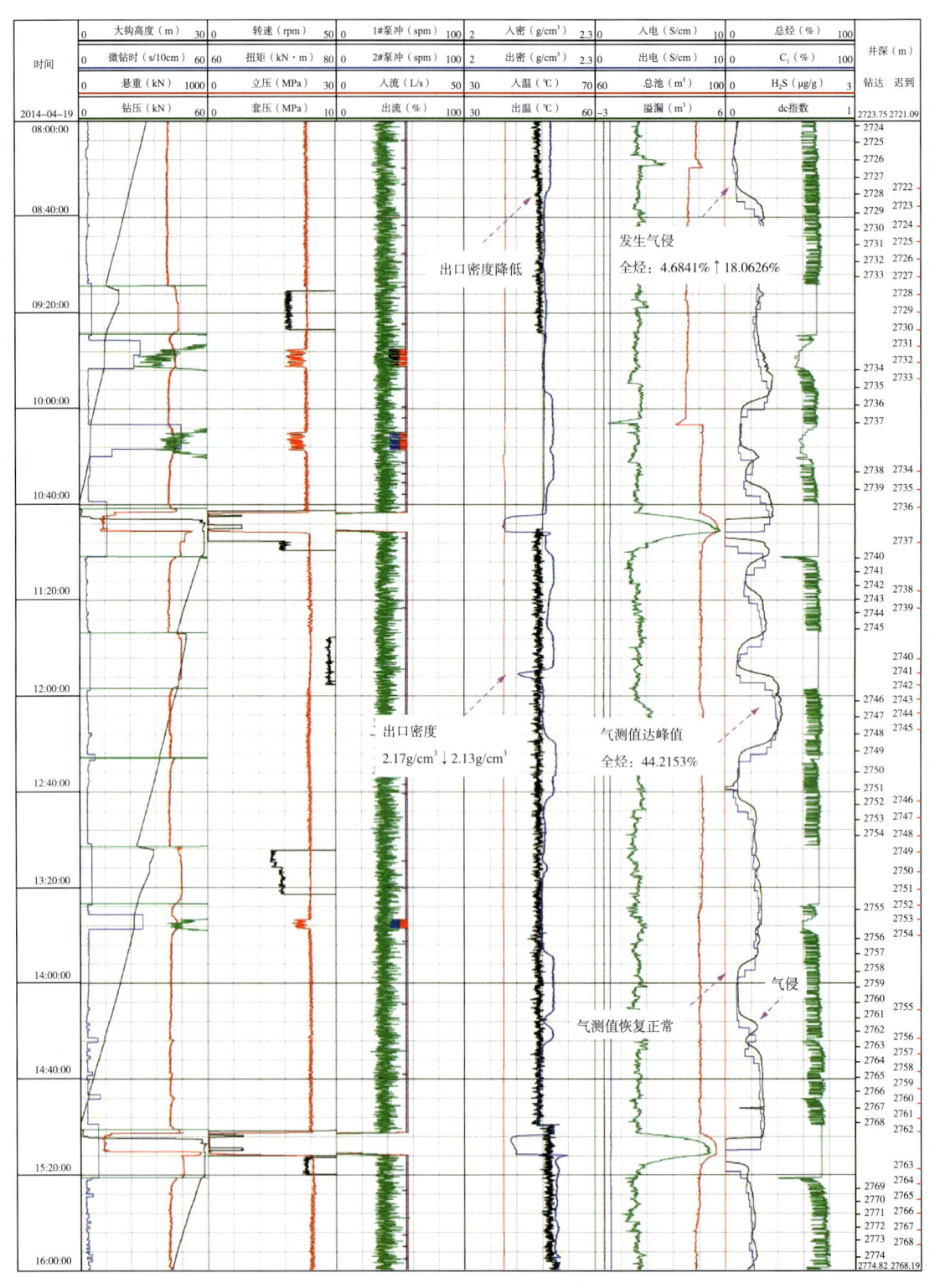

图2-54 气侵实例32综合录井实时数据曲线图

气侵实例33：×井2012年3月7日11：07用密度2.26g/cm³、黏度57s、氯离子含量16307mg/L有机盐聚磺钻井液钻至洗象池组深灰色白云岩，在井深4666.58m（迟深4663.49m）发生气侵（图2-55），全烃：12.6280%↑15.6328%、C_1：9.7229%↑14.4586%，出口钻井液密度下降，其他参数无明显变化；至12：00钻至井深4667.98m（迟深4665.03m），气测值达峰值，全烃：78.8413%、C_1：69.3225%，钻时降低，出口钻井液密度2.26g/cm³↓2.13g/cm³、电导率略微降低；至13：16钻至井深4669.94m（迟深4667.74m），本层显示气测值恢复正常，显示持续时间129min。

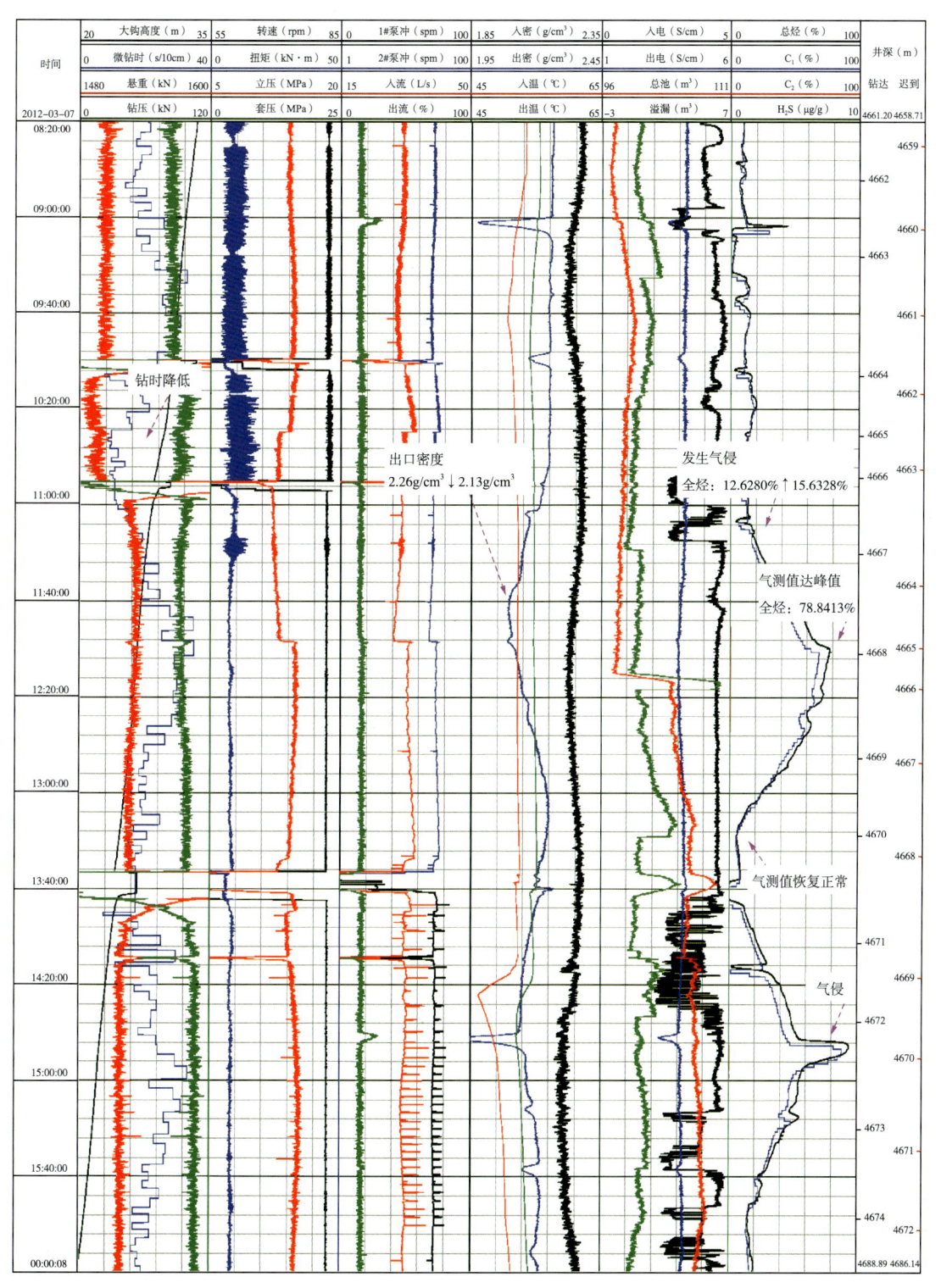

图2-55 气侵实例33综合录井实时数据曲线图

气侵实例34：× 井2013年5月14日09：22用密度2.23g/cm³、黏度47s、氯离子含量15786mg/L的聚磺钻井液钻进至龙王庙组褐灰色白云岩，在井深4592.28m（迟深4589.42m）发生气侵（图2-56），全烃：1.2842%↑2.1554%、C_1：0.6505%↑1.3589%，钻时降低，立压、转速和扭矩波动（可能钻遇裂缝发育段），钻井液出口流量增大，出口钻井液密度下降、温度微降；09：24开始地质循环，至09：32循环至迟深4590.10m，气测值达峰值，全烃：85.0229%、C_1：81.0195%、C_2—nC_5为0.0000%，出口钻井液密度2.23g/cm³↓1.95g/cm³、黏度47s↑60s，池体积上涨0.4m³，槽面观察气泡占40%，集气点火燃，焰高2～3cm；至09：55循环至迟深4591.21m，气测值恢复正常，显示持续时间33min。

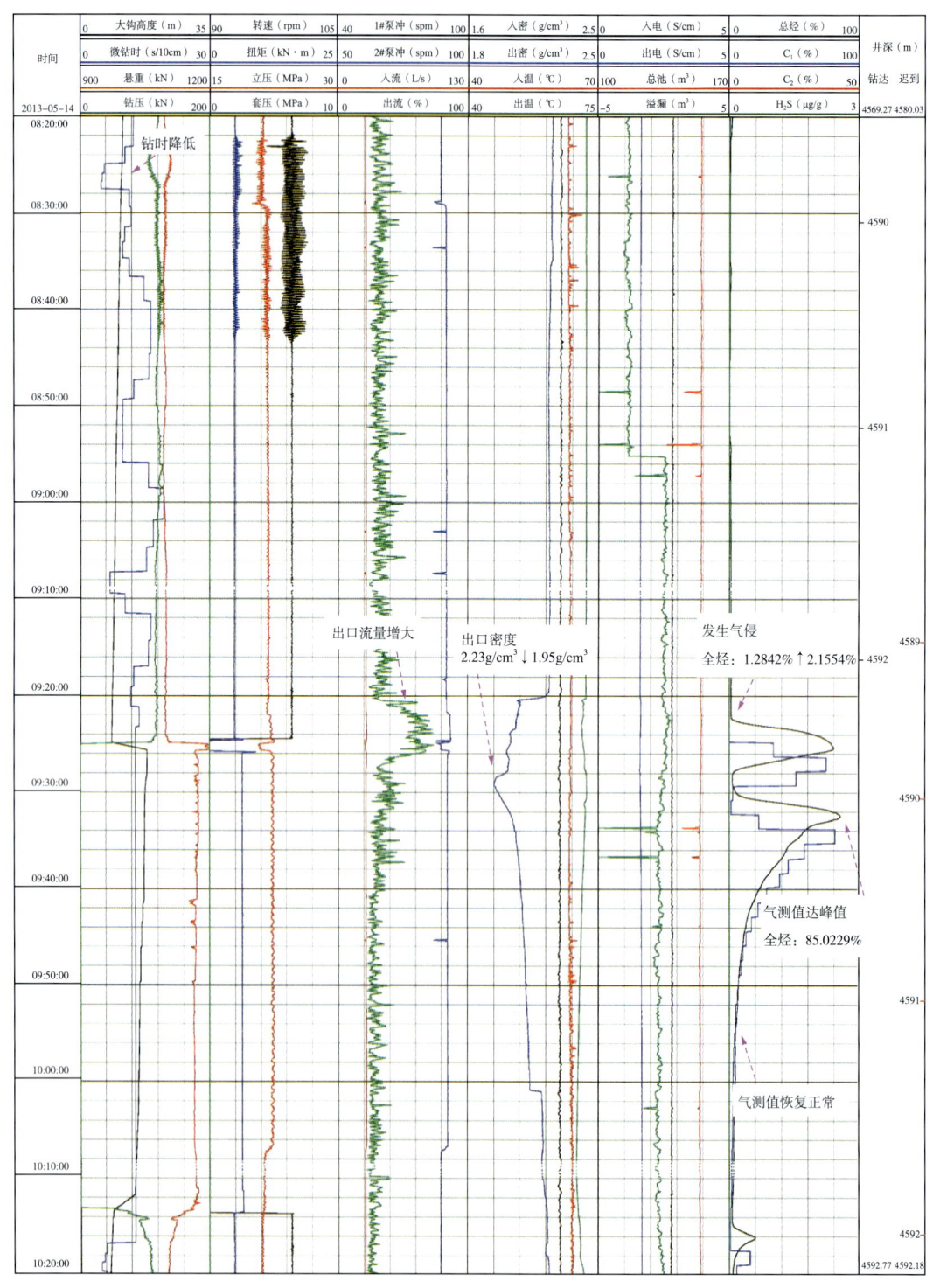

图2-56 气侵实例34综合录井实时数据曲线图

气侵实例35：×井2011年5月11日06:38用密度1.33g/cm³、黏度38s、氯离子含量2991mg/L的聚磺钻井液钻进至灯四段浅灰色白云岩，在井深5017.30m（迟深5012.85m）发生气侵（图2-57），全烃：0.0000%↑20.1260%、C_1：0.0000%↑8.7546%，出口钻井液密度、电导率降低，出口流量增大；至06:41钻进至井深5017.51m（迟深5013.06m），气测值达第一峰值，全烃：72.2258%、C_1：50.0547%，出口钻井液密度由1.33g/cm³↓1.24g/cm³；至07:29钻进至井深5020.22m（迟深5015.91m），气测值达第二峰值，全烃：79.4263%、C_1：58.0787%，组分不全，出口钻井液密度降至1.26g/cm³、电导率降低，出口流量增大；两峰间夹一薄致密层，至07:40钻进至井深5020.30m（迟深5015.38m）循环钻井液，至07:42循环至迟深5016.51m，气测值恢复正常，显示持续时间64min。

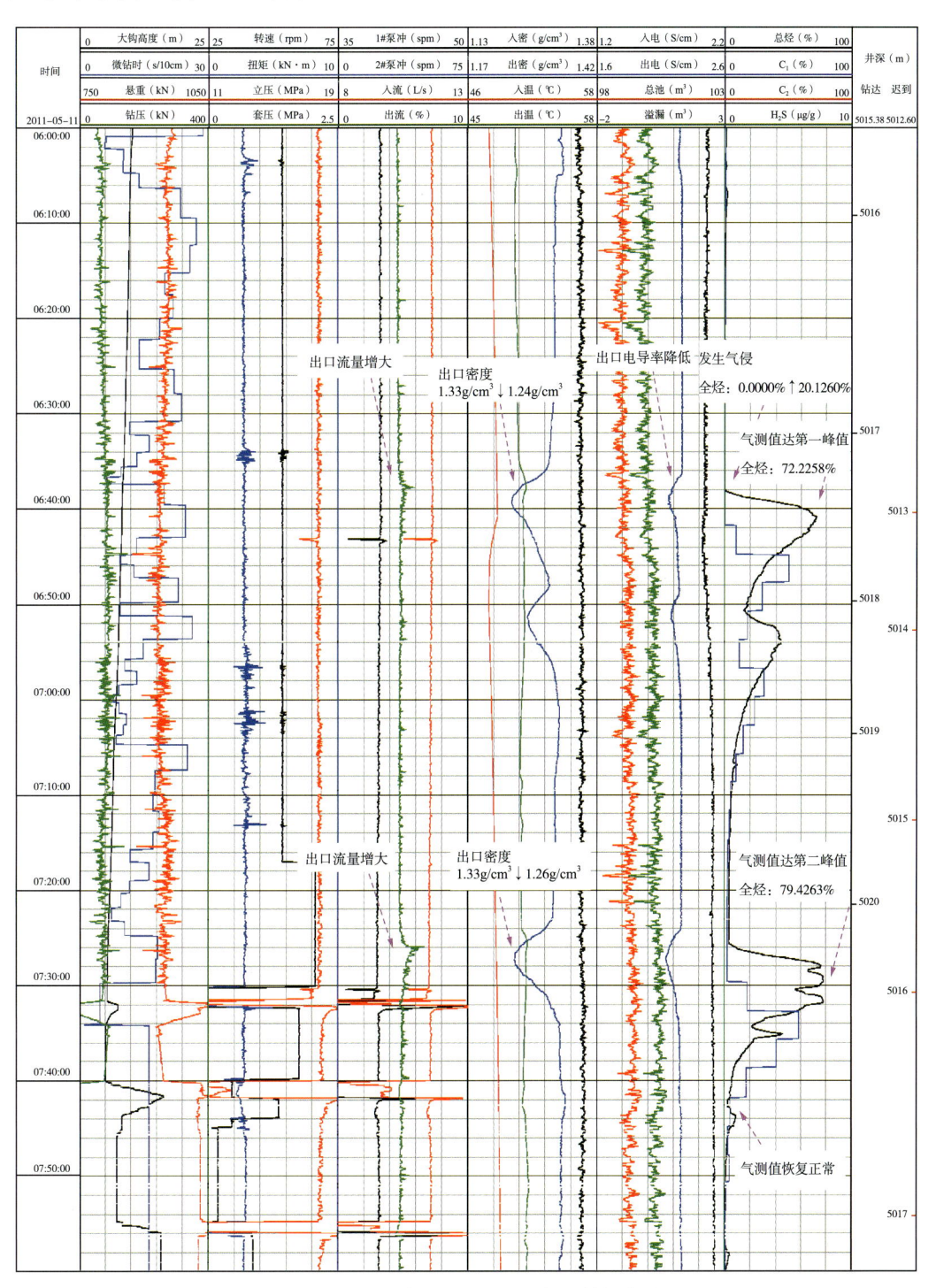

图2-57　气侵实例35综合录井实时数据曲线图

综合录井实用图册

气侵实例36：× 井2012年7月17日13：35用密度1.32g/cm³、黏度42s、氯离子含量3368mg/L的有机盐聚磺钻井液钻进至灯四段灰色白云岩，在井深5549.01m（迟深5542.83m）发生气侵（图2-58），全烃：7.5749%↑8.9423%、C_1：6.9732%↑7.7046%，出口钻井液密度由1.32g/cm³↓1.27g/cm³、电导率由2.07S/cm↓1.96S/cm，出口流量由3.8%↑16.9%，池体积上涨0.2m³；至13：43钻至井深5549.43m（迟深5543.23m），气测值达峰值，全烃：89.0594%、C_1：84.4189%，组分不全，槽面观察气泡占30%，槽面集气点火燃，焰高1~2cm；至14：16钻进至井深5551.38m（迟深5545.22m），气测值恢复正常，显示持续时间41min。

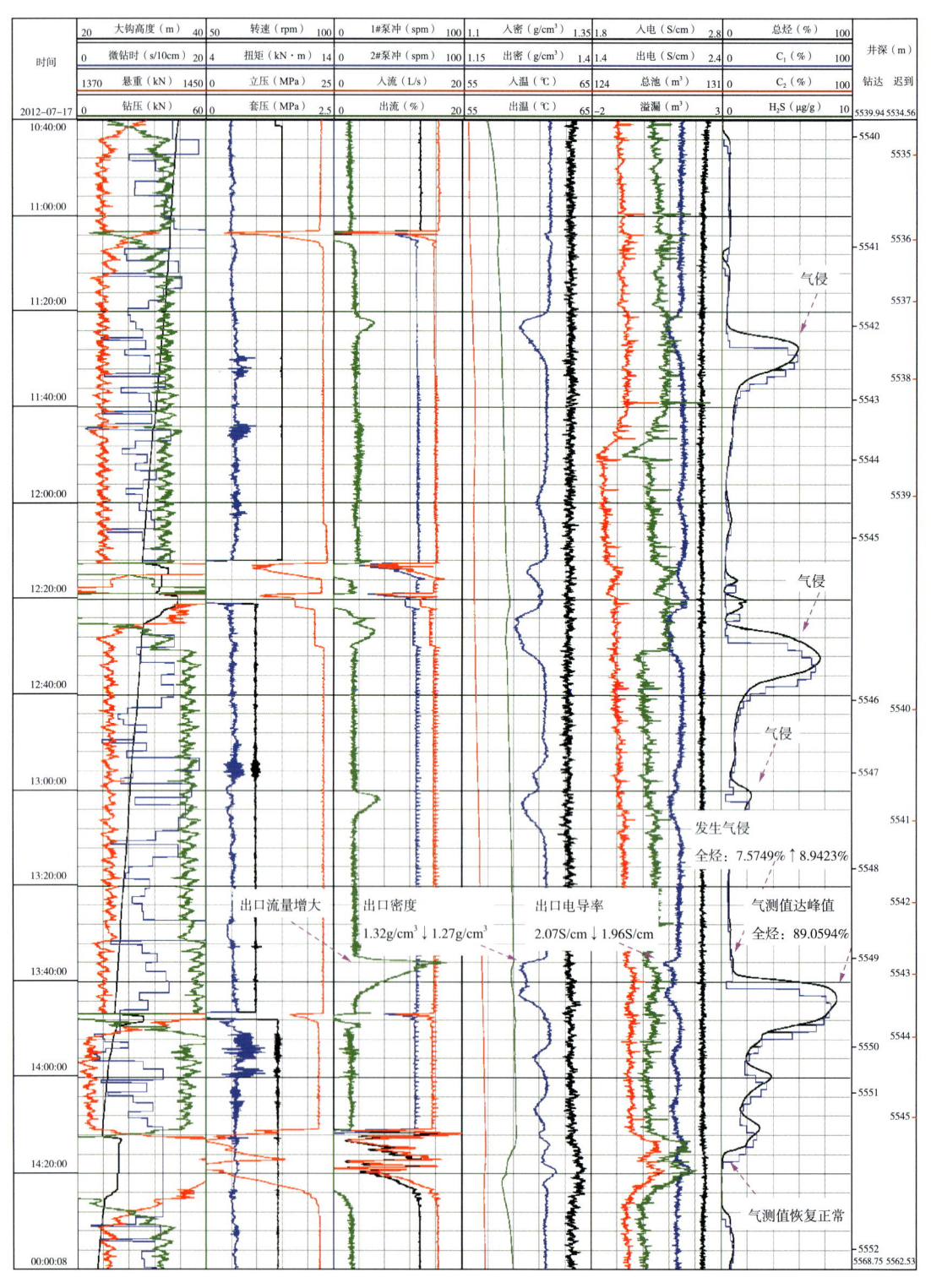

图2-58 气侵实例36综合录井实时数据曲线图

气侵实例37：×井2011年5月27日23：47用密度1.45g/cm³、黏度51s、氯离子含量5318mg/L的聚磺钻井液钻进至灯二段灰色白云岩，在井深5386.47m（迟深5381.65m）发生气侵（图2-59），全烃：4.5003%↑36.4285%、C_1：3.3191%↑26.7554%，出口钻井液密度、电导率降低，出口流量增大；至23：50钻进至井深5386.62m（迟深5381.83m），气测值达峰值，峰值曲线呈双峰状，全烃：83.7524%、C_1：78.6689%，组分不全，出口钻井液密度1.44g/cm³↓1.33g/cm³、黏度51s↑70s、电导率2.60S/cm↓2.28S/cm、出口流量6.80%↑8.20%，池体积上涨0.8m³，槽面观察见占20%针孔状气泡，集气点火燃，焰高3~4cm；至00：17钻进至井深5387.38m（迟深5383.14m），发现气侵，气测值达第二峰值，全烃：88.4512%、C_1：77.5665%；至00：24钻进至井深5387.85m（迟深5383.64m），气测值恢复正常，显示持续时间37min。

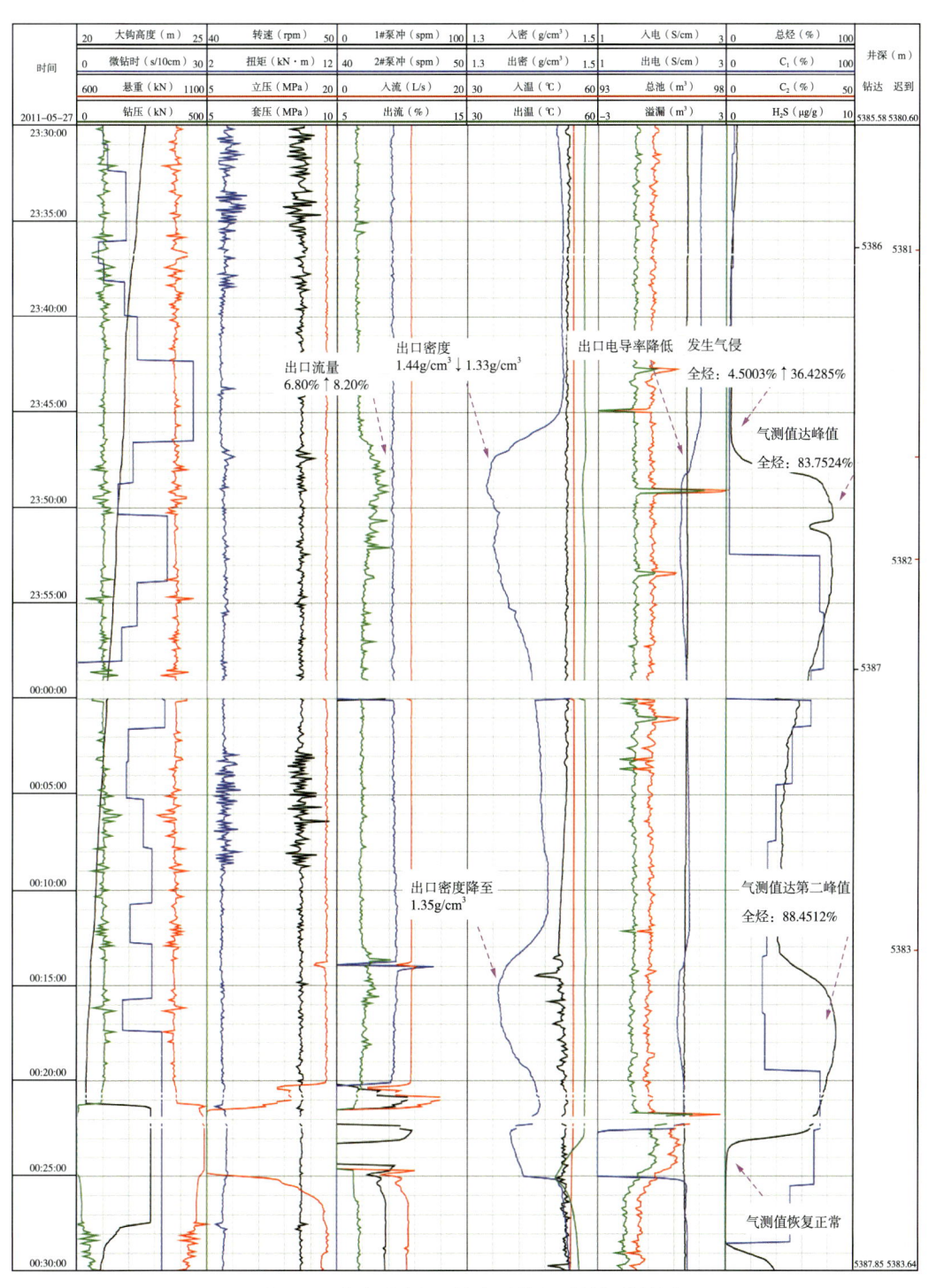

图2-59 气侵实例37综合录井实时数据曲线图

第三章　盐水侵

钻遇异常压力的盐水层时，当地层孔隙压力大于该井深的井底压力时，地层孔隙中的地层水进入井筒内的钻井液中，导致钻井液性能发生相应变化的现象称为盐水侵。

当钻遇岩盐层时，由于井壁附近岩盐的溶解使钻井液中氯化钠的浓度迅速增大，称为盐侵。

钻达盐水层时，盐水便会进入钻井液发生盐水侵，钻井液的流变和滤失性能将发生规律性变化。随着进入钻井液的钠离子浓度不断增大，导致钻井液的黏度、切力（初切）和滤失量均逐渐上升。当钠离子浓度增大到一定程度之后，钻井液的黏度和切力在分别达到最大值后又转为下降，滤失量则继续上升。

一、盐水侵录井参数特征

在录井参数上，盐水侵表现为钻井液出口流量增加、电导率上升、出口密度上升或下降、黏度上升或下降，循环池液面或总池体积上升（中、高压层高产层）或基本无变化（低压低产层），气测全烃值及其组分微升或基本无变化。

典型图示例：如图3-1所示，a段为正常地层钻进录井参数特征；钻至b段时发生盐水侵后录井参数变化特征。

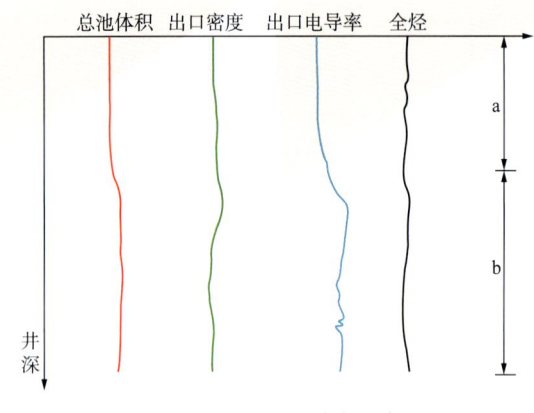

图3-1　钻进时盐水侵示例图

二、盐（水）侵实例

盐（水）侵实例：×井2011年3月21日22:01用密度1.38g/cm³、黏度50s、氯离子含量11166mg/L的聚磺钻井液钻至嘉陵江组，在井深2928.53m（迟深2923.93m）发生盐（水）侵（图3-2），出口钻井液电导率上升，总池体积上升不明显；至22:43钻至井深2932.46m（迟深2926.85m），出口钻井液电导率4.55 S/cm↑4.95S/cm、入口钻井液电导率5.15S/cm↑5.38S/cm；至22:45循环钻井液至迟深2927.05m，出口钻井液电导率上升至5.01S/cm，综合分析认为钻遇嘉陵江组盐岩层而发生的盐（水）侵。

三、气侵、盐水侵实例

气侵、盐水侵实例：×井2012年8月7日用密度1.30g/cm³、黏度41s、氯离子含量9040mg/L的有机盐聚磺钻井液钻进至灯影组二段灰褐色白云岩，10:40前—13:31在5822.90～5828.08m井段有3层气侵显示，全烃最高值：15.5032%、C₁：14.5476%，组分不全，13:31—14:04接单根停泵。至14:08钻至井深5828.71m（迟深5822.93m）发生气侵，至14:54钻至井深5831.06m（迟深

5825.40m），气测值达峰值，全烃：72.1035%、C_1：70.1674%（气测值受接单根停泵影响），出口钻井液密度、电导率降低、温度缓慢升高；至 15：12 钻井至井深 5832.00m（迟深 5825.88m），气测值恢复正常。其中在 14：32 钻至井深 5829.38m（迟深 5824.58m），气侵中发生盐水侵，钻井液出口流量 2.0%↑21.0%，出口钻井液密度、电导率缓慢先降后升，出口温度持续升高，综合分析是气水过渡层显示特征（图 3-3）；至 16：40 钻进至井深 5838.66m（迟深 5829.64m）出现明显盐水侵特征，出口钻井液电导率 3.0S/cm↑3.5S/cm↓3.1S/cm、氯离子含量 9040mg/L↑10635mg/L，出口钻井液密度先升后降，出口流量、总池体积微升，综合分析气水界面为 5829.70m；至 17：36 钻至井深 5843.82m（迟深 5833.18m），基本恢复正常，本层气侵+盐水侵显示持续时间 148min。

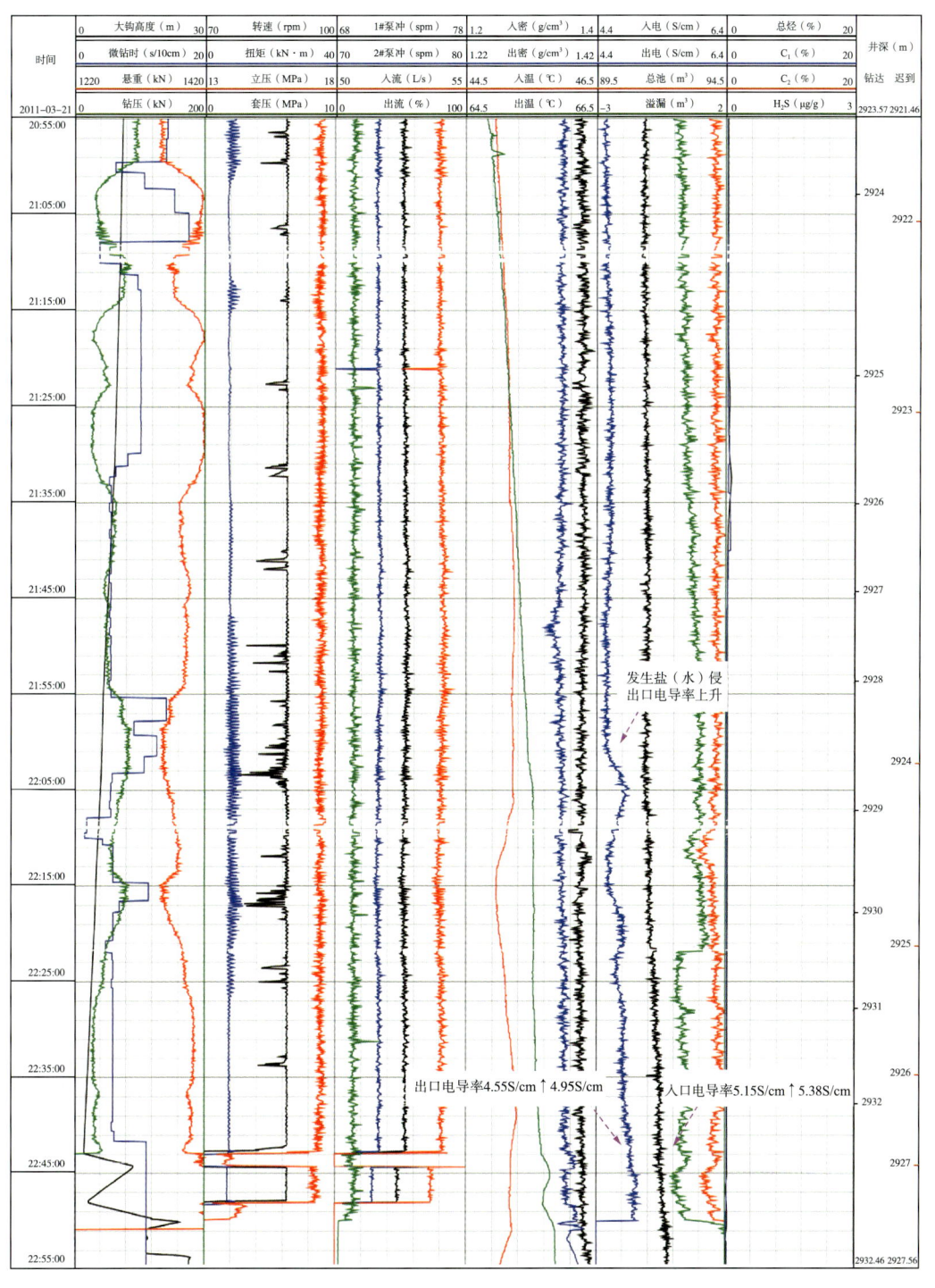

图 3-2　盐（水）侵实例综合录井实时数据曲线图

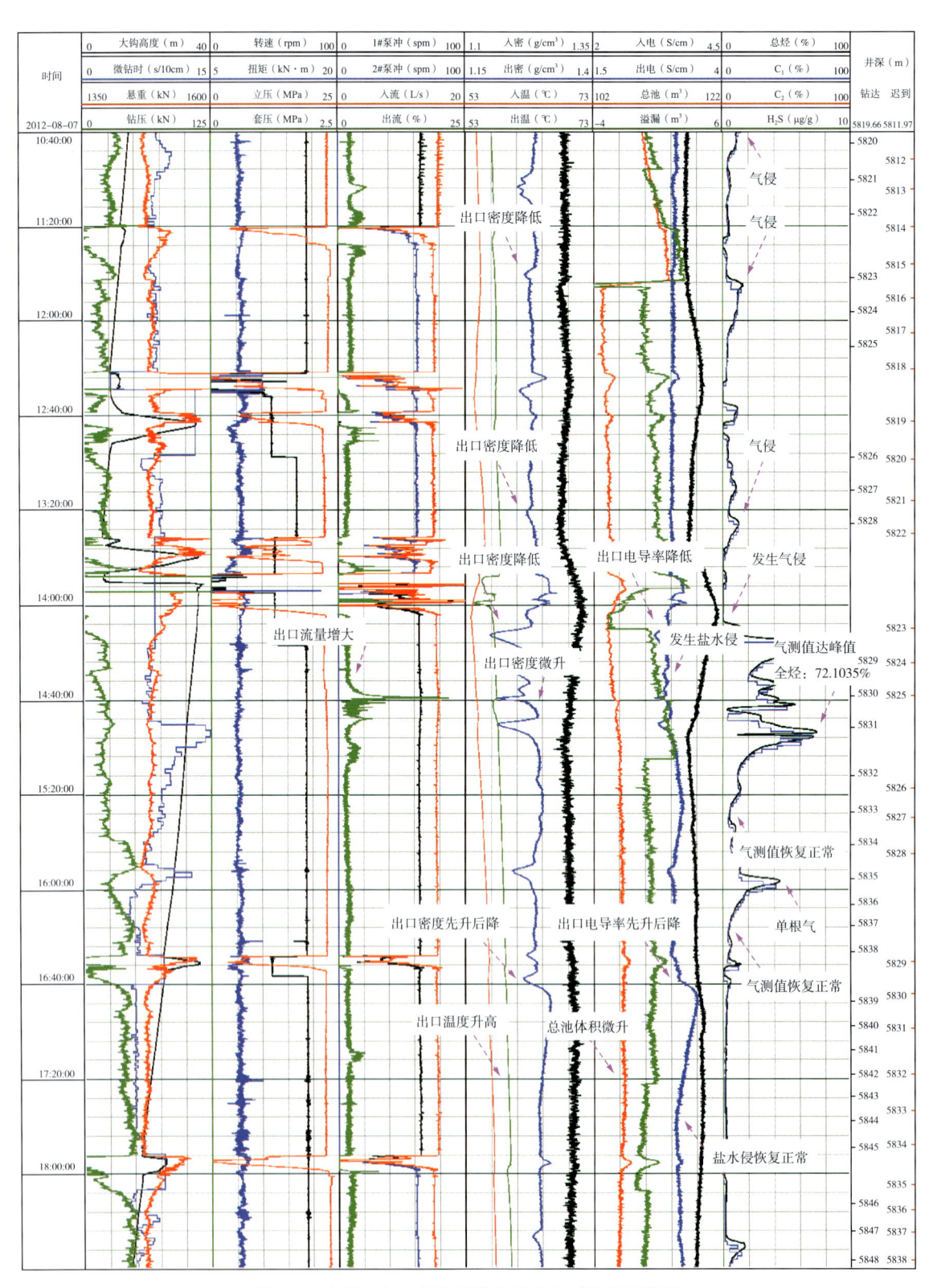

图 3-3　气侵、盐水侵实例综合录井实时数据曲线图

第四章　放　空

放空指钻进中钻压突然大幅下降，甚至降为0，且钻柱能送入一定长度的现象。

正常钻进中，当钻遇大的裂缝、溶洞发育地层时，可能会出现钻具放空现象。这种类型的地层常常是其渗透性好，发生放空后就很有可能伴随着井漏的发生；因此，在放空现象发生后应立即引起重视，做好预防井漏、溢流的措施。

一、放空录井参数特征

一般而言，钻进时放空在综合录井曲线上常具有以下特点：
（1）扭矩出现异常波动，这是放空的前兆；
（2）悬重突然大幅上升后下降至原悬重值；
（3）钻压突然大幅下降，甚至降至0；
（4）钻速突然大幅加快，钻时大幅降低；
（5）立压突然大幅下降，甚至降到0；
（6）出口流量大幅下降，甚至出口失返（随即发生井漏、溢流或井涌）。

典型图示例：如图4-1所示，a、c段为正常钻进工程参数，至b段是出现放空现象时综合录井工程参数变化情况，悬重突增，钻压突降，钻时大幅降低，扭矩异常增加。放空出现后，可能进而发生井漏，因此需要格外注意，谨防井下情况进一步恶化。

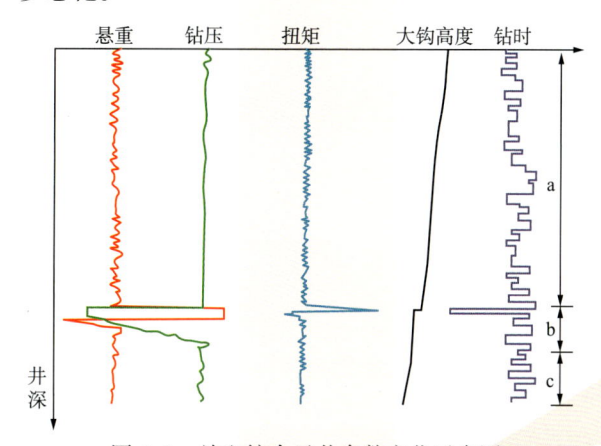

图4-1　放空综合录井参数变化示意图

二、放空、井漏实例

放空、井漏实例1：×井2014年2月26日02：30用密度2.07g/cm³、黏度46s、氯离子含量26942mg/L的钾聚磺钻井液钻进至栖霞组一段褐灰色石灰岩，在井深4356.00m发生放空0.12m至井深4356.12m（图4-2），钻压60kN↓39kN、悬重1256kN↑1374kN、立压20.90MPa↓20.30MPa，泵冲升高；至

综合录井实用图册

02：31 井深 4356.15m（迟深 5354.13m）发生井漏，出口失返，钻井液出口流量 12.00% ↓ 0.00%，总池体积由 99.85m³ ↓ 96.30m³ ↓ 86.70m³，累计漏失钻井液 75.20m³。

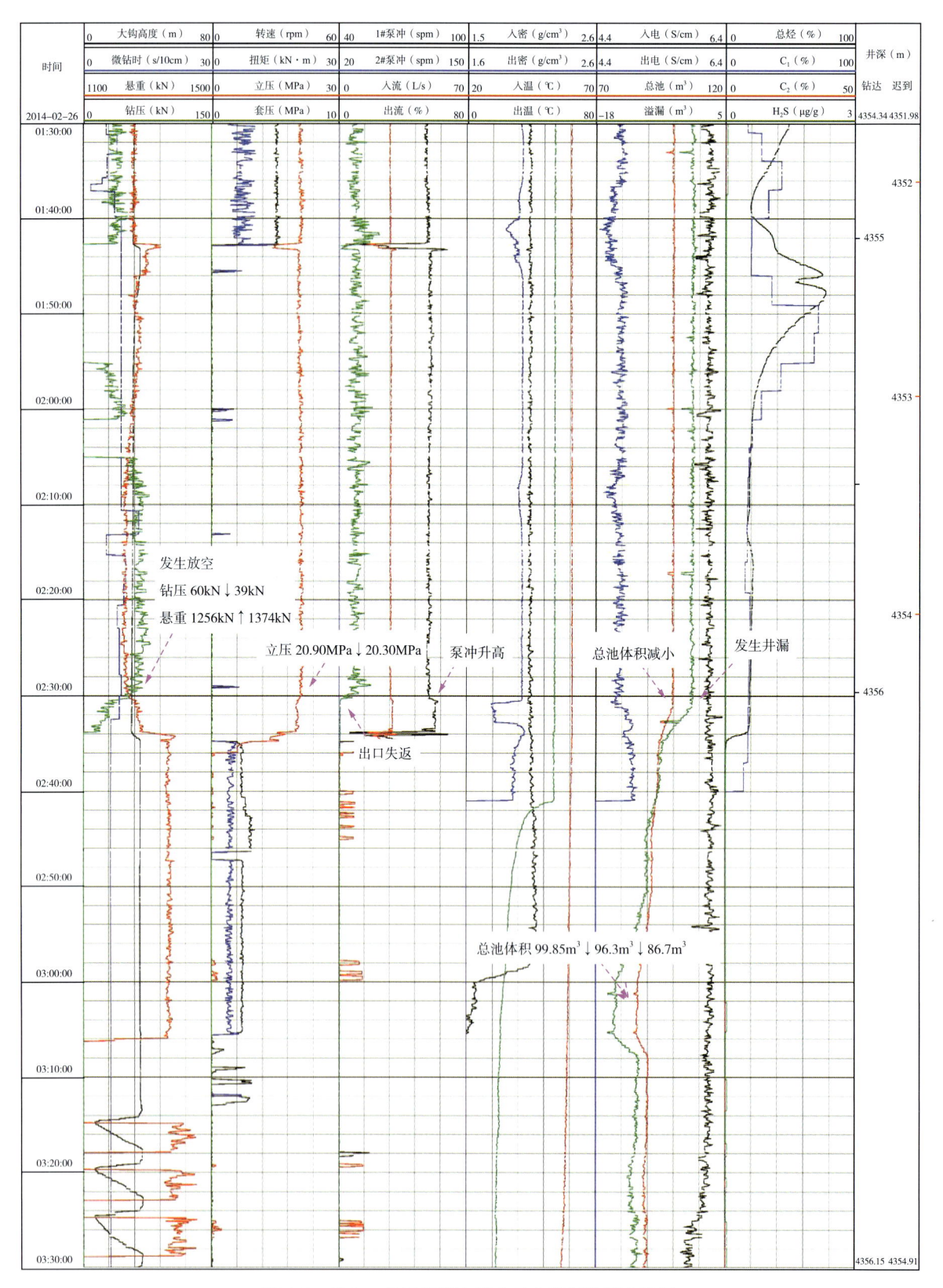

图 4-2　放空、井漏实例 1 综合录井实时数据曲线图

放空、井漏实例2：×井2011年5月15日15:38前用密度1.36g/cm³、黏度48s、氯离子含量4431mg/L的聚磺钻井液在钻进至灯影组三段灰色白云岩，在井深5143.53m发生放空0.11m至井深5143.64m（图4-3），钻压99kN↓53kN、悬重947kN↑992kN、扭矩3.29kN·m↑9.58kN·m、立压18.75MPa↓16.50MPa、泵冲40.00spm↑47.62spm；至15:40钻进至井深5143.68m（迟深5140.52m）发现井漏，出口流量10.5%↓10.2%，总池体积持续缓慢下降；本层累计漏失钻井液36.9m³。

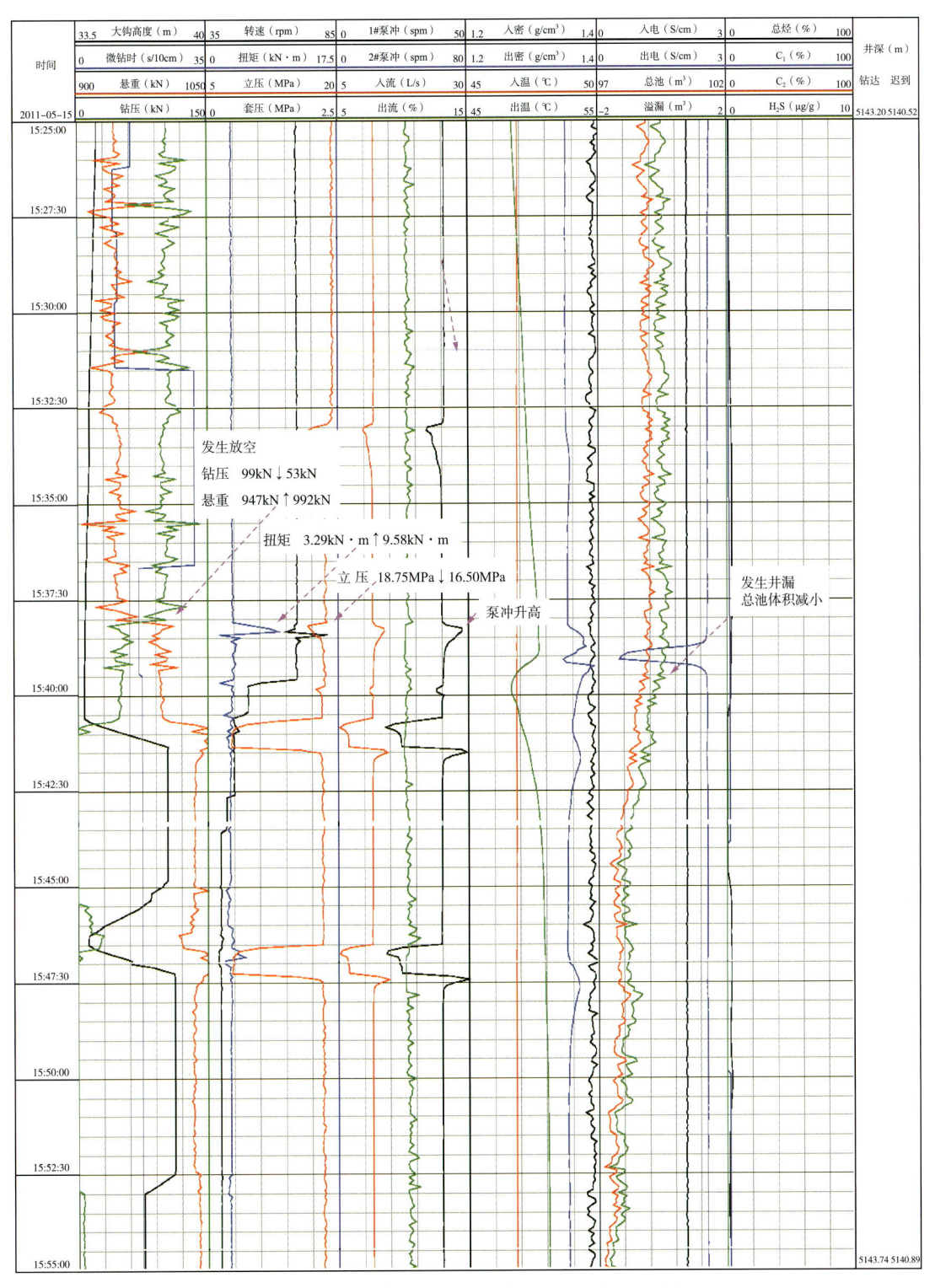

图4-3 放空、井漏实例2综合录井实时数据曲线图

放空、井漏实例3：× 井 2012 年 4 月 7 日 06：30 用密度 1.43g/cm³、黏度 40s、氯离子含量 9763mg/L 的聚磺钻井液钻进至灯影组三段褐灰色白云岩，在井深 5208.22m 发现扭矩开始在 2.00～4.00kN·m 间波动；至 06：32 钻至井深 5208.29m（迟深 5205.57m），突然发现放空至井深 5210.21m（图 4-4），钻压 80kN↓0、悬重 1650kN↑2060kN↓1790kN、立压 20.00MPa↓0.00MPa、扭矩 2.20kN·m↑6.10kN·m↓2.20kN·m。同时发现井漏失返，出口流量由 5.90%↓0.00%，总池体积减少 1.60m³；累计漏失钻井液 65.8m³、堵漏钻井液 36.0m³。

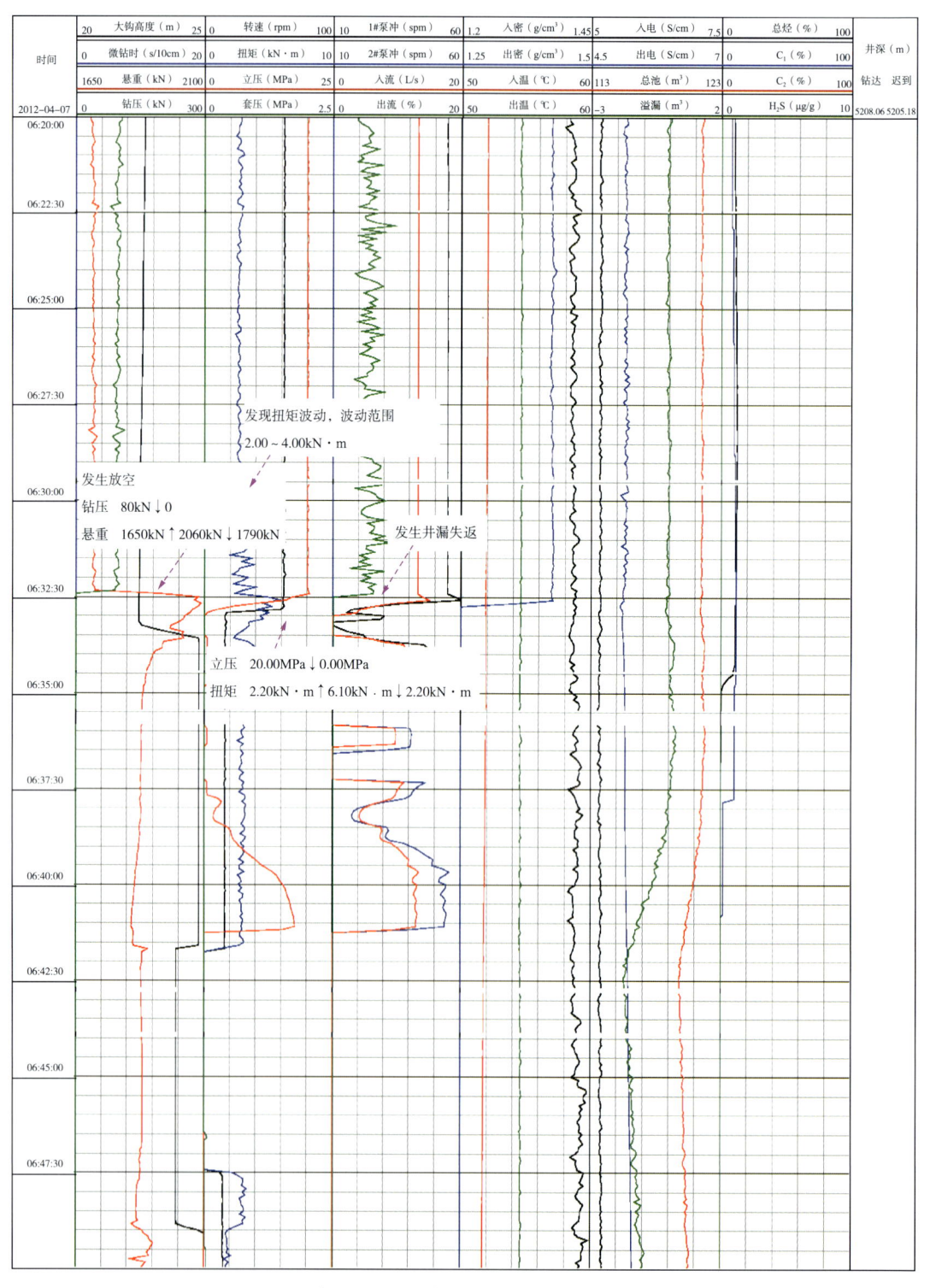

图 4-4　放空、井漏实例 3 综合录井实时数据曲线图

第五章　井　漏

井漏指钻井、固井、测试等井筒作业中，工作液（包括钻井液、完井液、水泥浆及其他流体等）流入地层的现象。

井漏在钻井工程中是常见的井下复杂情况，尤其在钻遇断裂带、裂缝、溶洞发育段时。井漏会导致井内压力下降、井壁失稳，在含油气地层中与油气发生置换，诱发油气涌入井筒，出现气测异常或油气侵显示；也有可能在气测显示后发生井漏。总之，在井漏发生后应采取堵漏措施，同时，在发现油气显示后应做好防井漏措施。严重的井漏可导致出现溢流，甚至井喷，对油气层具有很强的破坏性。

一、井漏发生的条件

发生井漏必须具备有以下三个条件：
（1）对地层孔隙压力是正压差，即井筒内工作压力大于地层孔隙压力、裂缝或溶洞中的流体压力；
（2）地层中存在漏失通道及较大的足够容纳液体的空间；
（3）漏失通道的开口尺寸大于井筒内工作液中的固相粒径。

另外，钻井措施的不当也会引发井漏。如开泵过猛、下钻速度过快而引起激动压力，造成岩石破裂形成诱导裂缝，压漏地层。

二、井漏录井参数特征

井漏在录井曲线上表现为泵冲不变时，出口流量变小、作业液总池体积下降或井筒在静止状态下其液面下降。

典型图示例1：下钻过程中，下入钻具的体积不断增加，相同体积的钻井液被置换出来进入循环池与计量罐，当发生井漏时，出口流量为0或低于正常返排量，总池体积增加量小于入井钻具体积。如图5-1所示，下钻过程中，钻井液返回循环池，在a段，出口流量曲线正常，每柱钻具入井均有相应体积的钻井液被置换出井筒，同时总池体积缓慢增加；在b段，出口流量降至0，同时池内钻井液体积不再增加，在排除其他地面因素的情

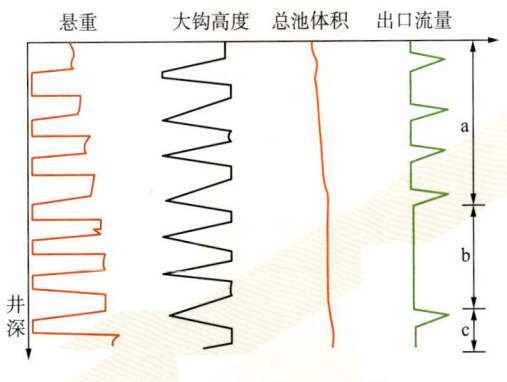

图5-1　下钻井漏示例图

况下，预示着发生了井漏；至 c 段，钻井液返出恢复正常，井漏停止。

典型图示例 2：起钻过程中，井下钻具的体积不断减少，通过泵注相应体积的钻井液，维持井内平衡。当有井漏发生时，钻井液体积减少量超过起出钻具后的理论减少量。如图 5-2 所示，在 a 段起钻过程中，总池体积曲线正常，每起一柱钻具，有钻井液灌入，总池体积有规律性地降低；在 b 段，总池体积迅速减少，排除其他地面因素，表明井下发生了井漏；至 c 段钻井液有少量回吐且液面归于平稳，表明井下由井漏初期漏速较快到井漏终止这一过程。

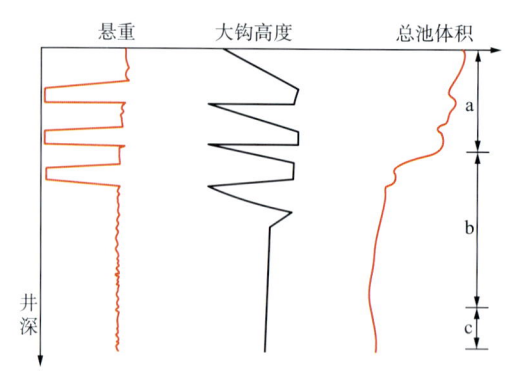

图 5-2 起钻井漏示例图

典型图示例 3：循环过程中，钻井液消耗量大于地面、管线循环过程中的正常消耗量的和时，排除其他地面因素，可判断井下发生了井漏。如图 5-3 所示，a 段为正常循环过程；从 b 段开始，出口流量降低，循环池液面下降，泵冲有上升的趋势，立压有下降的趋势，发生井漏；至 c 段，各项录井参数恢复正常，井漏停止。

典型图示例 4：钻进过程中，钻井液消耗量大于井眼增加体积与地面、管线循环过程中的正常消耗量的和，排除了其他地面因素，可判断为发生了井漏。如图 5-4 所示，a 段为正常钻进过程；b 段出口流量开始降低，总池体积减少，发生了井漏；至 c 段，出口流量稳定并恢复正常值，池体积不再下降，井漏停止。

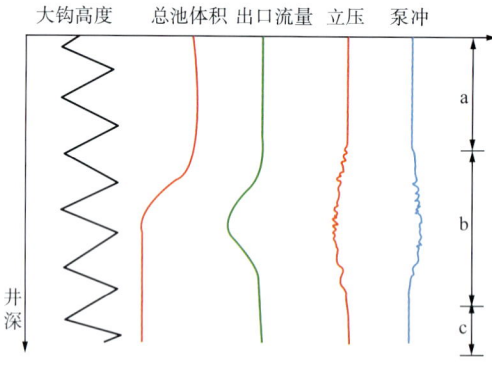

图 5-3 循环中井漏示例图

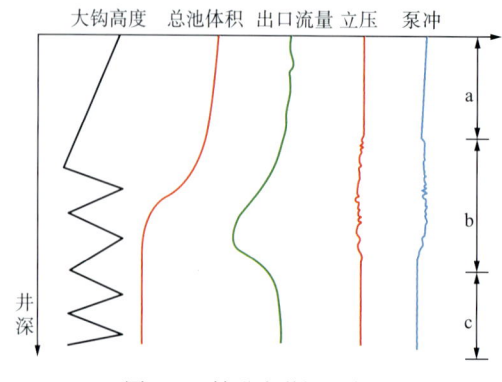

图 5-4 钻进中井漏示例图

三、井漏实例

井漏实例 1：× 井 2012 年 8 月 27 日 16：22 用密度 1.12g/cm³、黏度 37s、氯离子含量 1797mg/L 的有机盐聚合物钻井液钻进至沙溪庙组一段灰色粉砂岩，在井深 1267.51m 发生井漏（图 5-5），漏失钻井液 2.10m³；至 16：23 井漏失返；续钻至 16：30 井深 1268.81m 出口间断见返，漏失钻井液 14.3m³；后经间断循环观察、注入浓度 12% 复合堵漏剂 25.00m³，至 17：28 漏失停止；累计漏失钻井液 50.7m³，堵漏浆 7.1m³。

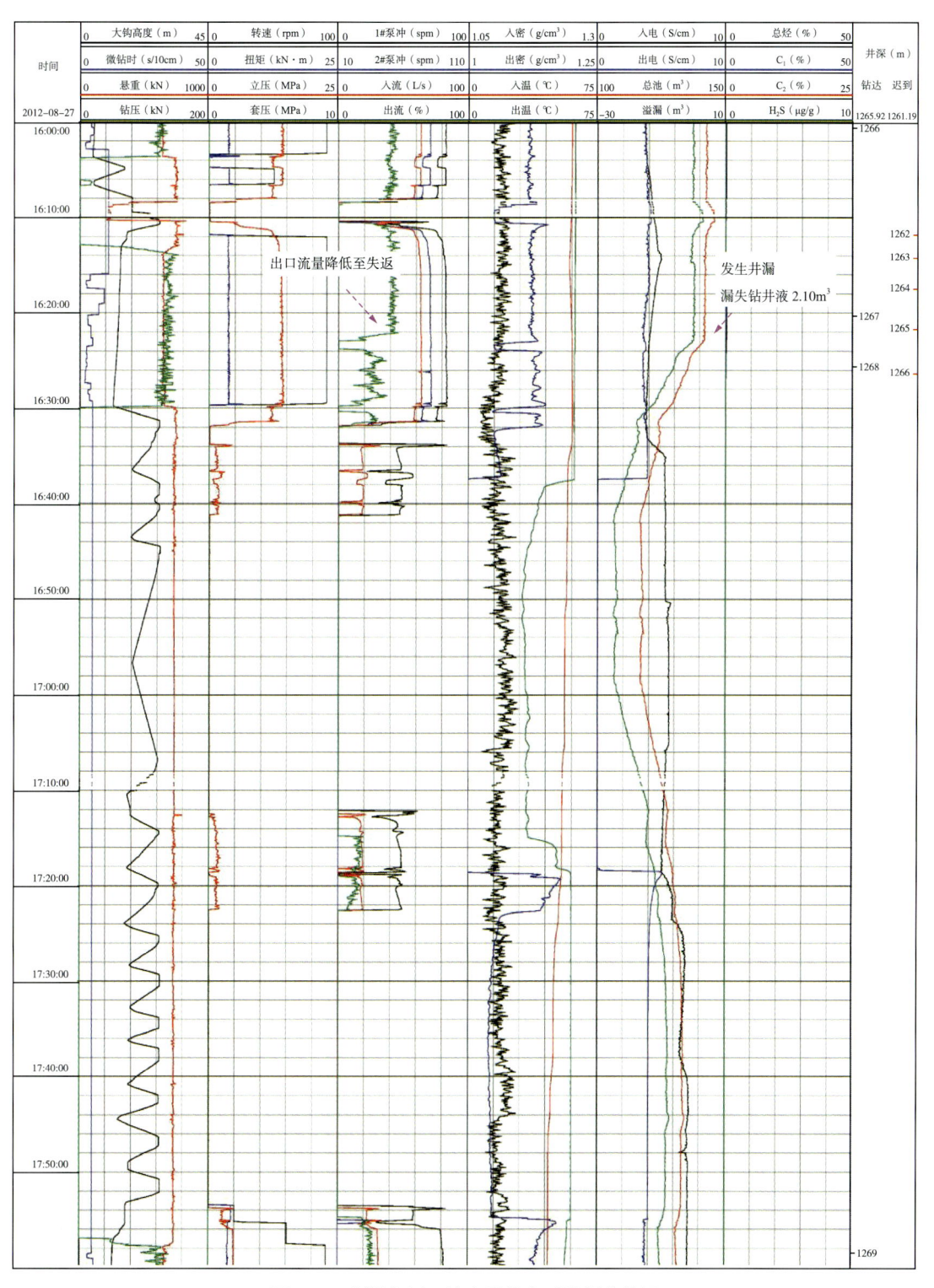

图 5-5　井漏实例 1 综合录井实时数据曲线图

综合录井实用图册

井漏实例2：× 井2012年9月16日22：00用密度为1.94g/cm³、黏度50s、氯离子含量30132mg/L的聚磺钻井液取心钻进至须家河组二段灰白色细砂岩，在井深3666.83m发生井漏（图5-6），漏失钻井液0.3m³，总池体积微降；观察钻进至22：58（井深3668.28m）后循环观察至23：18总池体积减小速率增大，至9月17日01：00总池体积68.1m³↓62.5m³，至04：30观察钻进至井深3673.89m，漏失钻井液23.50m³，平均漏速3.6m³/h；至10月3日06：01经堵漏、钻进至井深3826.29m井漏停止；累计漏失钻井液269.40m³。

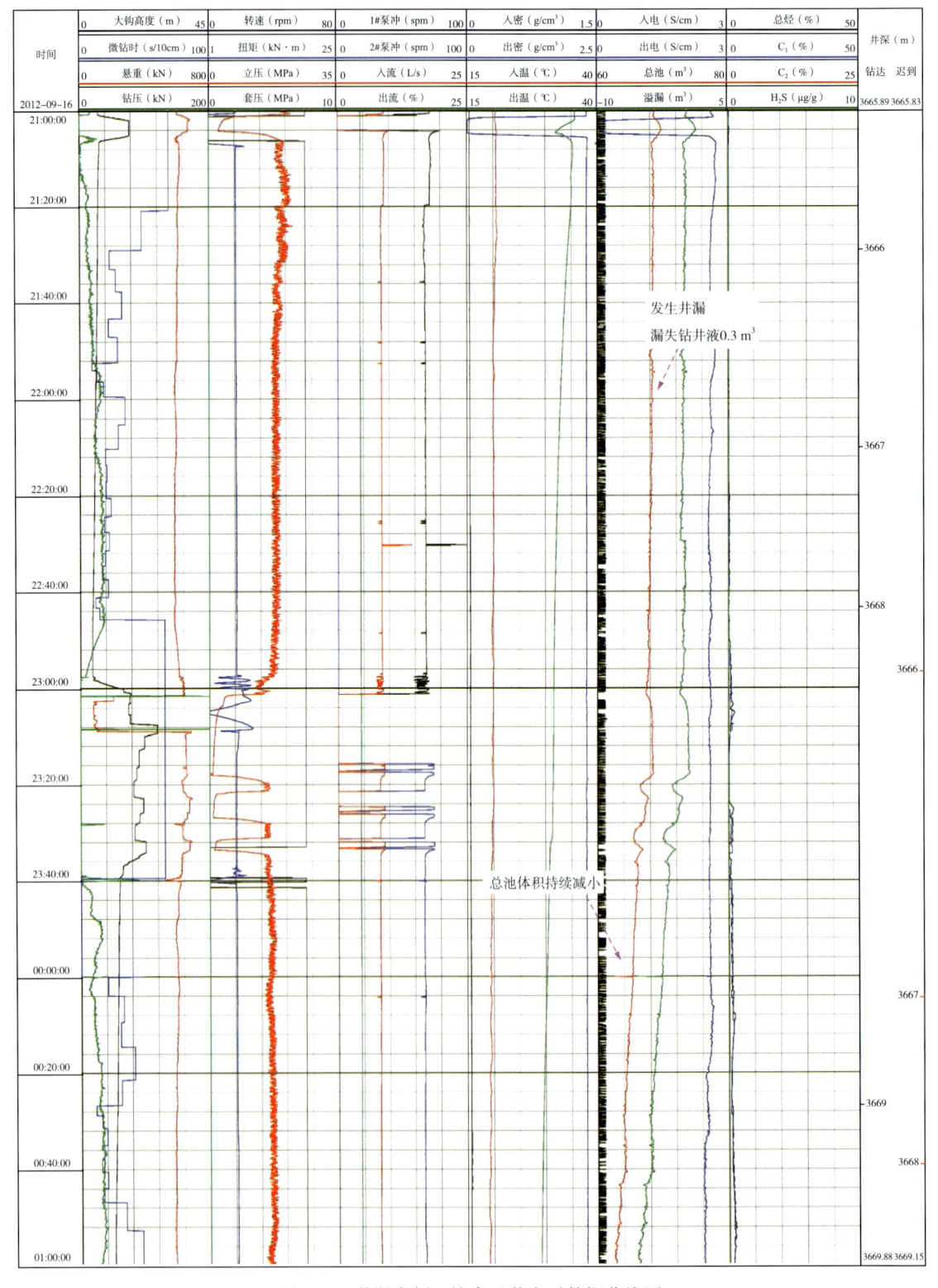

图5-6　井漏实例2综合录井实时数据曲线图

井漏实例3：×井2012年12月27日21：28用密度1.42g/cm³、黏度45s、氯离子含量2247mg/L的聚磺钻井液钻至长兴组浅灰色白云岩，在井深3356.05m发生井漏（图5-7），钻井液出口流量由34.0%↓18.0%，漏失钻井液1.10m³；至21：37观察钻进至3357.52m出口失返，漏失钻井液9.7m³，平均漏速64.6m³/h；至2013年1月9日21：30经堵漏、钻进至井深3638.50m井漏停止；累计漏失钻井液629.80m³。

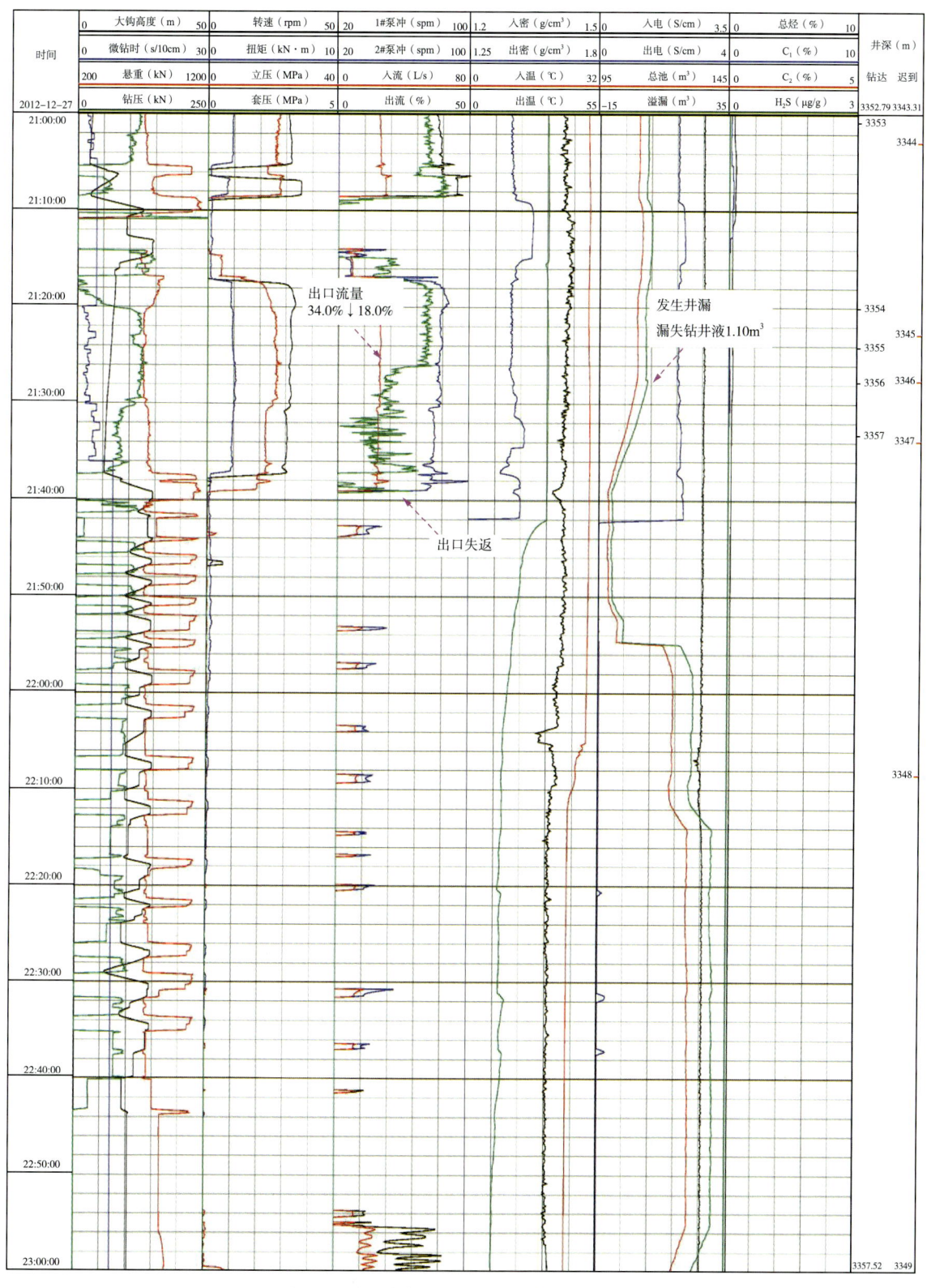

图5-7　井漏实例3综合录井实时数据曲线图

综合录井实用图册

井漏实例4：× 井 2012年1月31日 08：00 用密度 2.18g/cm³、黏度 67s、氯离子含量 5785mg/L 的有机盐聚磺钻井液钻至洗象池组灰褐色白云岩，在井深 4413.81m（迟深 4411.31m）发生井漏（图 5-8），漏失钻井液 0.2m³，其对应井段的钻盘转速、扭矩出现波动，可能钻遇裂缝发育段，至 08：11 观察钻进至井深 4414.17m（迟深 4411.59m），漏失钻井液 1.0m³；至 15：00 循环观察、堵漏；至 16：00 观察钻进至井深 4416.37m（迟深 4414.46m），止漏；累计漏失钻井液 38.70m³。

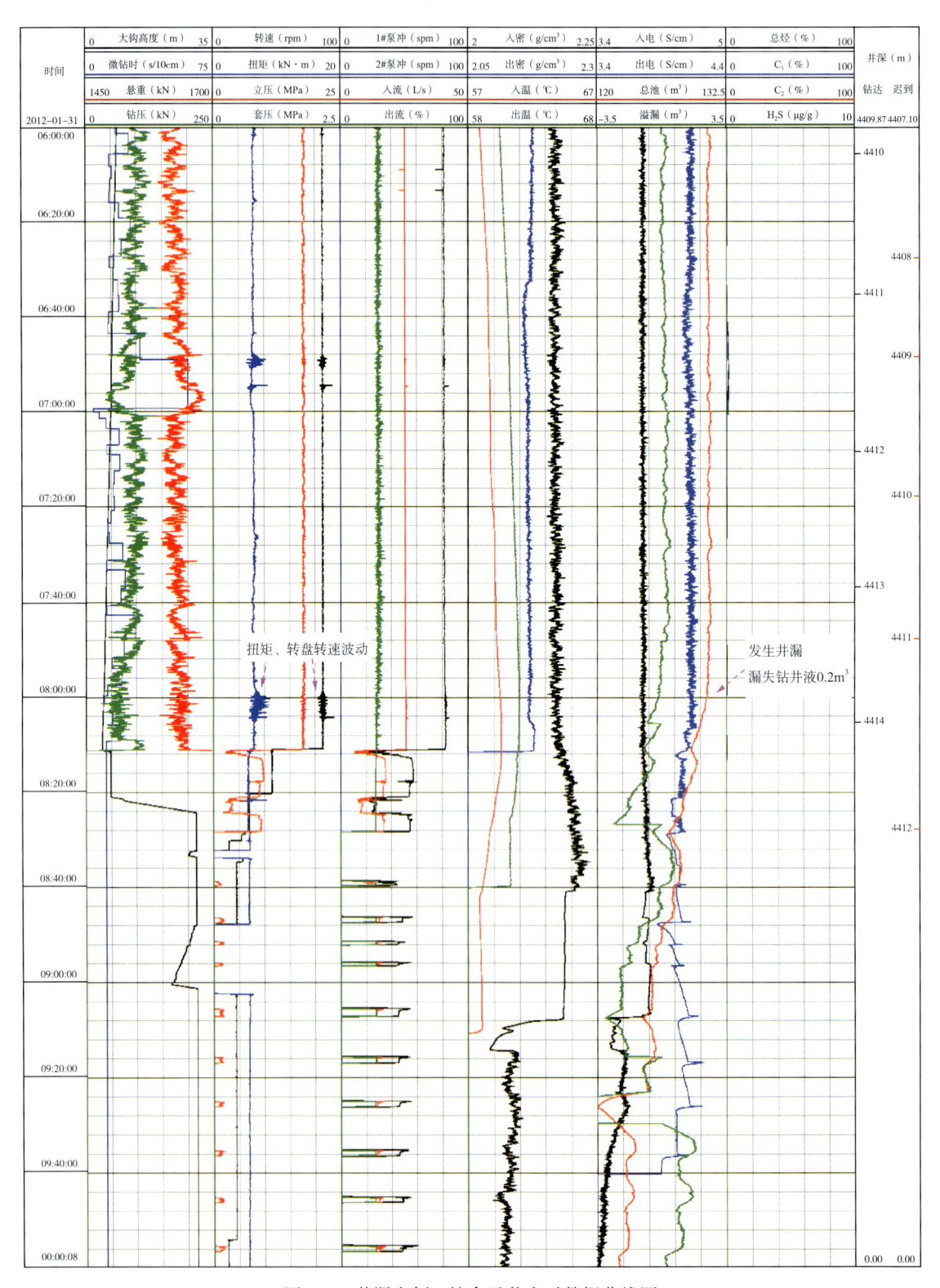

图 5-8 井漏实例4综合录井实时数据曲线图

井漏实例5：× 井2012年8月2日16：30用密度2.21g/cm³、黏度51s、氯离子含量6026mg/L的钾聚磺钻井液钻钻至高台组灰色白云岩，在井深4708.08m发生井漏（图5-9），漏失钻井液0.30m³；至21：30钻进至井深4714.05m（迟深4712.94m），漏失钻井液21.30m³，平均漏速4.20m³/h；随后用浓度10%堵漏浆随钻堵漏，漏失钻井液6.8m³；至8月3日04：00漏速逐渐减小直至停止漏失，漏失钻井液6.4m³；累计漏失钻井液34.80m³。

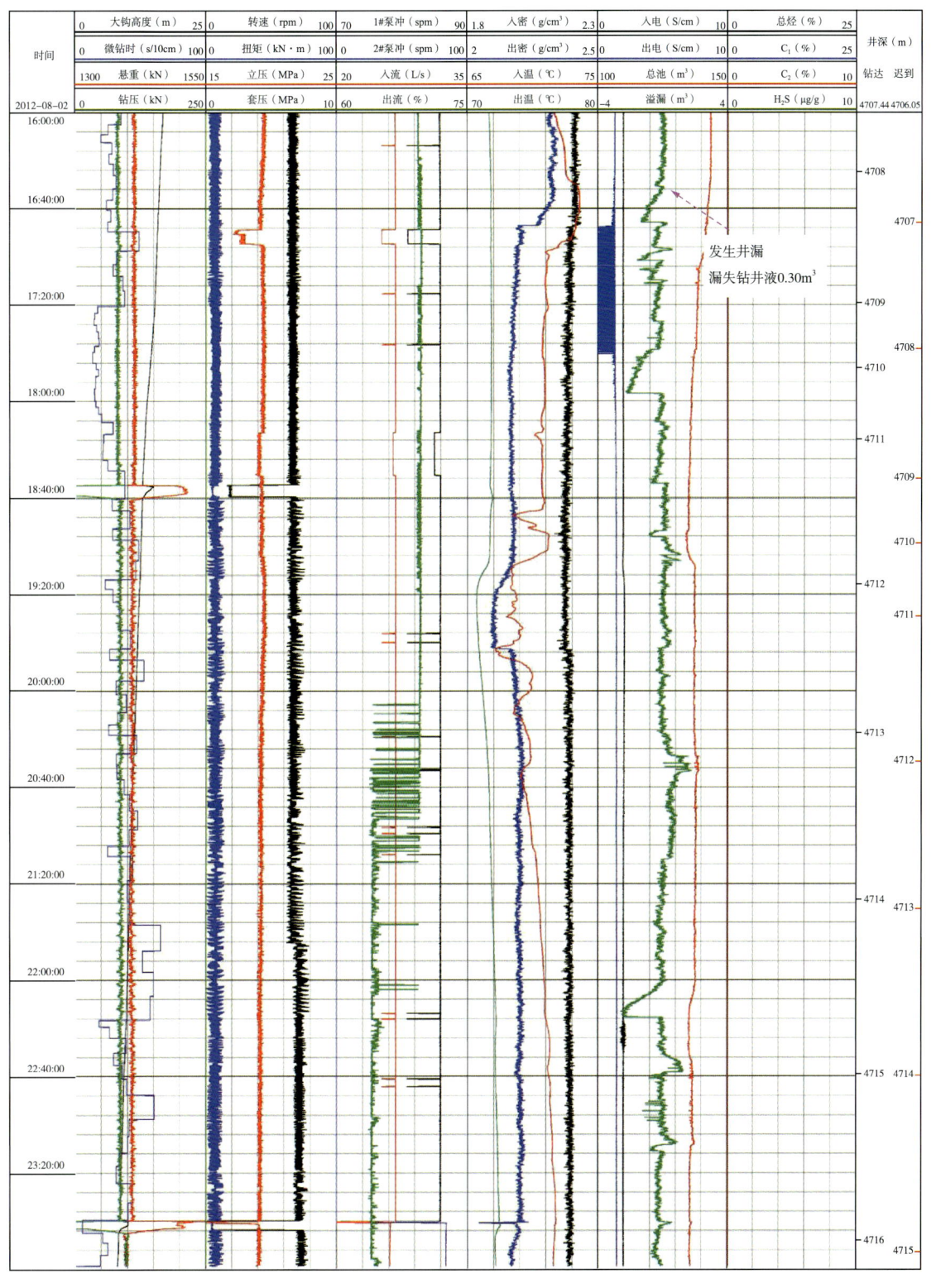

图 5-9　井漏实例 5 综合录井实时数据曲线图

综合录井实用图册

井漏实例 6：× 井 2013 年 4 月 21 日 11：01 用密度 2.16g/cm³、黏度 52s、氯离子含量 10640mg/L 的钾聚磺钻井液取心钻进至龙王庙组灰褐色白云岩，在井深 4606.62m 发生井漏（图 5-10），瞬时漏失钻井液 0.70m³；至 11：02 钻压降低、悬重增大、钻盘转速微增、立压微降、泵冲增大，钻遇渗透层特征较明显，续钻进至 11：06 开始降排量，循环观察至 11：27，平均漏速 19.30m³/h；随后起钻、堵漏，至 20：00 开泵逐渐增大排量循环观察，堵漏成功；累计漏失钻井液 48.60m³。

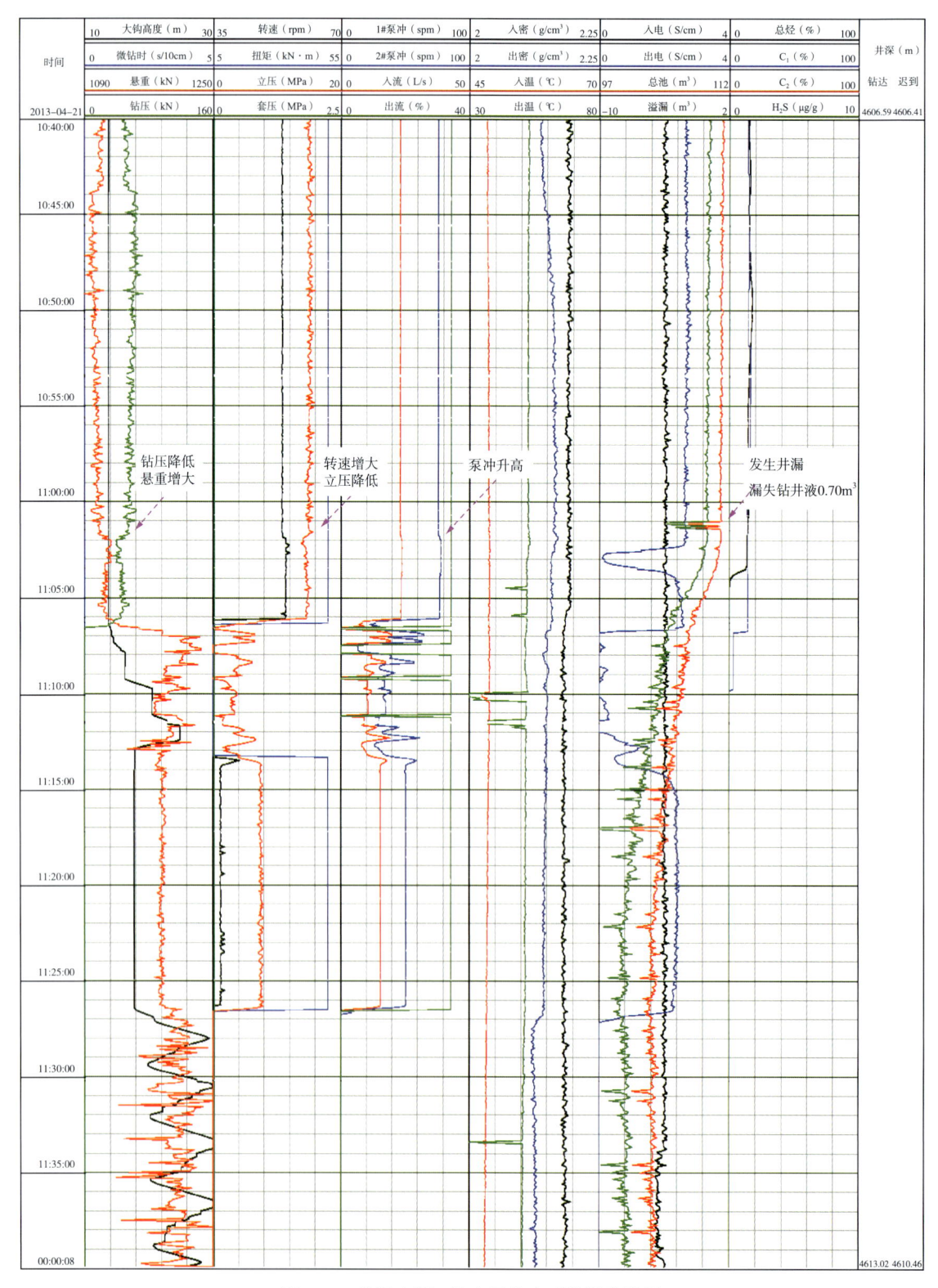

图 5-10　井漏实例 6 综合录井实时数据曲线图

井漏实例7：×井2013年4月17日15：21用密度2.13g/cm³、黏度49s、氯离子含量22156mg/L的氯化钾聚磺钻井液钻至龙王庙组深灰色白云岩，在井深4637.88m发生井漏（图5-11），漏失钻井液0.5m³，钻井液出口流量3.1%↓2.1%；至15：31观察钻进至井深4638.21m，漏失钻井液1.6m³；至15：45循环测漏速12.0m³/h，漏失钻井液2.1m³；随后起钻、堵漏、关井憋压候堵，至4月18日04：30下钻后循环观察未漏失；累计漏失钻井液19.20m³、桥浆10.40m³。

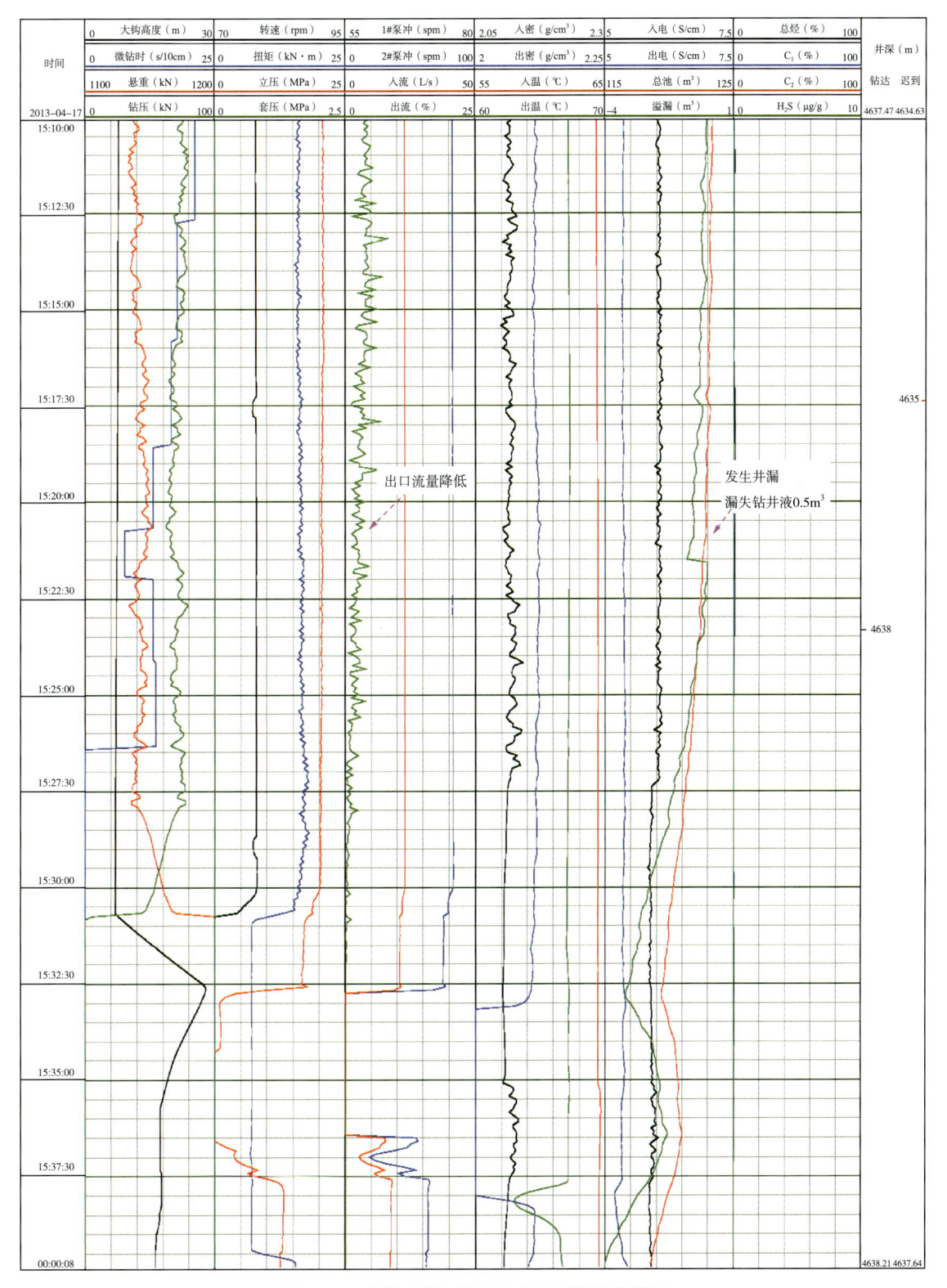

图5-11 井漏实例7综合录井实时数据曲线图

井漏实例8：× 井 2013 年 5 月 18 日 04：04 用密度 2.10g/cm³、黏度 46s、氯离子含量 46860mg/L 的聚磺钻井液取心钻进至龙王庙组褐灰色云岩，在井深 4775.80m 发现井漏（图 5-12），瞬时漏失钻井液 0.30m³，其他参数无明显变化；至 04：50 降排量观察取心钻至井深 4776.20m，平均漏速 8.30m³/h，至 05：30 小排量循环观察，平均漏速 4.70m³/h，至 05：40 割心共漏失钻井液 9.80m³。

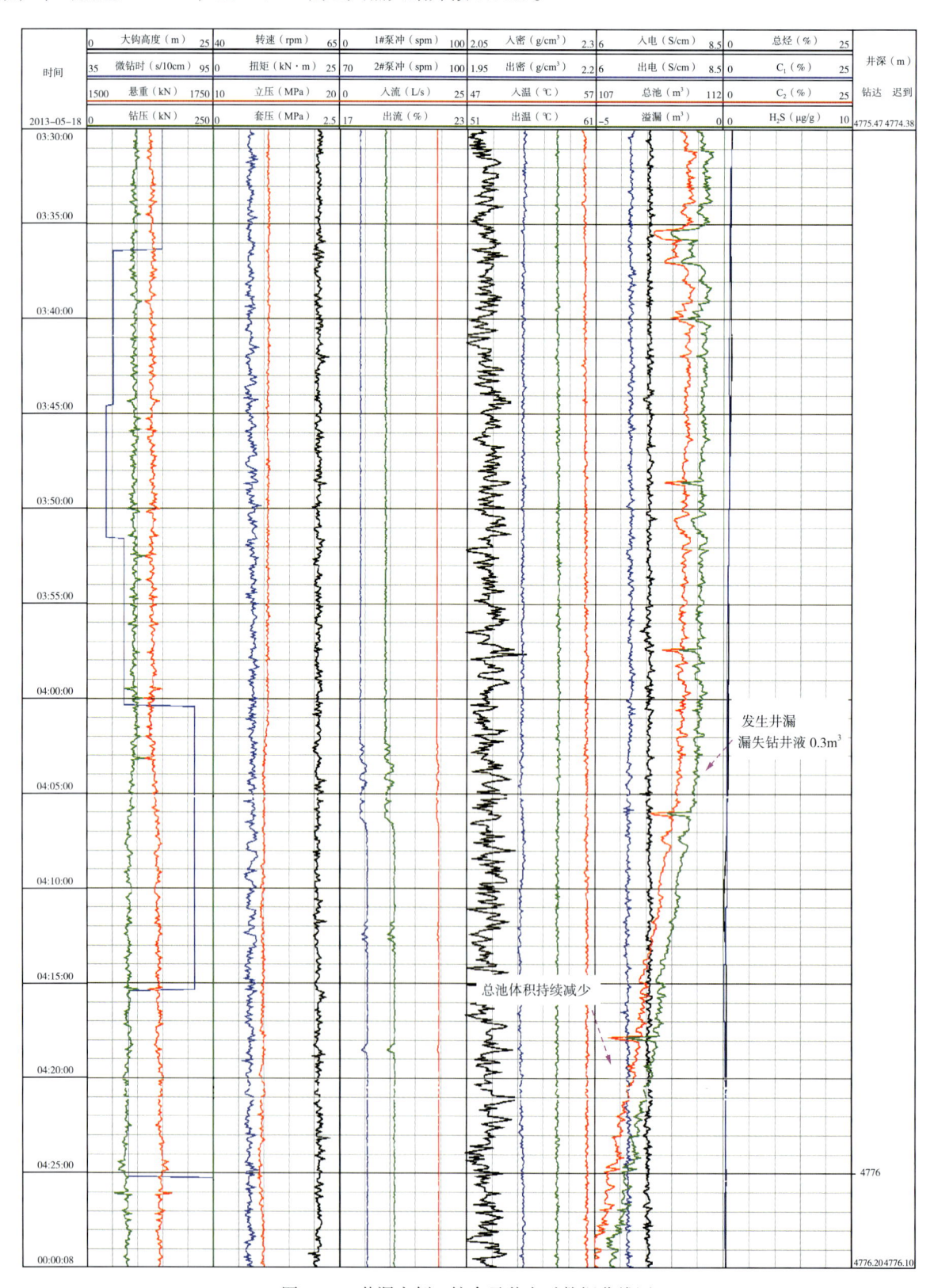

图 5-12　井漏实例 8 综合录井实时数据曲线图

井漏实例9：×井2012年4月9日15：03用密度1.35g/cm³、黏度51s、氯离子含量18080mg/L的有机盐聚磺钻井液钻至灯二段褐灰色白云岩，在井深5681.68m发生井漏（图5-13），漏失钻井液0.80m³，泵冲微增，其他参数无明显变化；至15：15钻至井深5681.70m，漏失钻井液1.10m³；随后堵漏漏失钻井液15.8m³；至4月10日08：00恢复钻进至井深5693.30m，漏失钻井液11.10m³；累计漏失钻井液28.80m³。

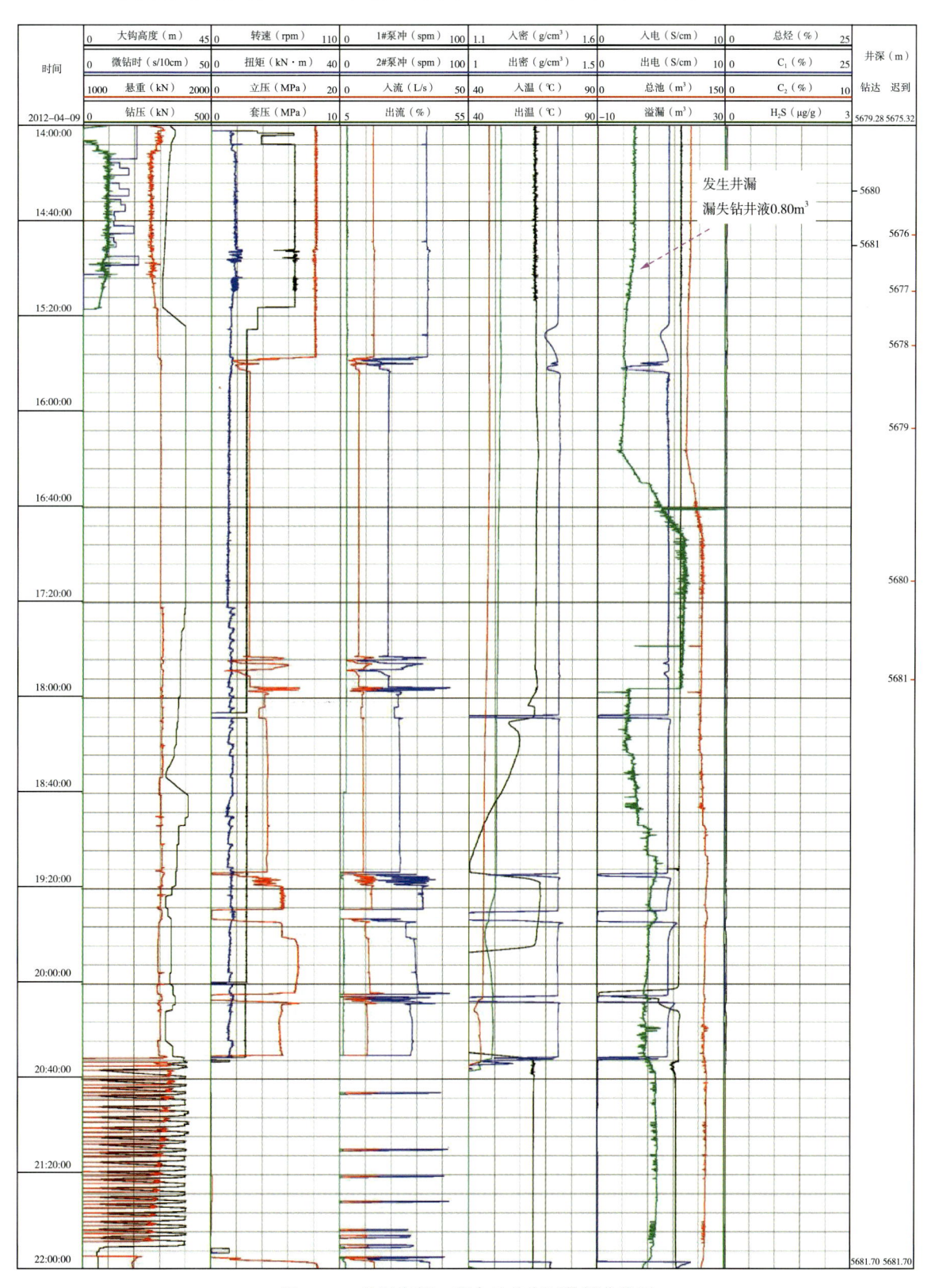

图5-13 井漏实例9综合录井实时数据曲线图

四、井漏 + 气测异常实例

井漏 + 气测异常实例：× 井 2013 年 3 月 3 日 00：59 用密度 1.37g/cm³、黏度 38s、氯离子含量 8862mg/L 的聚磺钻井液侧钻至茅二段灰色石灰岩，在井深 1531.35m 发生井漏（图 5-14），漏失钻井液 0.20m³；至 02：55 观察钻进至井深 1538.01m，漏失钻井液 6.8m³，平均漏速 3.5m³/h；至 03：17 加入 JD-5：2T，循环、静止观察停止漏失；累计漏失钻井液 7.0m³。发生井漏后观察钻进至 01：20，井深 1533.17m（迟深 1531.12m）发现气测异常，全烃由 0.0000% ↑ 0.2589%，至 01：52 钻进至井深 1534.66m（迟深 1533.56m），气测值达峰值，全烃：2.6508%，至 03：20 井深 1538.53m（迟深 1538.72m）气测值恢复正常。

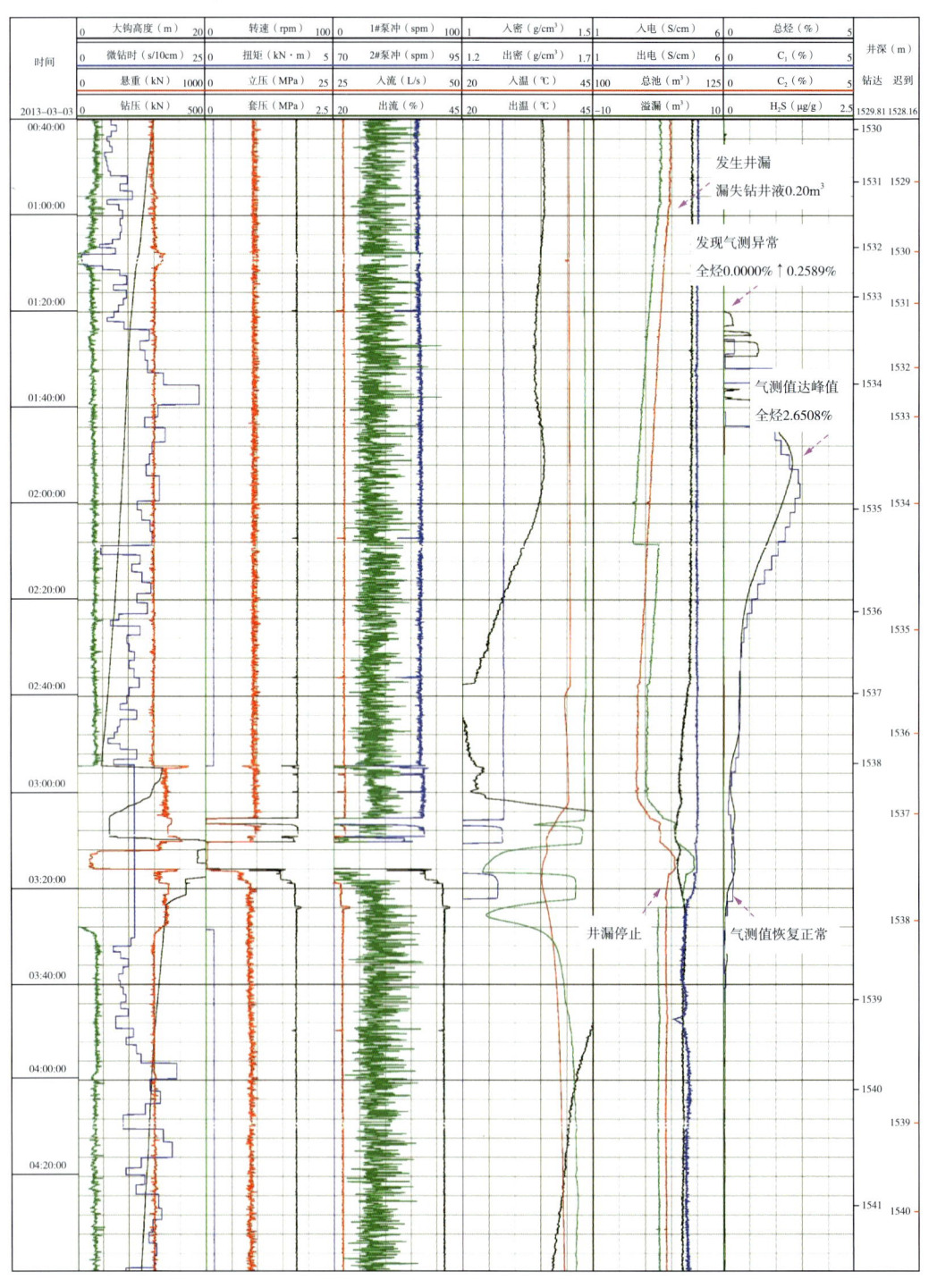

图 5-14 井漏 + 气测异常实例综合录井实时数据曲线图

五、气测显示+井漏实例

气测显示+井漏实例 1：× 井 2012 年 2 月 21 日 00：20 用密度 2.26g/cm³、黏度 54s、氯离子含量 15243mg/L 的有机盐聚磺钻井液钻至栖霞组一段深褐灰色粉晶石灰岩，在井深 4466.72m（迟深 4463.66m）发现气测异常，全烃：1.8153%↑3.8192%、C_1：1.5623%↑3.4587%，至 00：40 钻至井深 4467.99m（迟深 4464.68m），气测值达峰值，全烃：16.4162%、C_1：14.3976%，其他参数无明显变化。至 00：49 钻至井深 4468.32m 发生井漏（图 5-15），出口失返，泵冲升高；至 02：00 上提钻具至井深 4186.85m，经堵漏作业后至 02 月 25 日 08：00 起钻至井深 160.44m，液面无异常；累计漏失钻井液 561.7m³、堵漏剂 147.3m³。

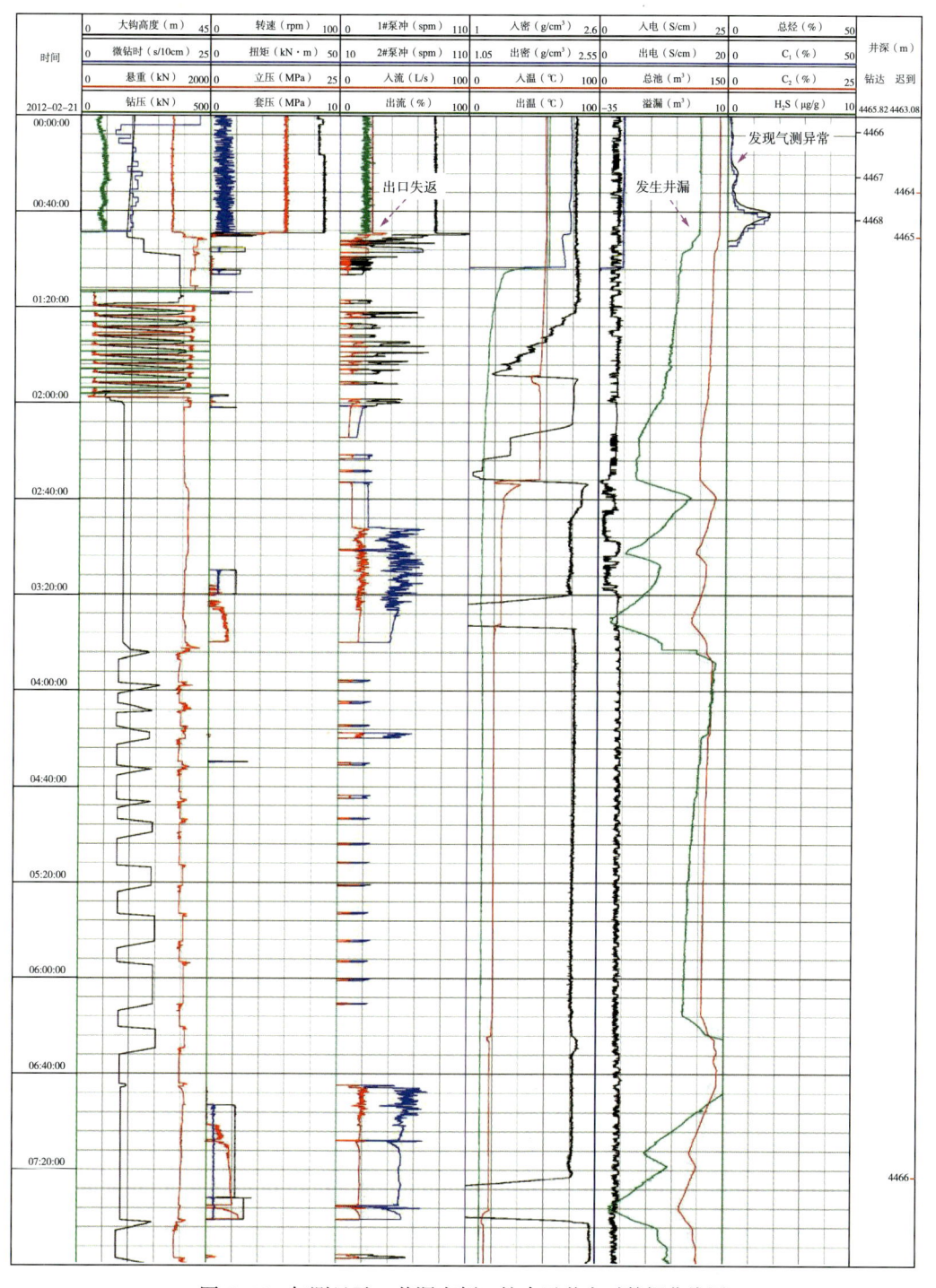

图 5-15 气测显示+井漏实例 1 综合录井实时数据曲线图

气测显示+井漏实例2：×井2012年7月19日01：56用密度1.30g/cm³、黏度42s、氯离子含量3722mg/L的有机盐聚磺钻井液钻进至灯四段褐灰色白云岩，在井深5633.61m（迟深5629.02m）发现气侵，全烃：11.5238%↑17.9387%；至02：05钻至井深5633.98m（迟深5629.30m），气测值达峰值，全烃：73.2486%、C_1：64.7536%，出口密度1.30g/cm³↓1.23g/cm³、电导率降低，出口流量增大；至02：36钻至井深5635.32m（迟深5630.32m），气测值恢复正常。气侵显示期间，在02：00钻至井深5633.77m（迟深5629.15m），发生井漏（图5-16），漏失钻井液0.4m³；至02：40井深5635.48m（迟深5630.45m）出口流量降低，总池体积持续减小；至10：30钻至井深5655.81m（迟深5650.95m），经随钻堵漏止漏，平均漏速1.93m³/h；累计漏失钻井液7.90m³。

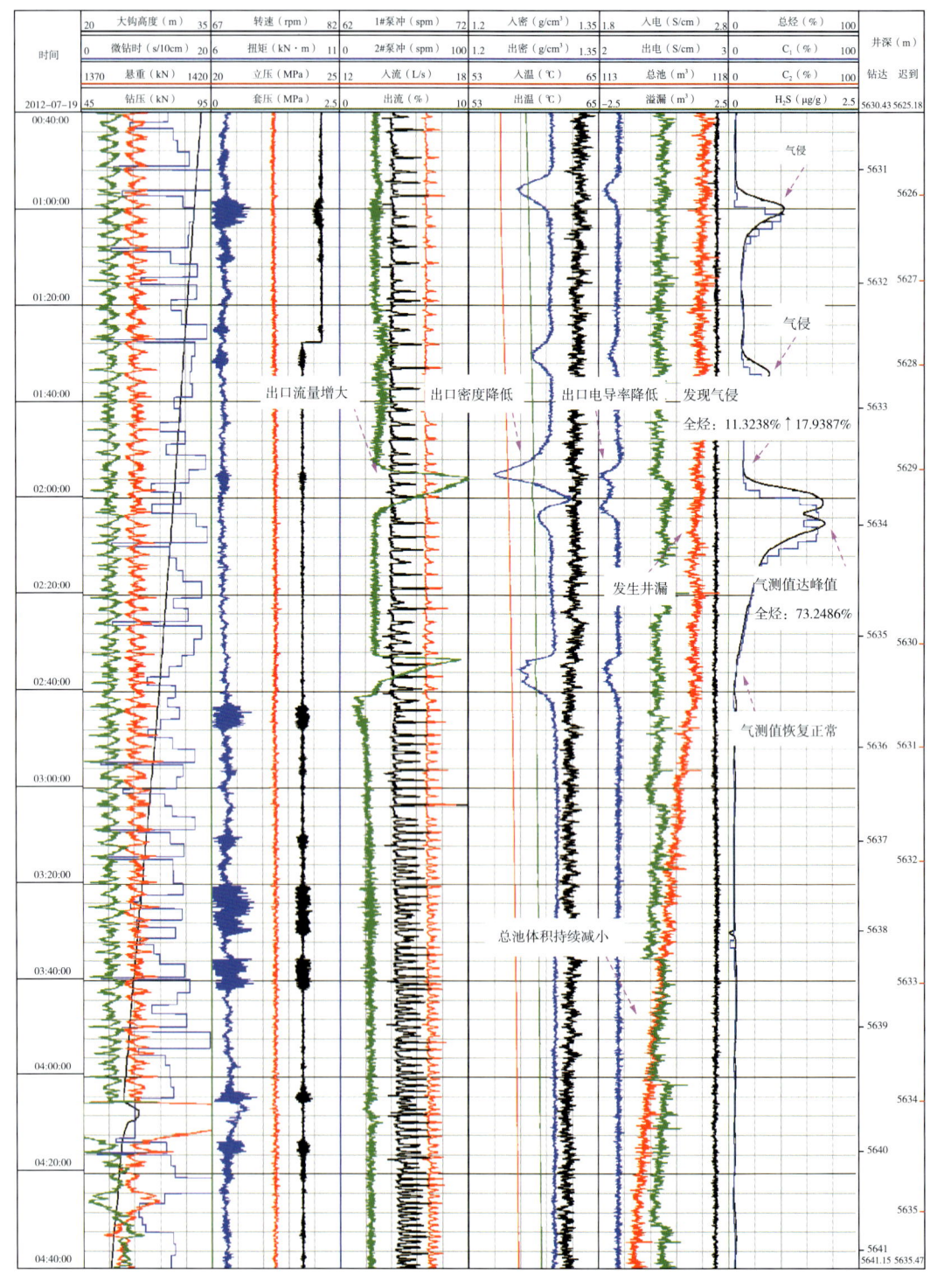

图5-16　气测显示+井漏实例2综合录井实时数据曲线图

第六章 溢 流

溢流指钻井过程中当钻穿赋存有流体的地层时,因地层流体侵入井内引起井口返出的钻井液量比泵入量大,或停泵后钻井液自动外溢的现象。

当地层孔隙压力大于该井深的井底压力时,地层中的流体就会大量进入井筒,导致出口流量增加,停泵后出口钻井液外溢、循环池液面(总池体积)上升。

一、发生溢流的原因

1. 地层中的流体向井筒内流动必须具备的条件

(1)井底压力小于地层孔隙压力;(2)地层具有渗透能力。

2. 影响井底压力的因素

在不同的工况下,井底压力常常受多种因素影响。因此,任何一个或多个能引起井底压力降低的因素都有可能导致溢流的发生,其中最主要因素有:

(1)起钻时未按规定灌满钻井液;(2)井漏;(3)钻井液密度低;(4)起钻时产生的抽汲压力;(5)地层孔隙压力异常。

溢流不断加强便会进一步发生井涌。当发生溢流和井涌后,若不及时采取措施处理,就会有诱发井喷的危险。溢流发现的越早越好,特别是在钻进高压气层时,天然气随钻井液从井底往井口上返过程中,由于压力不断降低,天然气的体积不断膨胀,越接近井口时排出的钻井液量就越多,从发生溢流到井喷的时间就越短。因而,溢流发现的越早就越容易处理,更重要的是可避免井喷危险和减少后期压井作业对油气层的伤害。

3. 溢流显示识别特征

钻井过程中发生溢流必有其显示特征,钻井现场通过观察由井下反映到地面的信号,及时发现、准确识别这些信号对发现溢流十分重要。然而,有些显示信号并不能确切证明就是溢流,但它可警示可能发生了溢流(疑似溢流)。根据显示信号对监测溢流的重要性和可靠性,通常可分为告急信号(直接显示)和告警信号(间接显示)。

(1)溢流告急信号(直接显示)特征:

① 出口钻井液流速增大,出口流量增加;

② 钻井液罐液面(总池体积)上升;

③ 停泵后井口钻井液外溢;

④ 起钻时灌入的钻井液量小于起出的钻具体积;

⑤ 下钻时返出的钻井液量大于下入钻具的体积;

⑥ 其他工况下须灌浆时灌浆困难。

(2)溢流告警信号(间接显示)特征:

① 蹩跳钻;

② 钻时突然加快或放空;

③悬重增加（油、气、淡水侵入钻井液）或减少（高矿化度盐水侵入钻井液）；
④泵压上升或下降；
⑤岩屑尺寸加大；
⑥钻井液密度下降和黏度上升或下降；
⑦气测烃类或非烃类值快速升高；
⑧钻井液中气泡增多；
⑨油味或硫化氢味很浓；
⑩氯离子含量增高或降低；
⑪监测地层压力异常。

二、溢流录井参数特征

录井参数上，溢流表现为出口流量增加、总池体积上升，若因为油气侵导致的溢流，还会伴随着气测值的增大，水侵导致的溢流使氯离子含量增高（高矿化度地层水）或降低（淡水层）。

典型图示例1：起钻过程中，井内钻具的体积不断减少，通过泵注相应体积的钻井液维持井内压力平衡。但是，由于可能存在的地层异常压力，以及起钻的抽吸作用的诱导等因素，当地层的孔隙压力大于该井深的钻井液液柱压力时，地层孔隙中的可动流体将进入井内，发生井侵，停泵后，井口处钻井液自动外溢，产生溢流。若溢流进一步加强，钻井液连续不断地涌出井口转盘面时就称为井涌。此时若未及时处理，地层流体进入井筒后不受控制地从井口喷出，就形成井喷。如图6-1所示，当钻遇富含油气地层时，a段为正常起钻过程，总池体积有规律地减少；在b段，出口流量增加，总池体积上升，气测全烃值明显上升高于基值，发生溢流；至c段时，溢流得到缓解，各录井参数趋于正常。

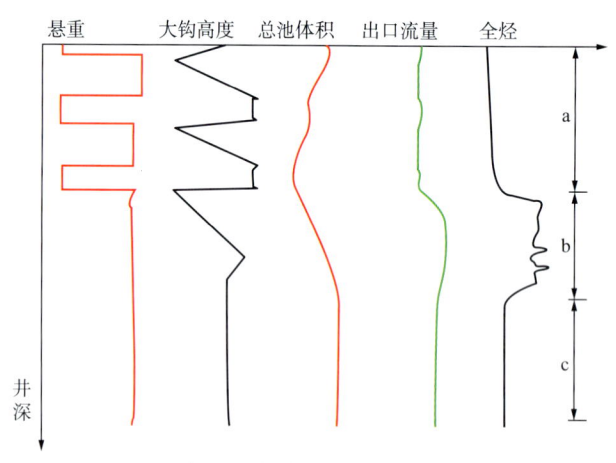

图6-1 起钻时溢流示例图

典型图示例2：下钻过程中，井下钻具的体积不断增加，相同体积的钻井液被置换出来进入循环池。当有溢流发生时，出口流量增加，总池体积增速加快，出现异常。如图6-2所示，在a段，出口流量返出曲线正常，每下一柱钻具就会有钻井液返出，同时总池体积相应增加；在b段，出口流量明显增加，每柱钻具之间出口流量不回零（不断流），相应的池体积增长速度加快，池体积曲线出现明显异常，在排除其他地面因素的情况下，预示发生了溢流，至b段底部，出口流量回零，溢流得到缓解。

典型图示例3：循环钻井液时，当地层孔隙压力大于该井深的钻井液柱压力时，地层孔隙中的可动流体将进入井内，导致出口流量增加，循环池液面上升，发生溢流。如图6-3所示，a段为正常循环段；至b段时，在泵冲不变的情况下，出口流量增加，循环池体积增加，若为油气层，气测值出现异常升高，表明井下发生了溢流；至c段，各项录井参数恢复正常，溢流得到缓解。

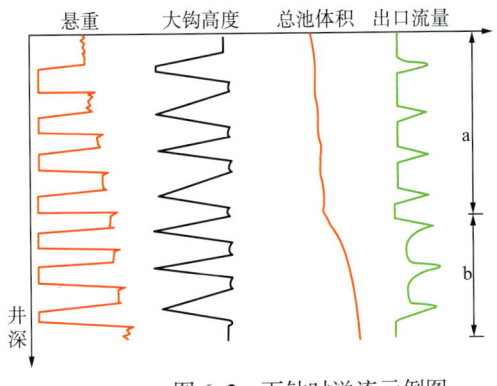

图 6-2　下钻时溢流示例图

典型图示例4：钻进时，钻遇高异常压力层段时（如油气层），当地层孔隙压力大于该井深的钻井液柱压力时，地层中的可动流体进入井内，导致出口流量增加，循环池液面上升，发生井侵，若返出量进一步加大，发生溢流。如图 6-4 所示，a 段为正常钻进；至 b 段，出口流量增加，总池体积明显上升，排除其他地面因素的情况下，可判断发生了溢流；至 c 段，出口流量降低，循环池液面趋于稳定，溢流得到缓解。

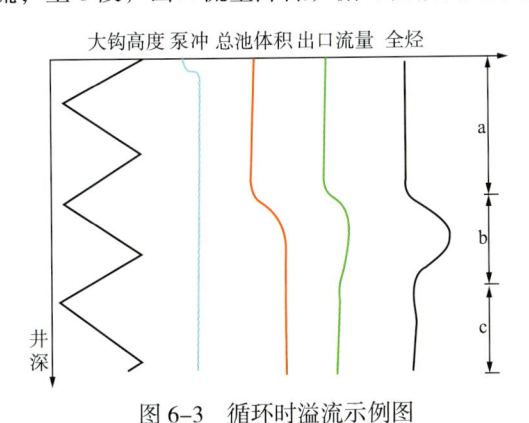

图 6-3　循环时溢流示例图

图 6-4　钻进时溢流示例图

三、溢流实例

溢流实例1：× 井 2013 年 3 月 21 日 06：00 用密度 1.49g/cm³、黏度 50s、氯离子含量 33862mg/L 的聚磺钻井液钻进至自流井组杂色石英砾岩，在井深 3637.60m（迟深 3636.37m）发生疑似溢流（或盐水侵）（图 6-5），钻井液出口流量 21.1%↑23.2%，出口钻井液密度、电导率先降后升；至 06：28 钻进井深 3638.11m（迟深 3636.63m），发生溢流（图 6-5），液面上涨 0.4m³（未除气钻进）；至 06：34 钻进至井深 3638.32m（迟深 3636.69m），发现液面上涨 0.1m³，出口钻井液流量 21.1%↑54.4%、出口钻井液密度 1.44g/cm³↓1.38g/cm³；

至 06：35 关井观察，立压 3.30MPa ↑ 5.20MPa，随后持续缓慢升高，套压瞬间由 0.00MPa 上升到 8.9MPa，随后缓慢下降到 7.0MPa 后又缓慢上升，至 08：40 立压升至 7.50MPa、套压升至 7.60MPa；液面累计上涨 4.70m³。本案例是除气不彻底钻进和发生疑似溢流后未立即关井观察的典型例证。

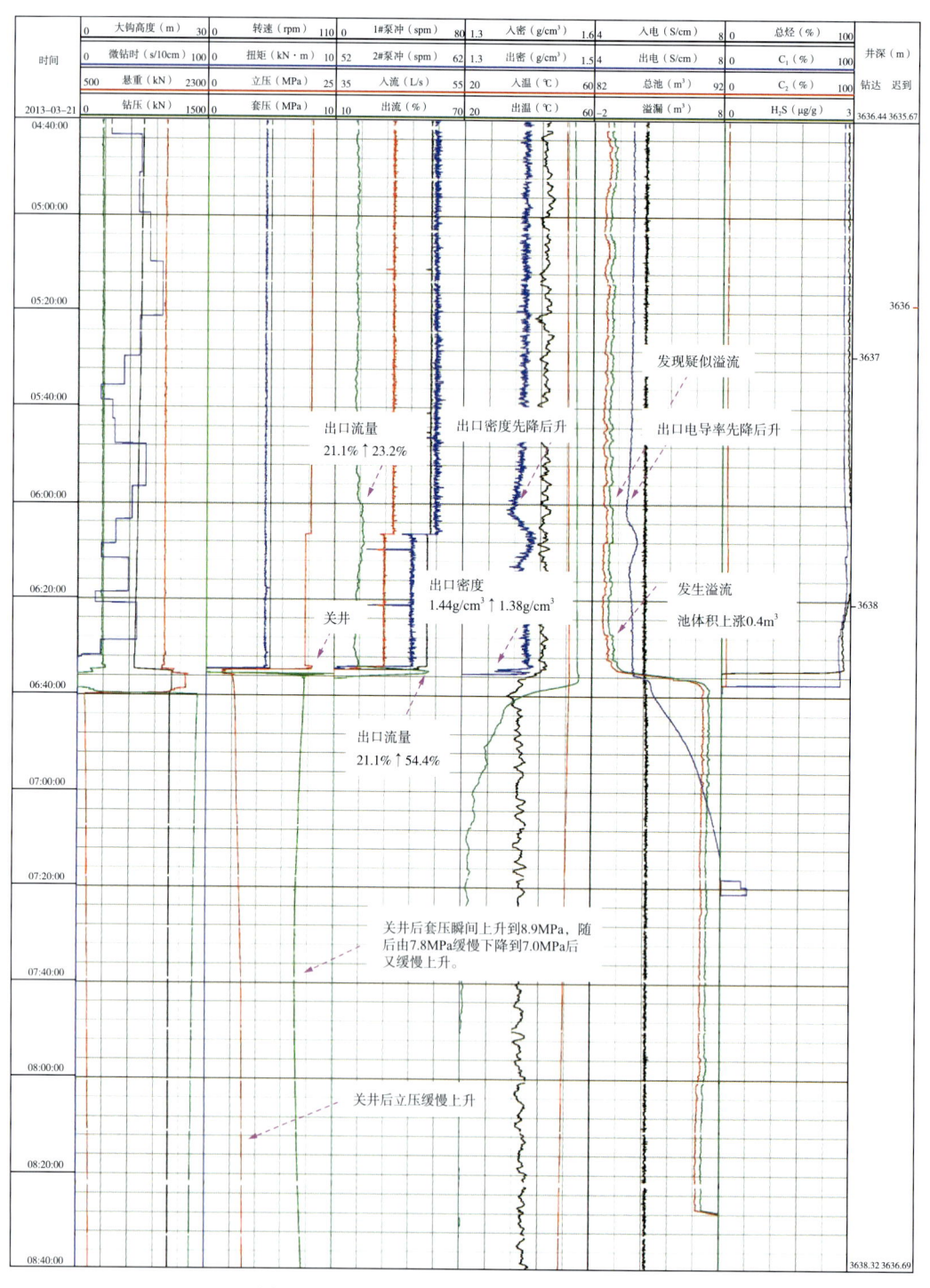

图 6-5　溢流实例 1 综合录井实时数据曲线图

溢流实例 2：× 井 2013 年 3 月 25 日 23：57 用密度 1.93g/cm³、黏度 51s、氯离子含量 31790mg/L 的聚磺钻井液钻进至飞三段—飞一段灰色云质石灰岩、灰色鲕粒石灰岩，在井深 6670.95m（迟深 6664.13m）发生溢流（图 6-6），池体积上涨 0.40m³；23：59 关井，关井 30min 后压力保持稳定，立压 0.00MPa ↑ 13.80MPa、套压 0.00MPa ↑ 14.50MPa，总溢流量 0.80m³；至 3 月 26 日 10：07 关井，立压 14.00MPa、套压 14.90MPa；至

3月27日22:57加重钻井液经过液气分离器循环压井（全烃：0.6299% ↑ 98.4451% ↓ 5.6372%，出口钻井液密度2.25g/cm³ ↓ 2.07g/cm³，出口间断点火燃，焰高1～3m）后逐渐恢复正常。

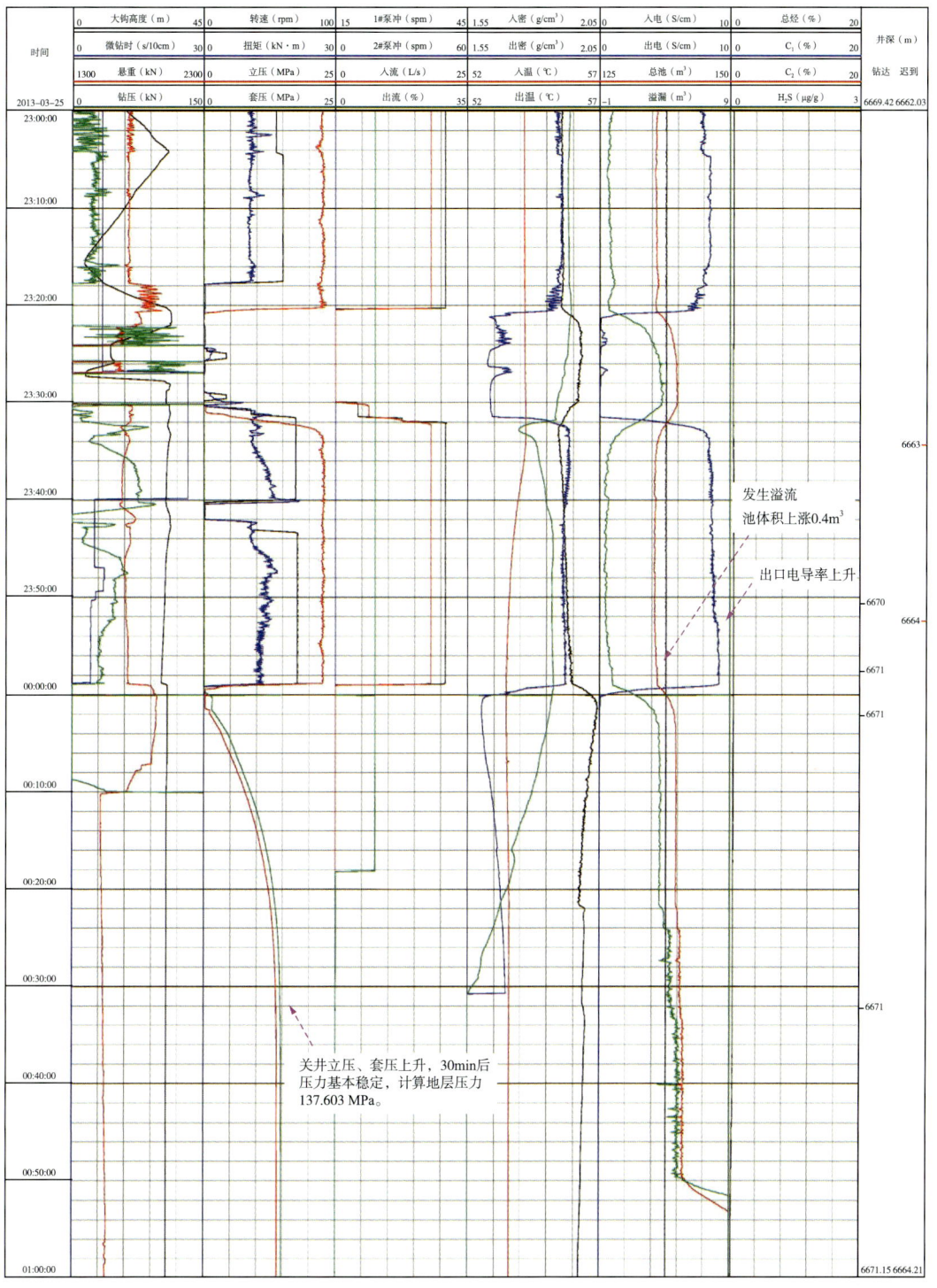

图6-6 溢流实例2综合录井实时数据曲线图

四、井漏→溢流实例

井漏→溢流实例：×井2012年7月9日23:38用密度1.27g/cm³、黏度38s、氯离子含量5672mg/L的有机盐聚磺钻井液钻进至灯四段褐灰色白云岩，在井深5361.16m（迟深5354.86m）倒泵，至23:45开泵后发现井漏（图6-7），漏失钻井液0.5m³；循环堵漏7月10日至00：48漏失钻井液5.0m³后漏失停止，累计漏失钻井液5.50m³。至02：15钻进至井深5363.67m（迟深5361.34m），发现液面上涨0.70m³，钻井液出口流量10.7%↑27.7%、出口钻井液密度1.26g/cm³↓1.19g/cm³、黏度38s↑49s、电导率2.07S/cm↓1.82S/cm，全烃：8.2991%↑77.6099%，槽面观察气泡约占30%；至02：17上提钻具至井深5337.61m关井，至02：24关井观察，立压0.00MPa、套压0.00MPa↑0.10MPa；至03：38开泵循环钻井液至迟深5362.35m，气测达峰值，全烃：88.6680%，出口钻井液密度1.19g/cm³↓1.17g/cm³，循环至03：51（迟深5362.67m）发现液面上涨0.4m³，钻井液出口流量11.7%↑49.5%，至03：53上提钻具至5337.56m关井观察，立压0.00MPa、套压0.00MPa↑0.2MPa；后经液气分离器控压循环，出口点火焰最高5m，至15：00漏、溢恢复正常，其间又漏失钻井液32.30m³。

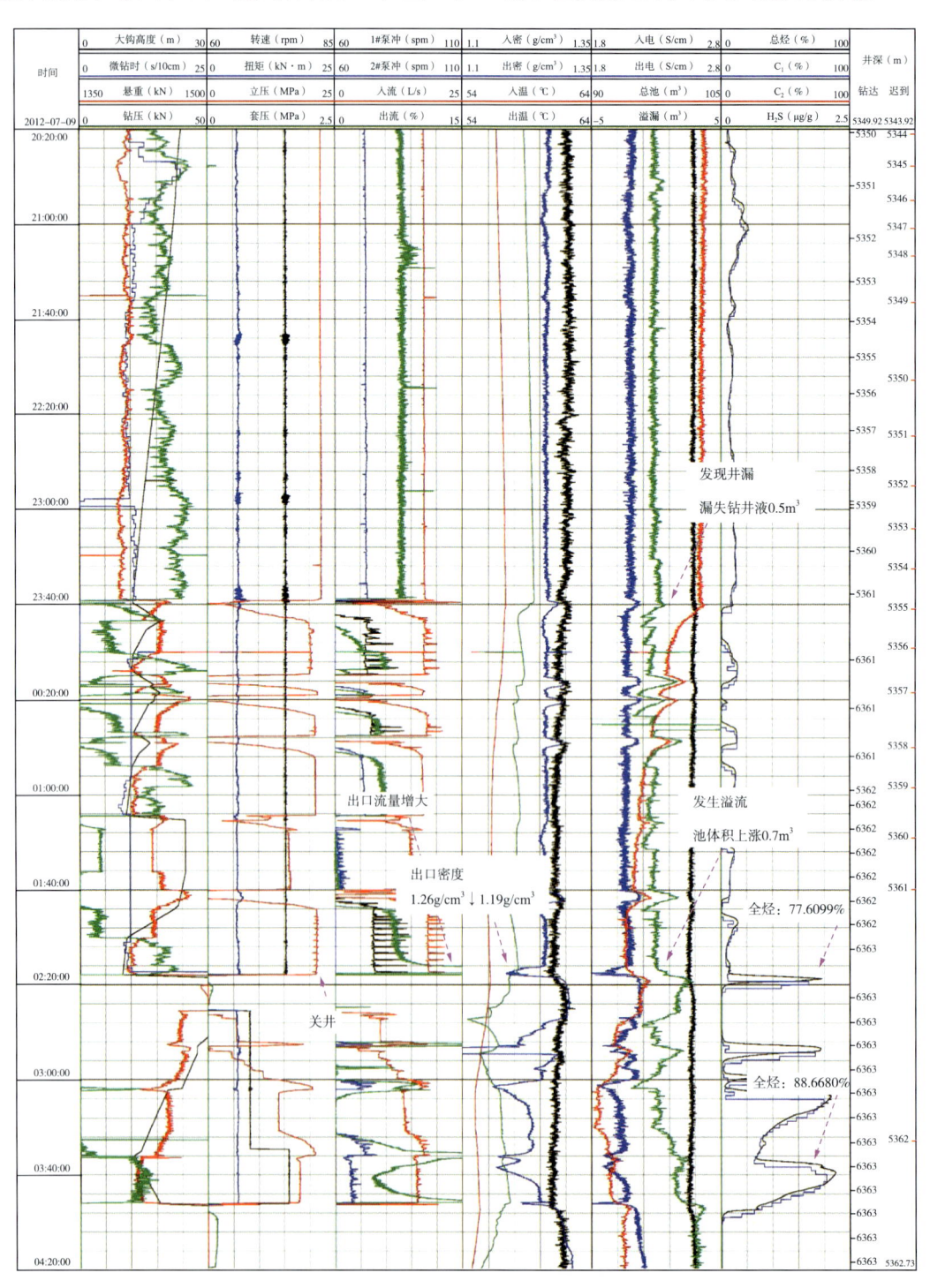

图6-7 井漏→溢流实例综合录井实时数据曲线图

第七章 阻卡及卡钻

卡钻指钻柱在井内不能上提、下放或转动的现象,包括泥包卡钻、砂桥卡钻、键槽卡钻、坍塌卡钻、压差卡钻、缩径卡钻、顿钻卡钻、落物卡钻、水泥卡钻和干钻卡钻等。

一、阻卡及卡钻原因

造成阻卡及卡钻的主要原因有：（1）井壁失稳，井筒围岩出现垮塌；（2）井下存在落物；（3）井眼轨迹、井身质量出现了较大问题；（4）钻头泥包或钻头、钻具严重变形；（5）存在压差等。

二、阻卡及卡钻录井参数特征

在录井参数上，卡钻表现为转盘扭矩增大，立管压力升高，出口流量减小；上提钻具，大钩负荷增大，悬重增加；继续上提钻具，悬重继续增加且远大于钻具的实际负荷值（遇卡）；而下放钻具时，不能下放至原井深时悬重就降低（遇阻）。

典型图示例 1：起钻过程中，正常情况下随着井下钻具不断被取出，悬重逐渐降低，但有时可能由于砂岩缩径、泥岩垮塌及井身斜度等因素的影响，造成大钩负荷持续增加，大于钻具的实际悬重，发生卡钻。如图 7-1 所示，在起钻过程中，在 a 段，随着钻具取出，悬重有规律性地下降；在 b 段，随着钻具上提，悬重增加，钻具下放时，悬重不降，发生起钻遇卡；至 c 段，该柱钻具在上提过程中不再异常增加，遇卡状况得到解除。

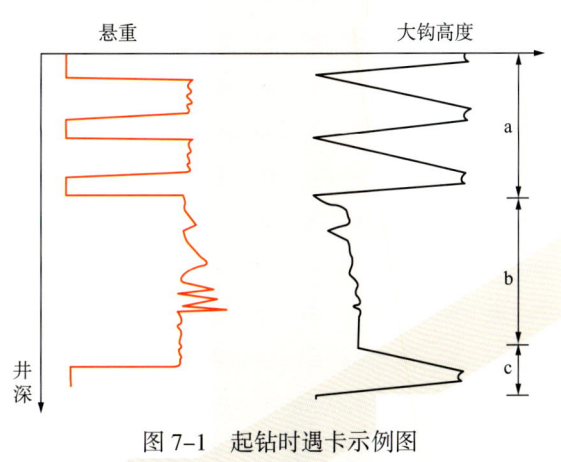

图 7-1 起钻时遇卡示例图

典型图示例 2：下钻过程中，随着钻具不断入井，悬重逐渐增加，但有时可能由于砂岩缩径、泥岩垮塌及井身斜度等因素的影响，导致下钻时大钩负荷下降，悬重值低于钻具的实际重量，发生下钻遇阻。如图 7-2 所示，在下钻过程中，在 a 段，随着井下钻具的增加，悬重规律性地增加；在 b 段，随着钻具下放，悬重降低，发生下钻遇阻；至 c 段，钻具在下放过程中，悬重不再异常降低，遇阻状况得到解除。

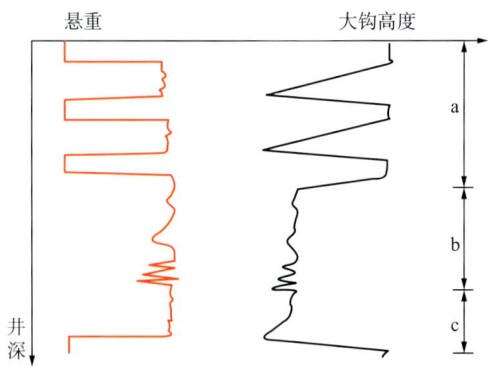

图 7-2 下钻时遇阻示例图

典型图示例 3：下钻时，由于砂岩缩径、泥岩垮塌及井身斜度等因素的影响，下钻时大钩负荷持续减小并低于钻具的实际负荷；同时，上提钻具时大钩负荷持续增加，且远大于钻具的实际负荷。当钻具上不能提，下不能放时，即发生卡钻事故。如图 7-3 所示，a 段为正常下钻；在 b 段，下放钻具过程中，悬重降低，但大钩高度基本不变或变化很小；上提钻具时，悬重显著增加，但大钩高度基本不变或变化很小，发生卡钻事故；c 段表示处理卡钻事故。

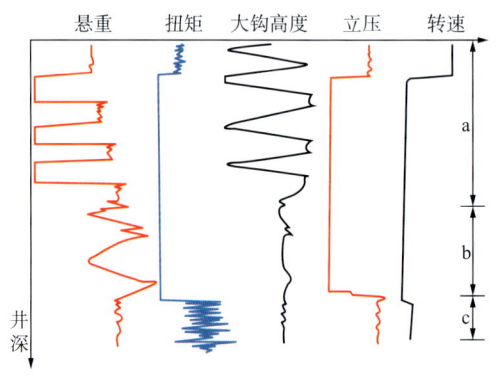

图 7-3 下钻时卡钻示例图

典型图示例 4：钻进过程中，扭矩异常波动，上提钻具时，悬重增加；继续上提钻具，悬重继续增加且远大于钻具的实际负荷，且下放钻具钻头未到井底前，悬重明显降低，发生钻具上不能提，下不能放的卡钻事故。如图 7-4 所示，a 段正常钻进；至 b 段，扭矩异常波动，上提钻具，悬重增加，下放钻具，悬重降低，增加和降低的幅度远偏离钻具自身重量，发生卡钻事故；c 段为处理卡钻事故。

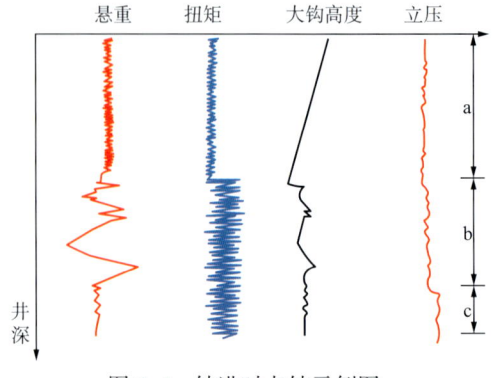

图 7-4 钻进时卡钻示例图

三、钻进卡钻实例

钻进卡钻实例1：×井2011年12月3日16：22用密度1.76g/cm³、黏度60s、氯离子含量7445mg/L的钾聚磺钻井液因井漏观察钻进至雷四段灰褐色灰质白云岩、灰褐色石灰岩，在井深5865.85m发现钻压115.1kN↑176.8kN、悬重1386.4kN↓1327.1kN、扭矩12.70kN·m↑15.40kN·m，16：27上提钻具，悬重1327.1kN↑1480.0kN，发生卡钻（图7-5）。

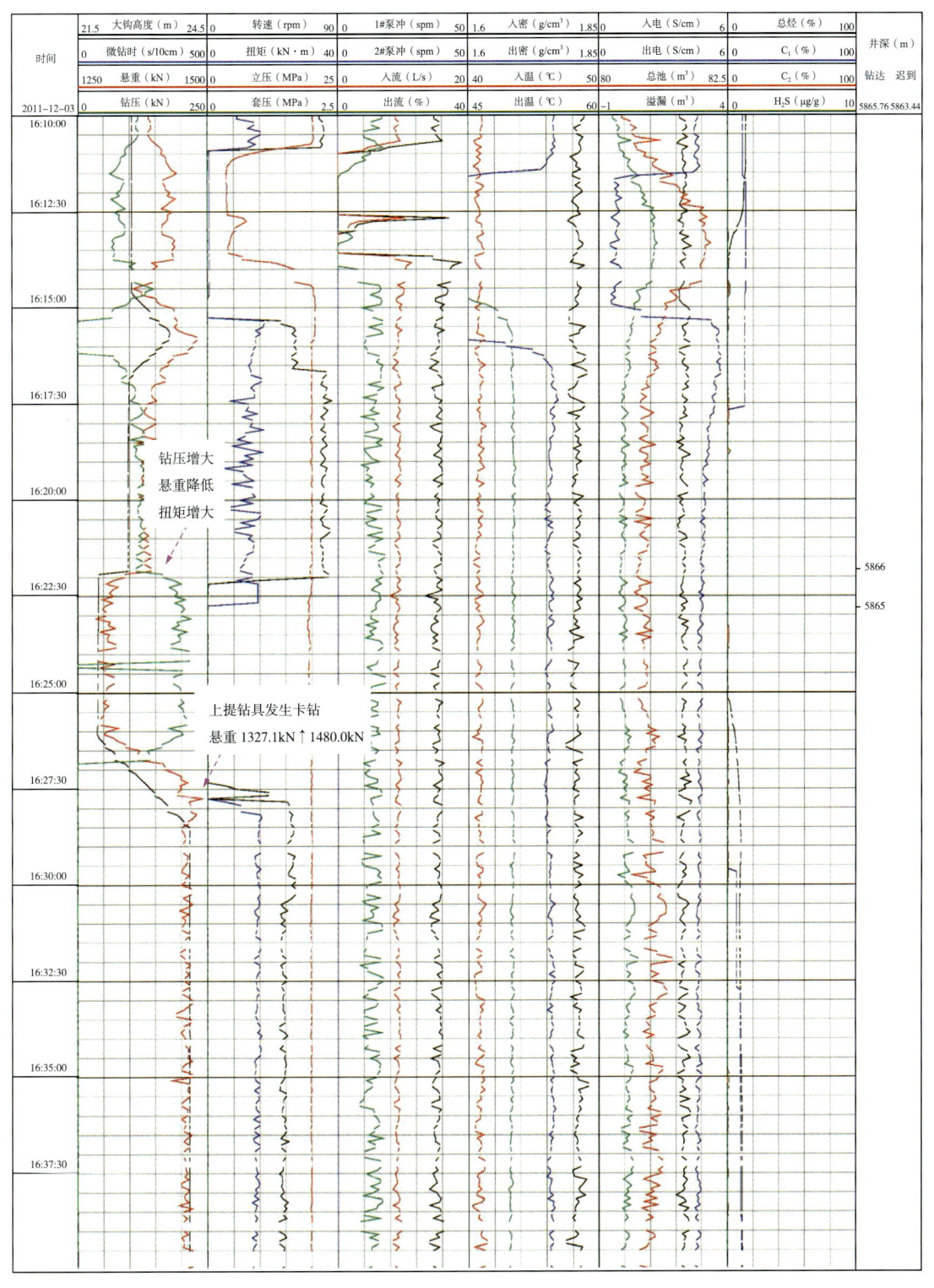

图7-5 钻进卡钻实例1综合录井实时数据曲线图

钻进卡钻实例2：× 井 2013 年 10 月 8 日 15：30 用密度 2.08g/cm³、黏度 52s、氯离子含量 22688mg/L 的钾聚磺钻井液钻进至雷口坡组一段深灰色石灰岩，至井深 3278.65m 转盘转速 44r/min ↓ 0、扭矩 8.76kN·m ↑ 10.96kN·m，顶驱蹩停（图 7-6），上提钻具，悬重 1250kN ↑ 1393kN ↓ 1020kN，发生卡钻，悬重 1250kN ↑ 2592kN ↓ 1060kN，活动钻具未解卡；后注浓度 25% 的稀盐酸 8.00m³ 浸泡，悬重 2560kN ↓ 1256kN，解卡成功。

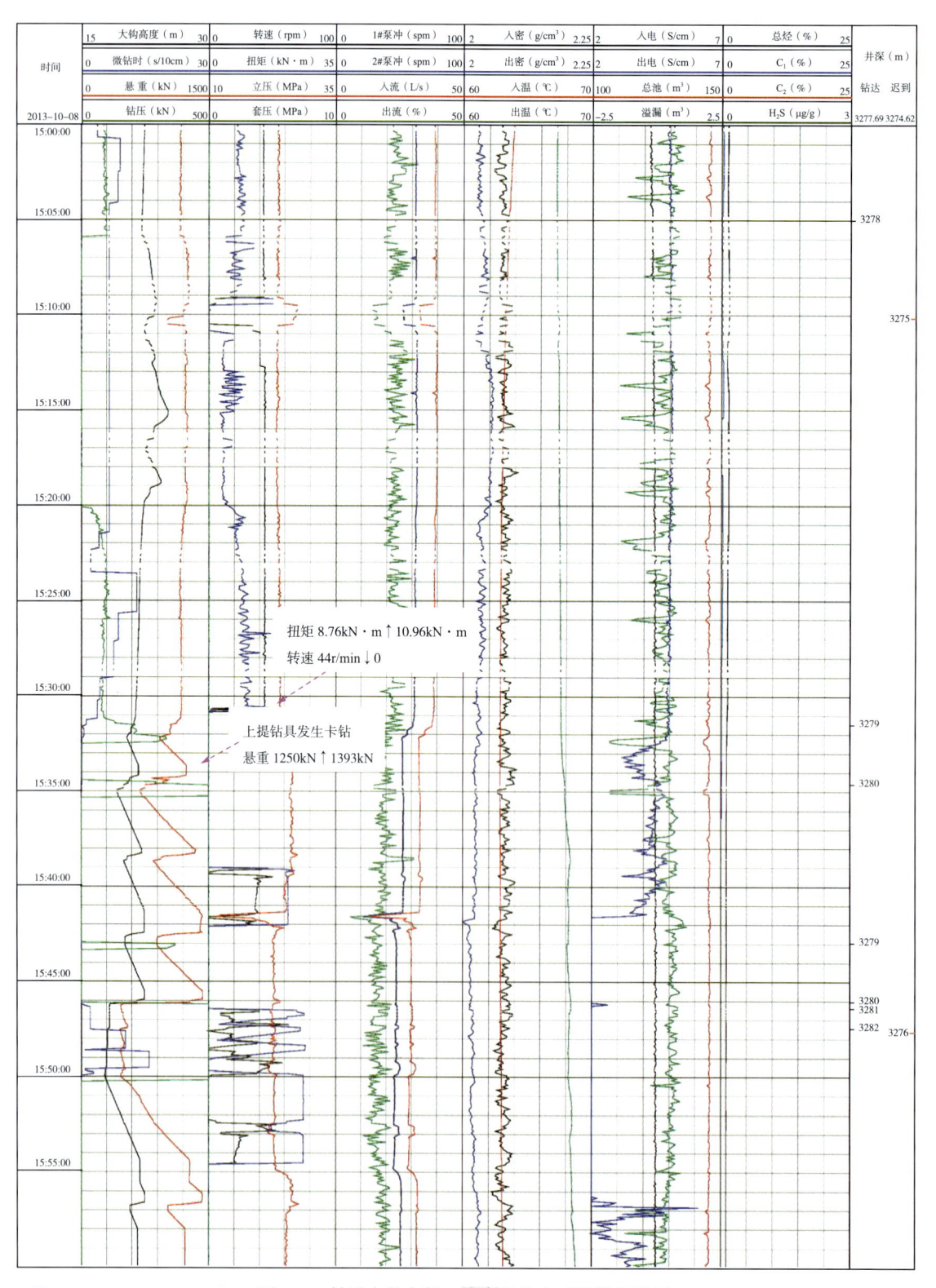

图 7-6　钻进卡钻实例 2 综合录井实时数据曲线图

钻进卡钻实例 3：× 井 2013 年 4 月 1 日 15：13 钻进至灯影组四段褐灰色、深灰色白云岩，在井深 5257.52m，发现泵压 18.1MPa↑18.5MPa、泵冲 49spm↓47spm、排量 15.1L/s↓14.5L/s、扭矩由 4.93kN·m↑7.96kN·m，转盘蹩停（图 7-7），上提钻具遇挂卡 50kN，发生卡钻。分析认为 11：00 转换钻井液体系，密度由 1.33g/cm³ 提升至 1.42g/cm³，持续时间 100min，造成井壁失稳，地层出现垮塌卡钻，后发现有大量岩屑返出。

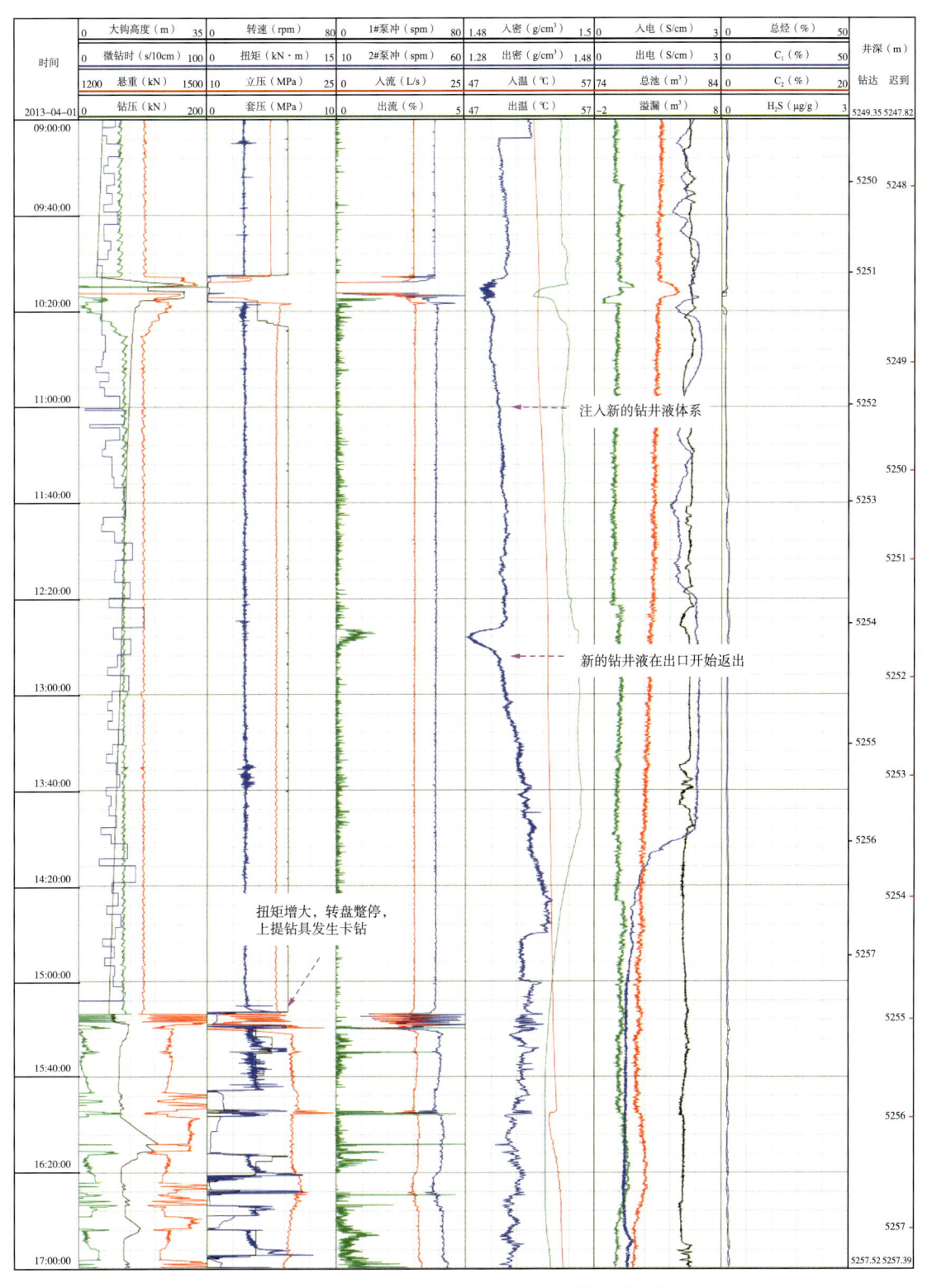

图 7-7　钻进卡钻实例 3 综合录井实时数据曲线图

四、起钻卡钻实例

起钻卡钻实例1：×井2012年1月28日18：00钻进至井深1989.42m，至21：22循环钻井液后起钻至蓬莱镇组紫红色泥岩，在井深1775.57m，悬重820kN↑1150kN，卡钻（图7-8），下放钻具悬重至500kN，发生卡钻；后悬重在150～200kN并循环钻井液、活动钻具，未解卡，至1月29日17：00接地面震击器，上提钻具悬重至850kN，震击解卡。

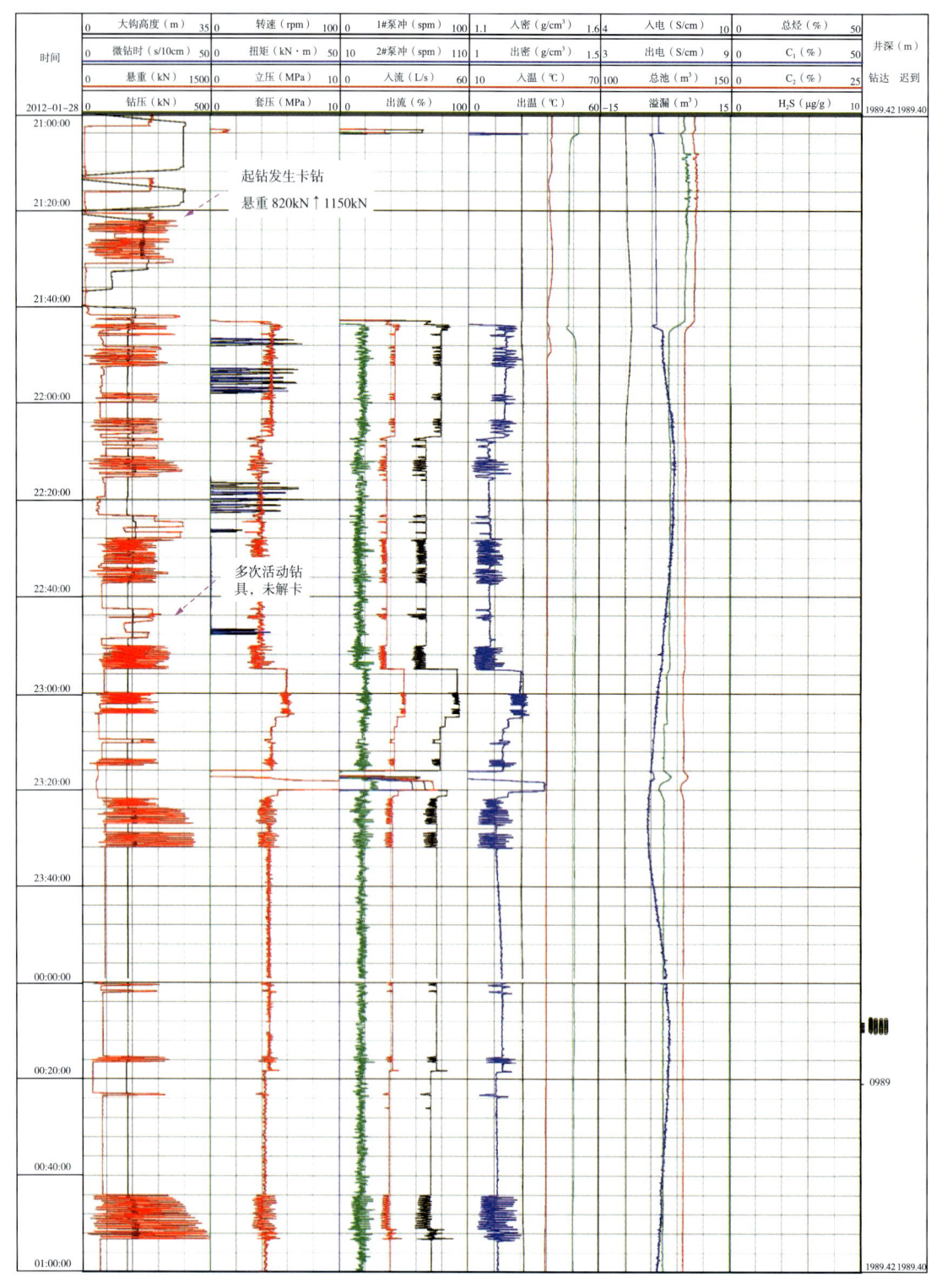

图7-8 起钻卡钻实例1综合录井实时数据曲线图

起钻卡钻实例2：×井2011年5月25日11：19起钻至井深1415.69m，悬重由600～700kN上升到960kN，发生卡钻（图7-9）；多次活动钻具、循环无效，随后用震击器震击解卡。

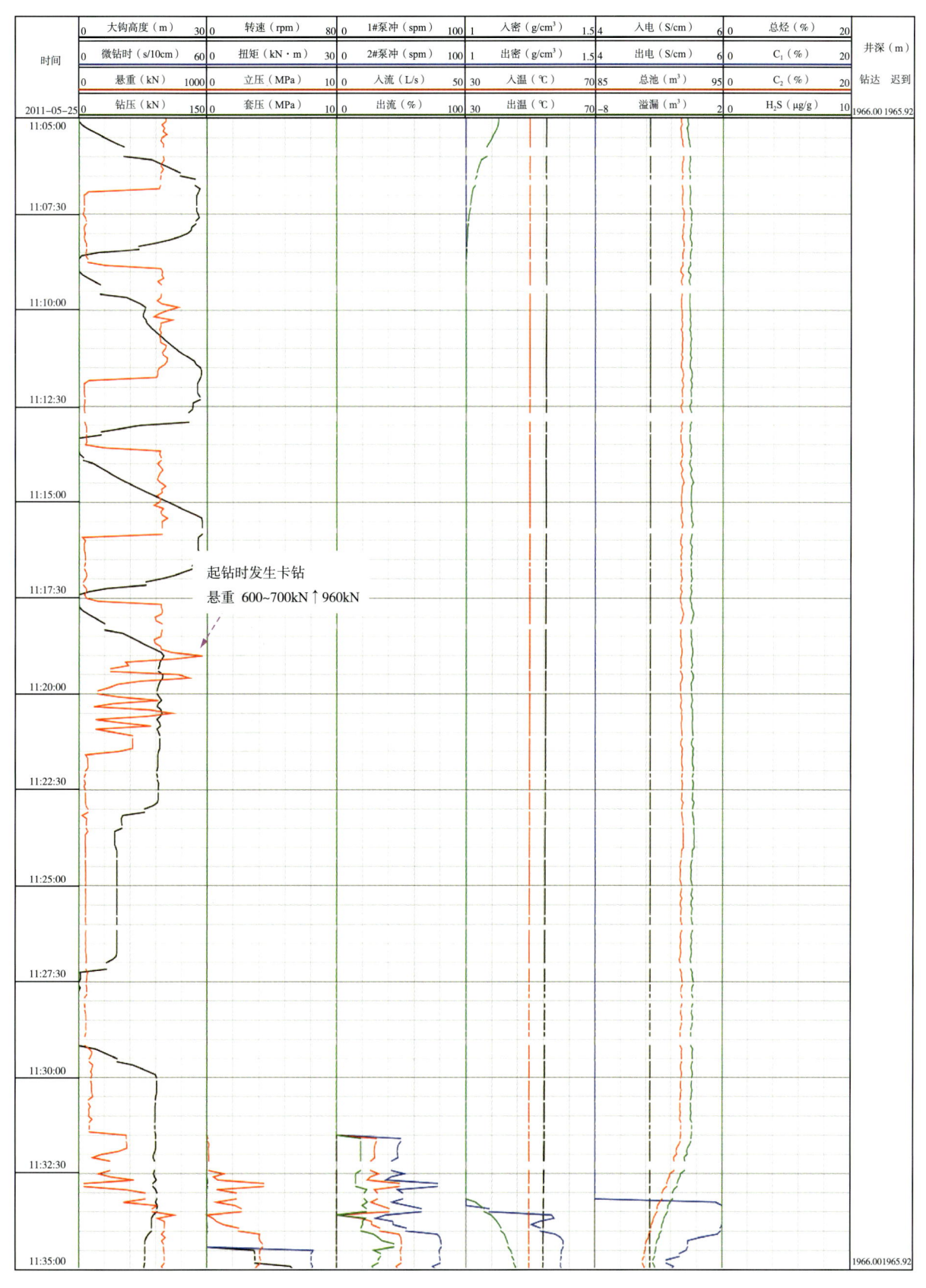

图7-9 起钻卡钻实例2综合录井实时数据曲线图

取心起钻卡钻实例3：× 井2012年3月25日22：40用密度2.15g/cm³、黏度68s、氯离子含量12390mg/L的有机盐聚磺钻井液取心钻进至筇竹寺组深灰色泥质粉砂岩，井深4969.00m，至3月26日01：44割心起钻至井深4807.45m（沧浪铺组黑灰色泥质粉砂岩、粉砂岩），悬重1760kN↑2127kN（图7-10），发生卡钻；后在悬重300～1760kN活动钻具，未解卡，至19：00正注柴油1.25m³、浓度25%盐酸8.00m³，在悬重300～1800kN大幅度提放活动钻具，解卡。

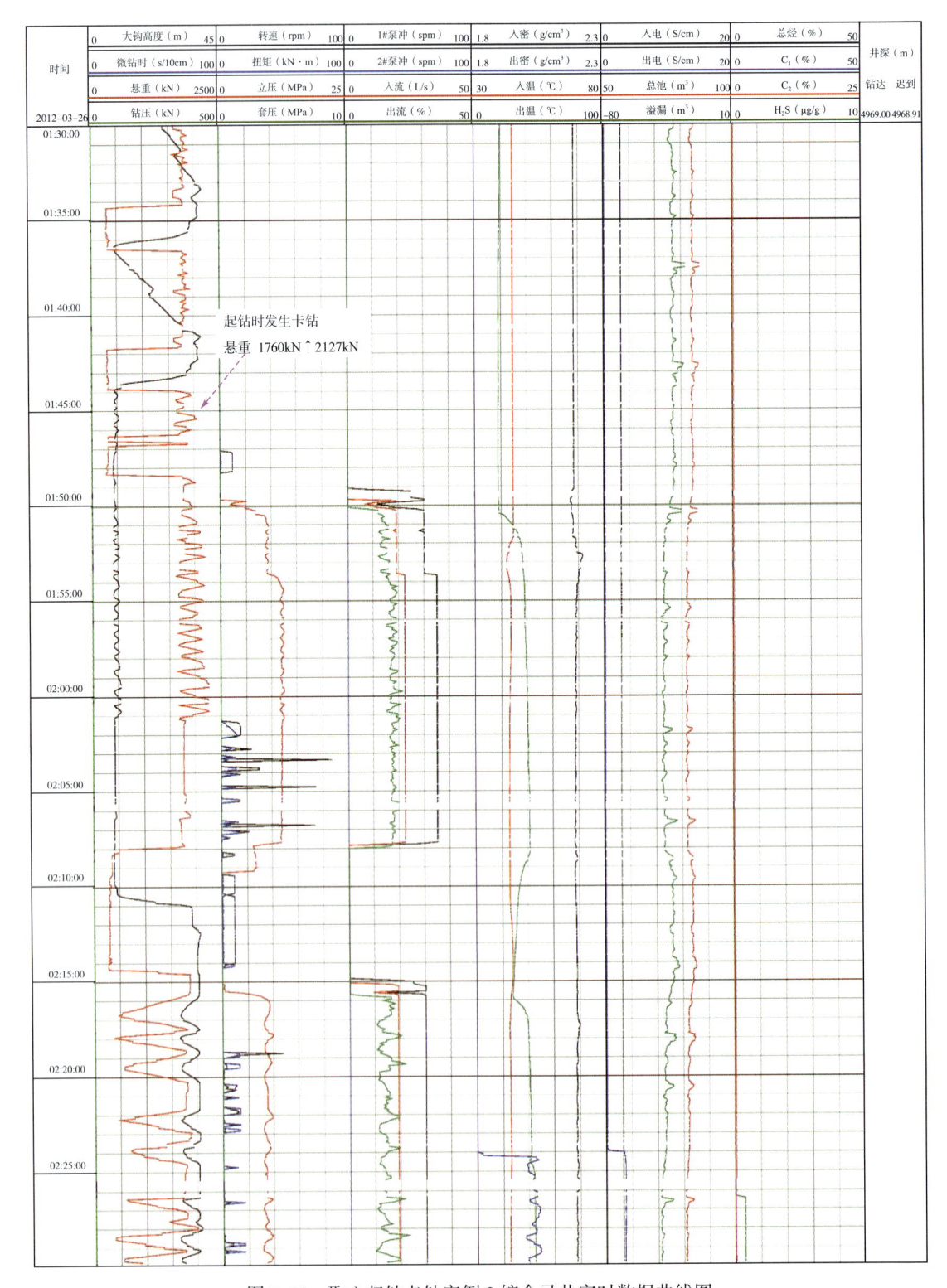

图7-10 取心起钻卡钻实例3综合录井实时数据曲线图

五、上提卡钻实例

倒划眼上提卡钻实例1：×井2011年11月19日21：00钻进至井深2688.19m雷一段灰白色石膏，上提钻具，倒划眼至井深2686.50m，遇卡，扭矩达30kN·m，悬重1580kN↑1610kN（图7-11），顶驱转速蹩停卡死；后悬重在500～2700kN间提放活动钻具，间断转动顶驱未解卡；至11月20日17：34车正注24%的盐酸12.0m³、柴油1.8m³，至21：58上提钻具解卡。

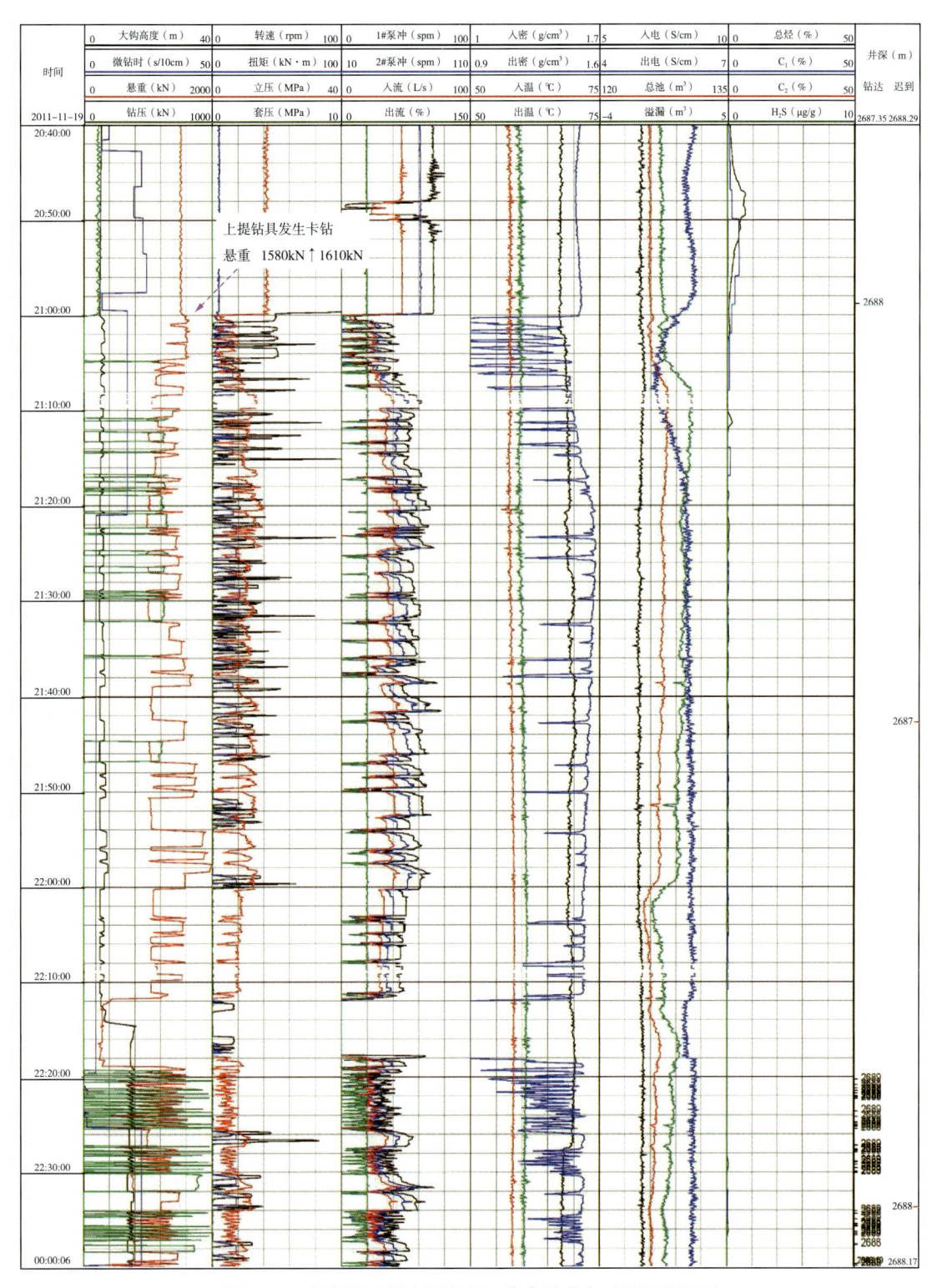

图7-11 倒划眼上提卡钻实例1综合录井实时数据曲线图

综合录井实用图册

上提卡钻实例2：× 井 2013 年 10 月 4 日 13：08 用密度 1.88g/cm³，黏度 47s，氯离子含量 8504mg/L 的聚磺钻井液钻进至黄龙组灰褐色白云岩，至井深 4214.29m 带泵上提钻具，悬重 1160kN ↑ 1850kN（图 7-12），发生卡钻；经大排量循环、反复上提下放钻具，震击器震击（500～1900kN），转动转盘无效；至 10 月 6 日 04：00 注入解卡液 24.00m³，间断活动钻具（700～1900kN），上提钻具悬重至 2200kN，震击器震击，解卡成功。

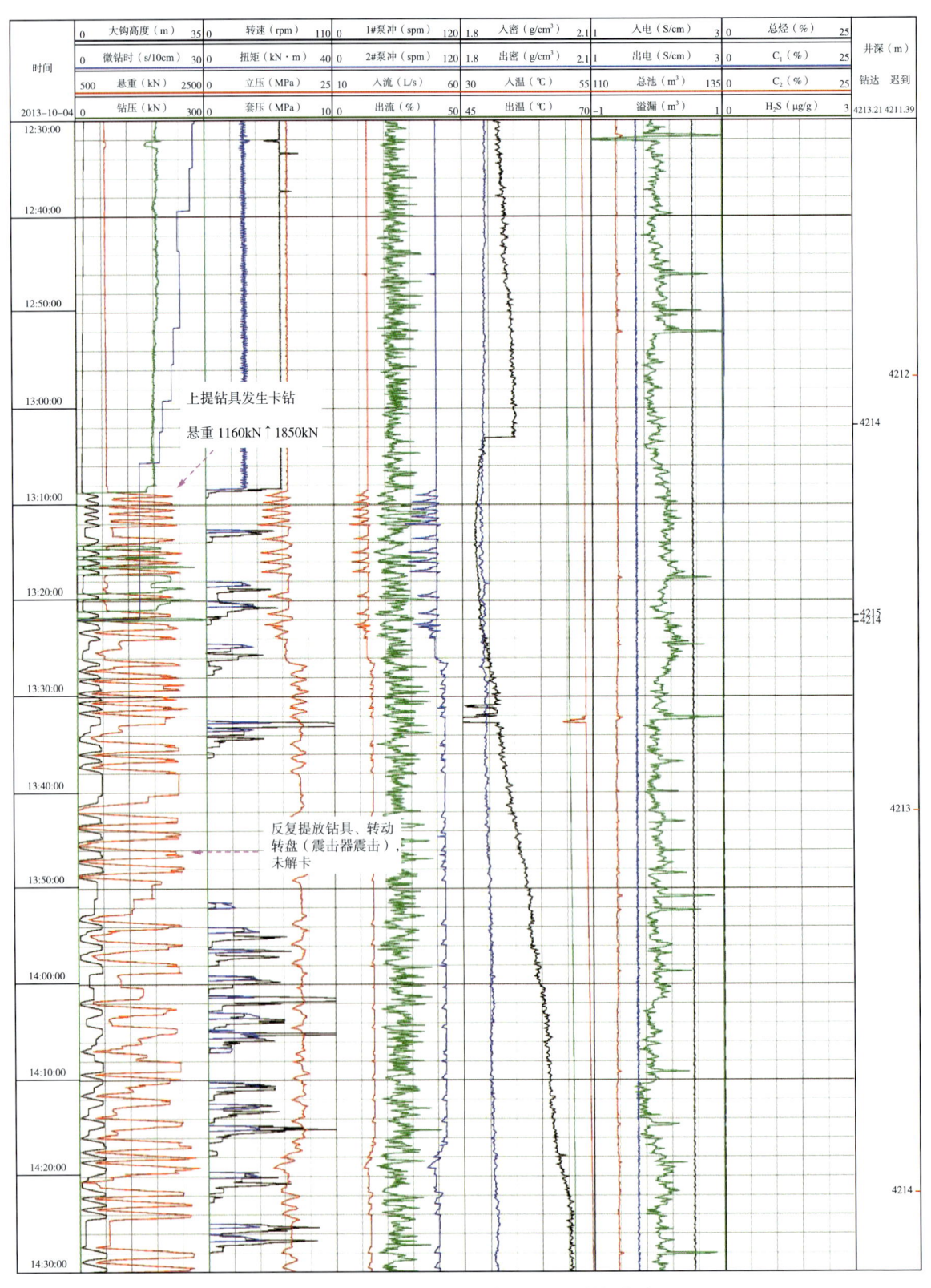

图 7-12　上提卡钻实例 2 综合录井实时数据曲线图

六、下钻遇阻、上提卡钻实例

下钻遇阻、上提卡钻实例 1：×井 2013 年 9 月 7 日井深 1720.00m，井底岩性为须六段灰白色细砂岩，至 08：56 组合钻具后下钻至井深 1703.77m 遇阻，悬重 695.90kN ↓ 621.80kN（图 7-13），随即上提钻具，悬重 621.80kN ↑ 1000kN，遇卡；其后悬重在 630~2330kN 之间多次活动钻具无效，接地面震击器震击无效，悬重最高 2900kN，同时间断开泵；至 9 月 8 日 14：30 爆炸松扣成功，悬重 765kN ↓ 710kN，井下落鱼 31.34m，鱼顶井深 1667.54m，至 9 月 12 日 12：50 恢复钻进。

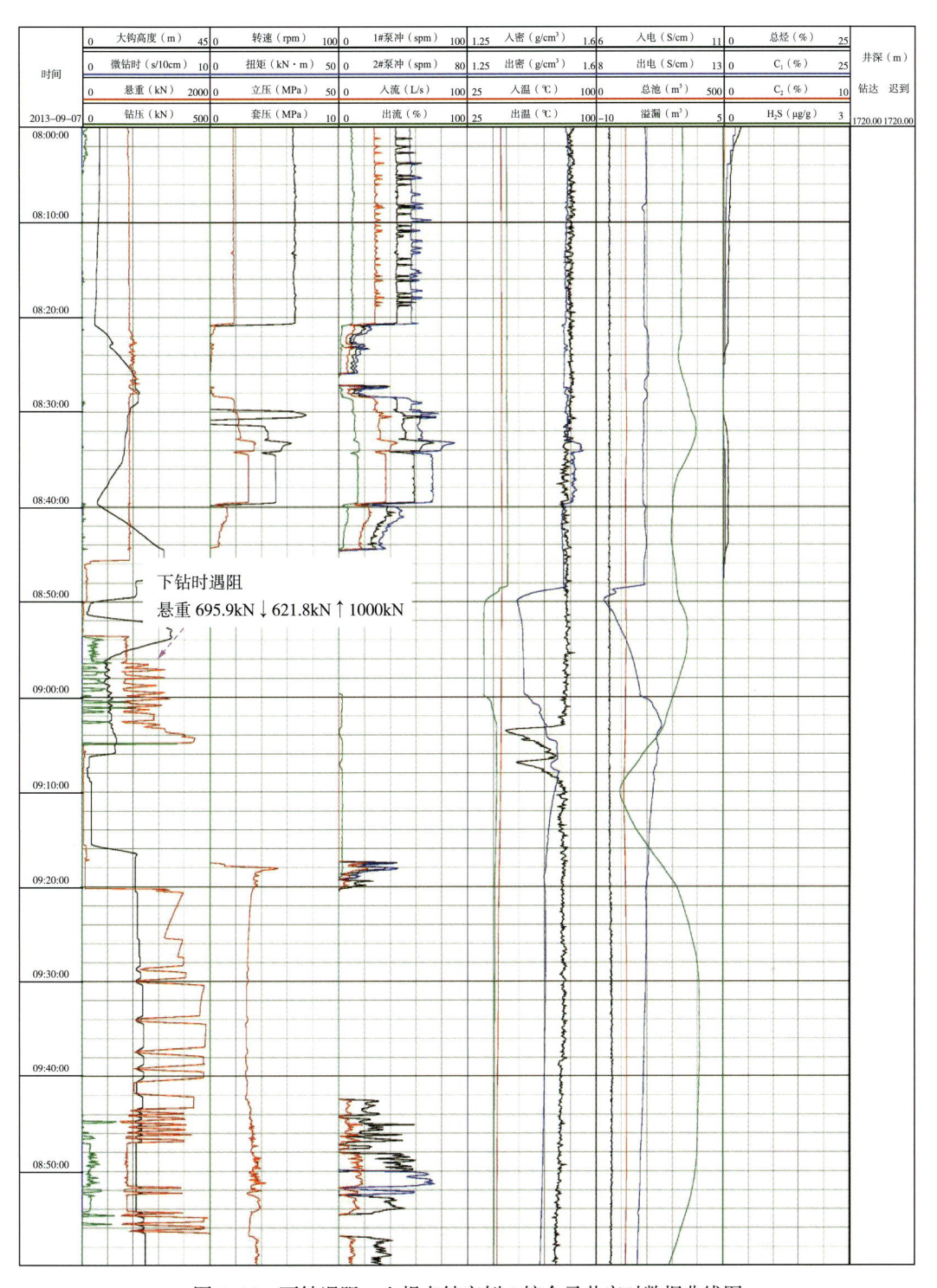

图 7-13　下钻遇阻、上提卡钻实例 1 综合录井实时数据曲线图

下钻遇阻、上提卡钻实例2：×井2014年9月27日09：00用密度2.32g/cm³、黏度55s、氯离子含量6381mg/L的聚磺钻井液钻进至高台组褐灰色云岩、粉砂质云岩，井深4691.54m，至16：20短起下钻至井深4652.23m遇阻，悬重1285kN↓1107kN（图7-14），至19：11接顶驱开泵循环，反复拉划井壁（井段4642.39～4661.80m），至19：18下放钻具至井深4648.13m遇阻，悬重1285kN↓1107kN，19：19上提钻具，悬重1285kN↑1800kN，发生卡钻；19：20—21：40开泵，间断加扭矩0～30kN·m转动钻具，悬重1285kN↑2866kN↓260kN反复提放钻具，未解卡；后泵注胶液、解卡剂、关上半封经液气分离器循环排气，于9月28日18：15在扭矩35kN·m情况下上提钻具，解卡，悬重250kN↑1750kN↓1285kN，扭矩35kN·m↓0。

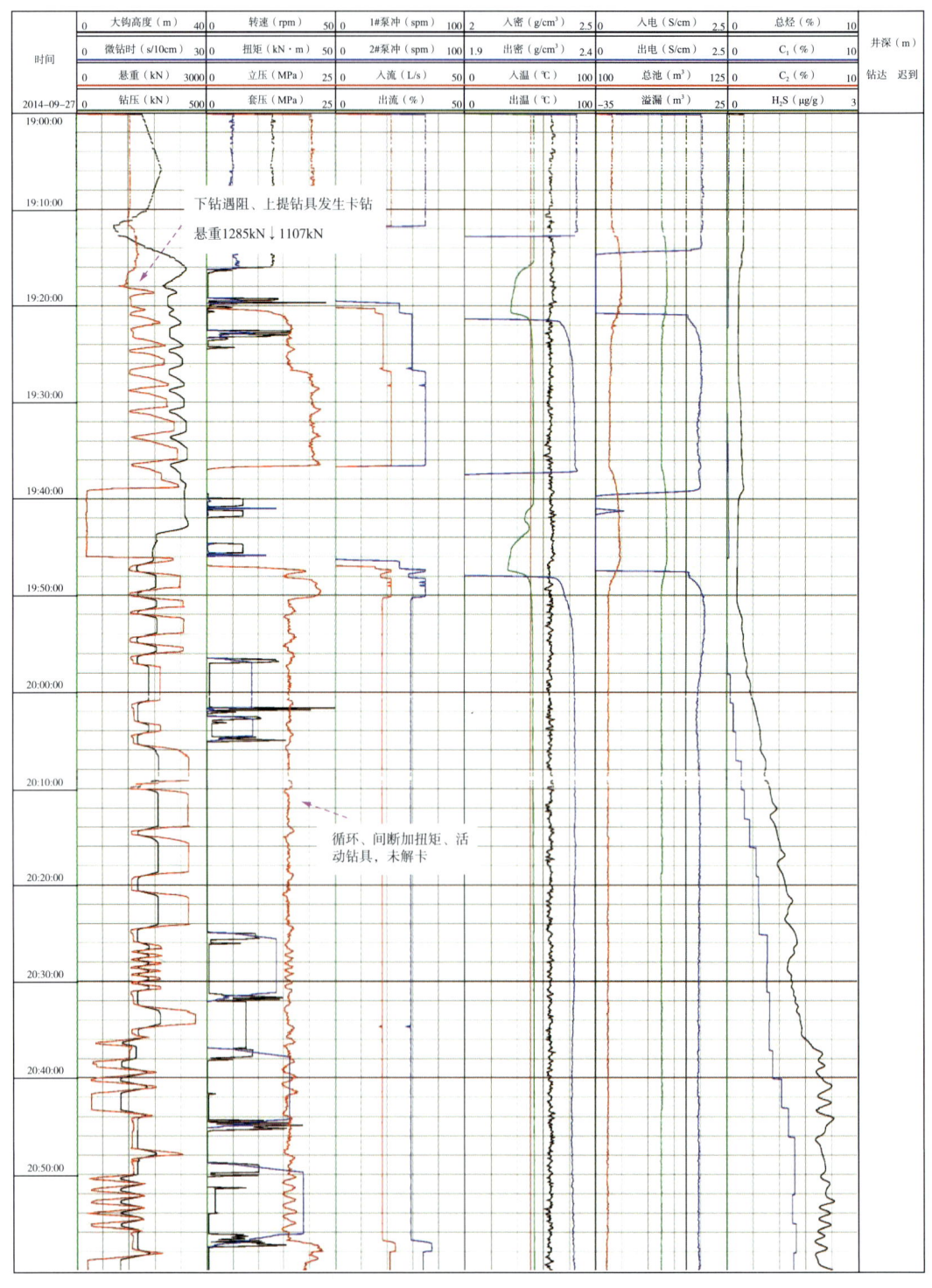

图7-14 下钻遇阻、上提卡钻实例2综合录井实时数据曲线图

七、井漏、上提卡钻实例

井漏、上提卡钻实例1：×井2011年10月29日09：59用密度1.15g/cm³、黏度45s、氯离子含量5140mg/L的钾聚磺钻井液钻进至沙溪庙组灰色细砂岩，在井深1337.98m发生井漏（图7-15），出口流量17.1%↓10.6%、总池体积149.2m³↓148.4m³，漏失钻井液0.8m³；至10：00钻进至井深1338.08m井口失返，漏失钻井液9.8m³，平均漏速90.6m³/h。10：07自井深1338.98m上提钻具至井深1337.20m，悬重490kN↑1080kN，遇卡，至11：50活动钻具至井深1337.60m，发生卡钻；至20：05堵漏并上提下放活动钻具，悬重557kN↑821kN↓611kN，解卡成功。

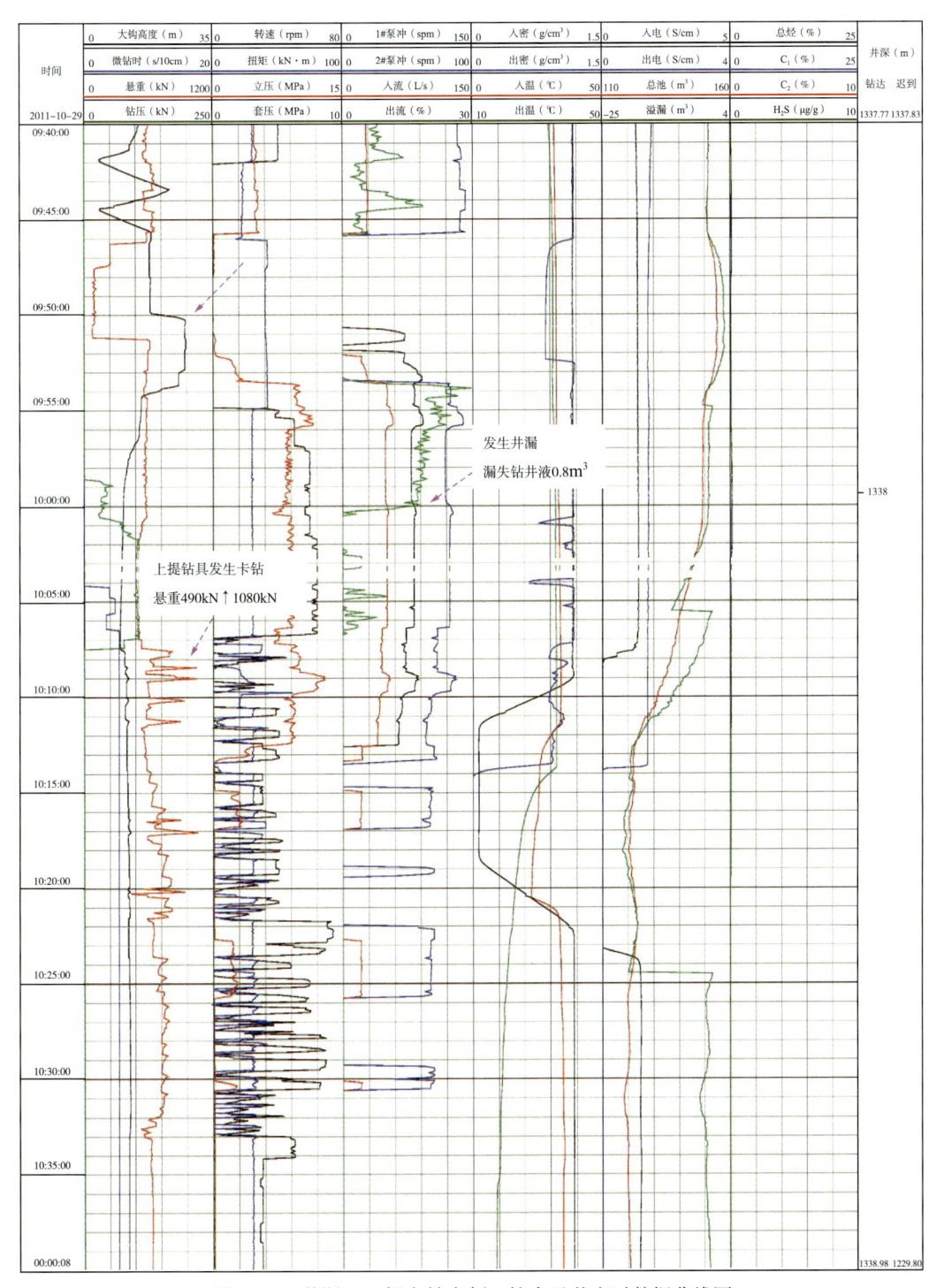

图7-15 井漏、上提卡钻实例1综合录井实时数据曲线图

综合录井实用图册

井漏、下放遇阻、上提卡钻实例2：× 井2014年9月25日02：17用密度1.71g/cm³、黏度49s、氯离子含量13294mg/L的聚磺钻井液定向复合钻进至龙潭组灰色硅质石灰岩、灰褐色石灰岩，在井深4643.76m发生井漏（图7-16），漏失钻井液0.5m³，至02：30观察钻进至井深4644.20m，漏失钻井液4.0m³，出口失返；至03：40起钻至井深4518.71m，吊灌钻井液4.0m³，出口未返；至06：10间断吊灌、注堵漏浆出口均未返，漏失钻井液32.00m³。至06：04接顶驱上提钻具至井深至4492.16m，下放至4496.28m遇阻50kN，上提钻具发生卡钻。至11月14日08：00经堵漏、爆炸松扣处理后自井深4180.00m开窗侧钻。

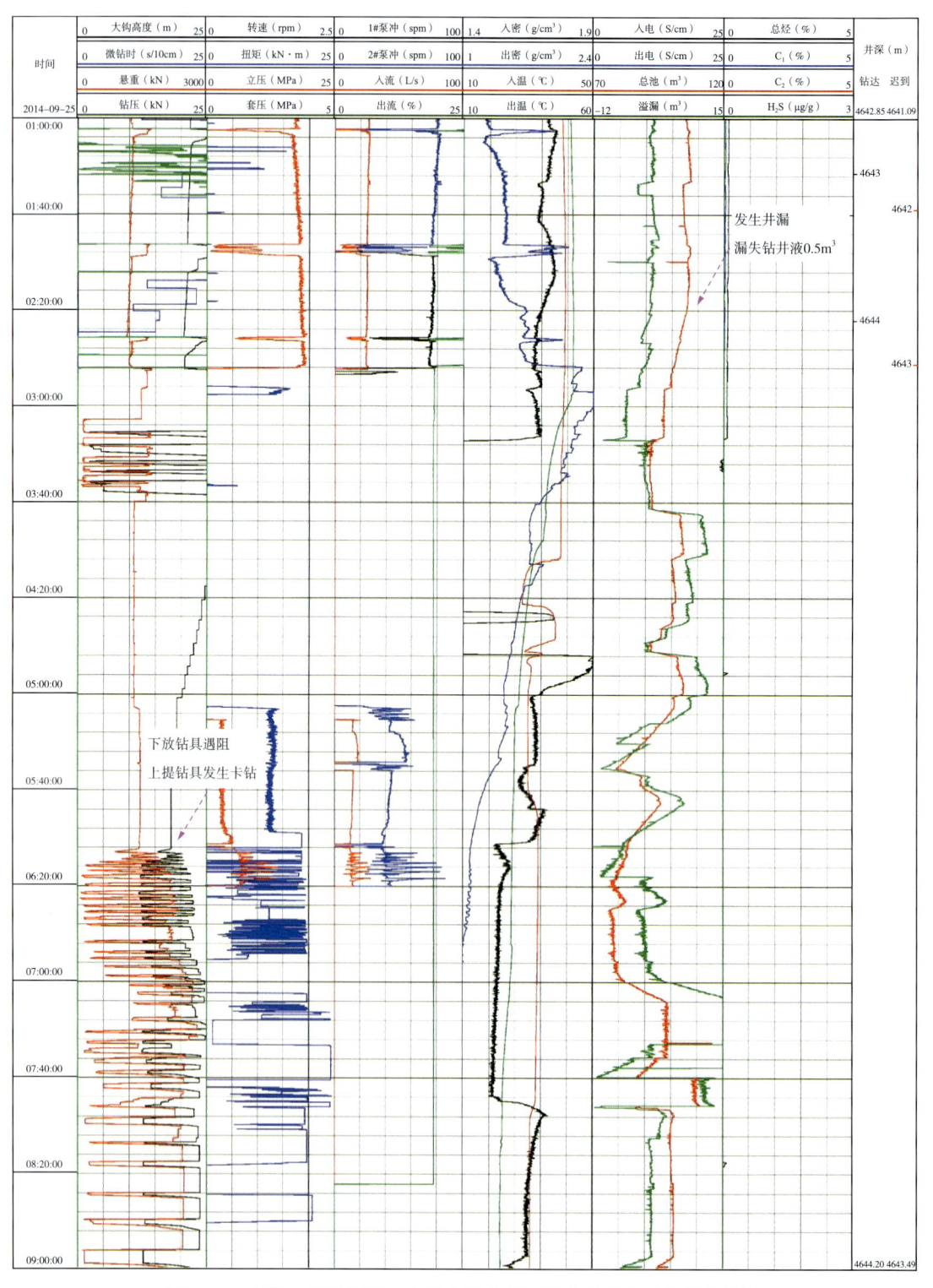

图7-16 井漏、下放遇阻、上提卡钻实例2综合录井实时数据曲线图

第八章　钻具刺穿、钻具断

钻具刺穿是钻井液在压力作用下，穿透钻柱本体或螺纹的现象。

钻进过程中，由于钻具陈旧、疲劳损伤等原因，可能出现钻具局部破损，发生钻具刺穿。出现钻具刺穿后，若不及时进行处理，可能进一步造成钻具断裂，使井下情况更加复杂，延长钻井周期。

一、钻具刺穿、钻具断的原因

（1）钻进所使用的钻具较陈旧、钻具有疲劳损伤，而入井钻具又未进行严格的超声波探伤检查；（2）钻井液对钻具的腐蚀；（3）钻进中没有及时发现钻具刺穿而继续钻进导致钻具断；（4）钻井中因溜钻、顿钻引起的钻压突然增大、转盘扭矩的急剧升高；（5）起钻过程中遇卡后野蛮性地强行提拉；（6）钻井参数的意外加强（如立压的突然升高等）；（7）水平井或大斜度井的高狗腿度引起侧向力超过允许的极限值，造成摩阻和扭矩加大，加速钻具疲劳损伤。

二、钻具刺穿、钻具断录井参数特征

在录井参数上，钻具刺穿的明显特征是泵冲不变或略有升高时，立压降低。钻具断表现为悬重突然下降，低于钻具正常悬重。如在钻进中钻具断还伴有立压下降、扭矩波动、转盘转速上升、泵冲略有升高、出口流量增加的现象。

典型图示例1：由于钻具陈旧、钻井液的腐蚀，或者钻柱扭矩变化幅度大，导致钻具受损，加之钻进中立压较高等因素的作用，可能引起钻具刺穿。钻具刺穿的明显特征是泵冲速度不变，立压缓降。如图8-1所示，a段为正常钻进；b段其他参数保持不变的情况下，立压缓慢降低，为钻具刺穿的典型特征；在b段下半段，泵冲有略微上升的趋势。

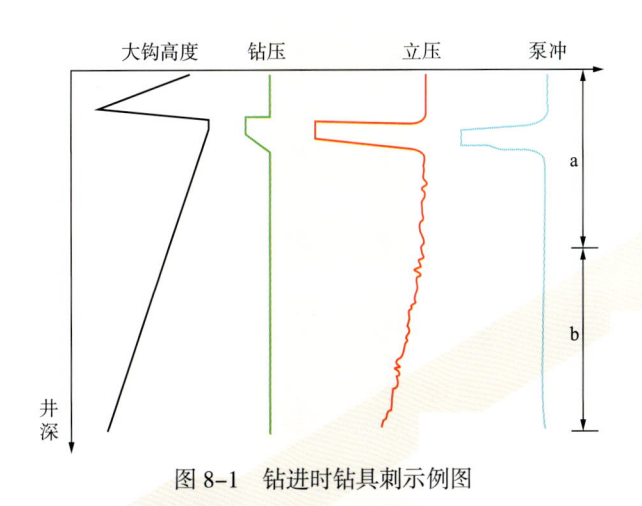

图8-1　钻进时钻具刺示例图

典型图示例 2：钻井中没有及时发现钻具刺穿，或钻进时因遛钻、顿钻引起的扭矩急剧升高，以及起钻过程中遇卡后野蛮地强提拉，可能导致断钻具的事故。如图 8-2 所示，在起钻过程中，在 a 段，随着钻具的起出，悬重正常降低，曲线形态平稳下降；至 b 段顶部，悬重突然下降，发生断钻具事故，之后悬重重新趋于平稳。

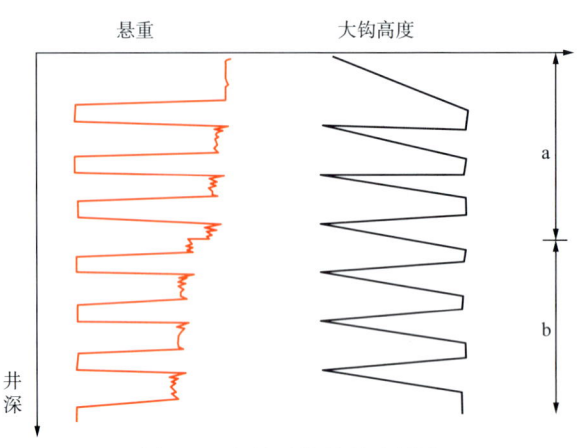

图 8-2　起钻时钻具断示例图

典型图示例 3：正常钻进时，出现悬重突然降低，低于钻具正常悬重，同时伴有立压下降、扭矩波动、转盘转速上升及出口流量增加的现象，则预示着可能发生钻具断的事故。如图 8-3 所示，a 段为正常钻进；b 段刚开始，悬重突然下降，同时扭矩降低、立压下降、泵冲上升，发生断钻具事故。

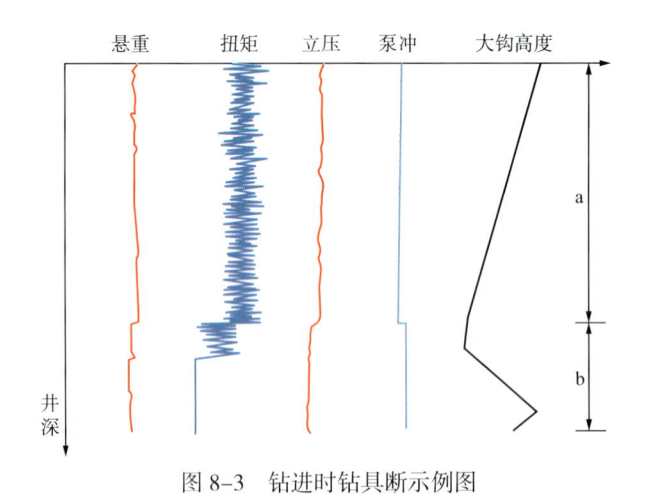

图 8-3　钻进时钻具断示例图

三、钻具刺穿实例

钻具刺穿实例 1：×井 2011 年 6 月 7 日 01：57 用密度 1.31g/cm^3、黏度 45s、氯离子含量 11521mg/L 的钾聚磺钻井液钻进至沙溪庙组，井深 2786.01m，发现立压值异常，立压 8.00MPa ↓ 7.00MPa（图 8-4），泵冲 95spm ↑ 97spm，初步判断为钻具刺穿。至 08：00 经检查地面管线后起钻，检查钻具，至井深 605.6m，发现加重钻杆第 14 柱上单根与中单根连接处被刺穿。

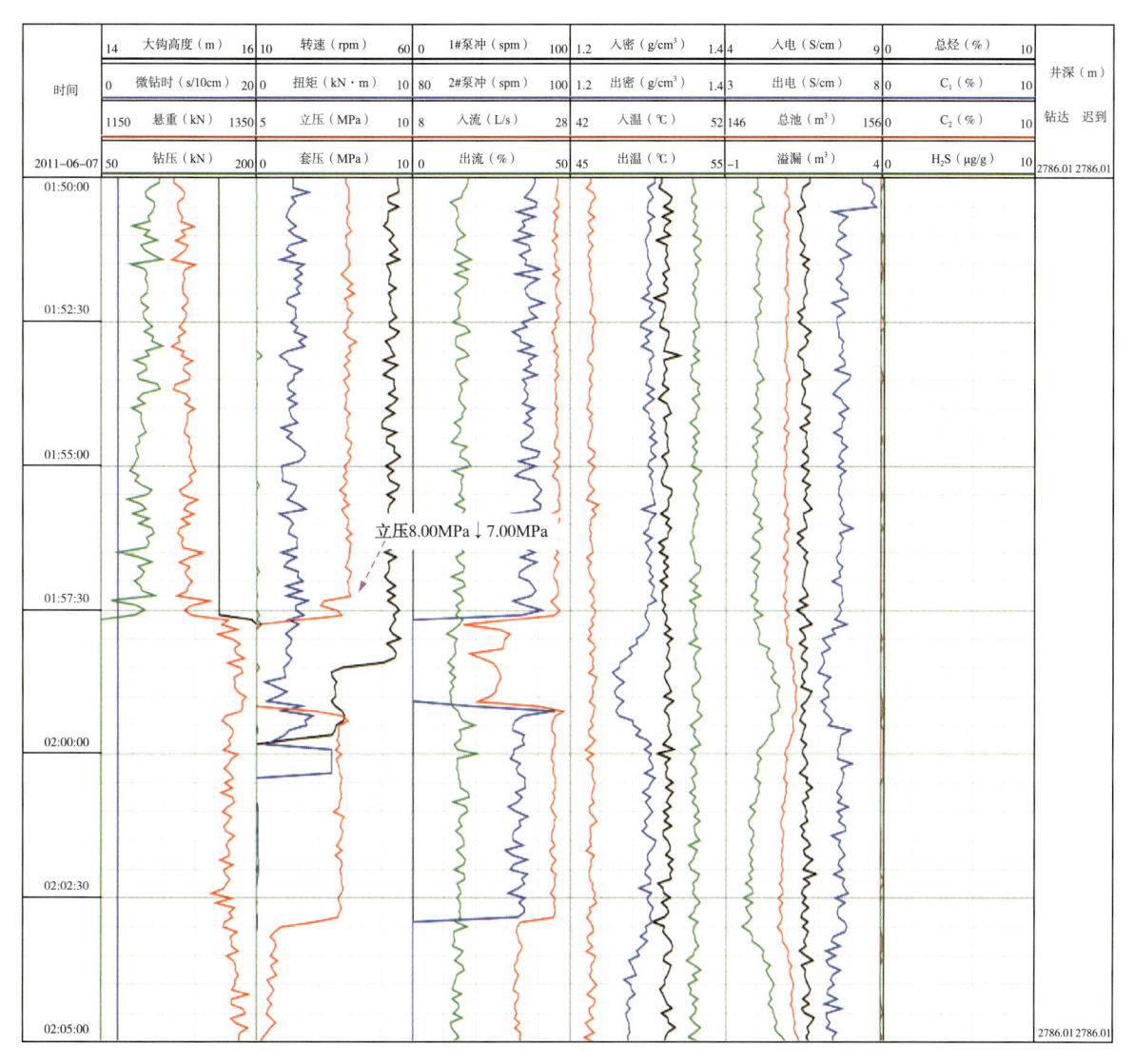

图 8-4 钻具刺穿实例 1 综合录井实时数据曲线及实物图

钻具刺穿实例2：×井2011年9月11日16：25用密度1.08g/cm³、黏度47s的聚磺物钻井液钻进至须六段，井深1910.42m，发现立压5.10MPa↑5.20MPa↓4.60MPa（图8-5），其他参数无明显异常，录井做出钻具刺穿预报。22：30起钻至井深1309.07m，发现D127.00mm加重钻杆本体耐磨带附近刺开1条15.0cm×0.2cm的缝。

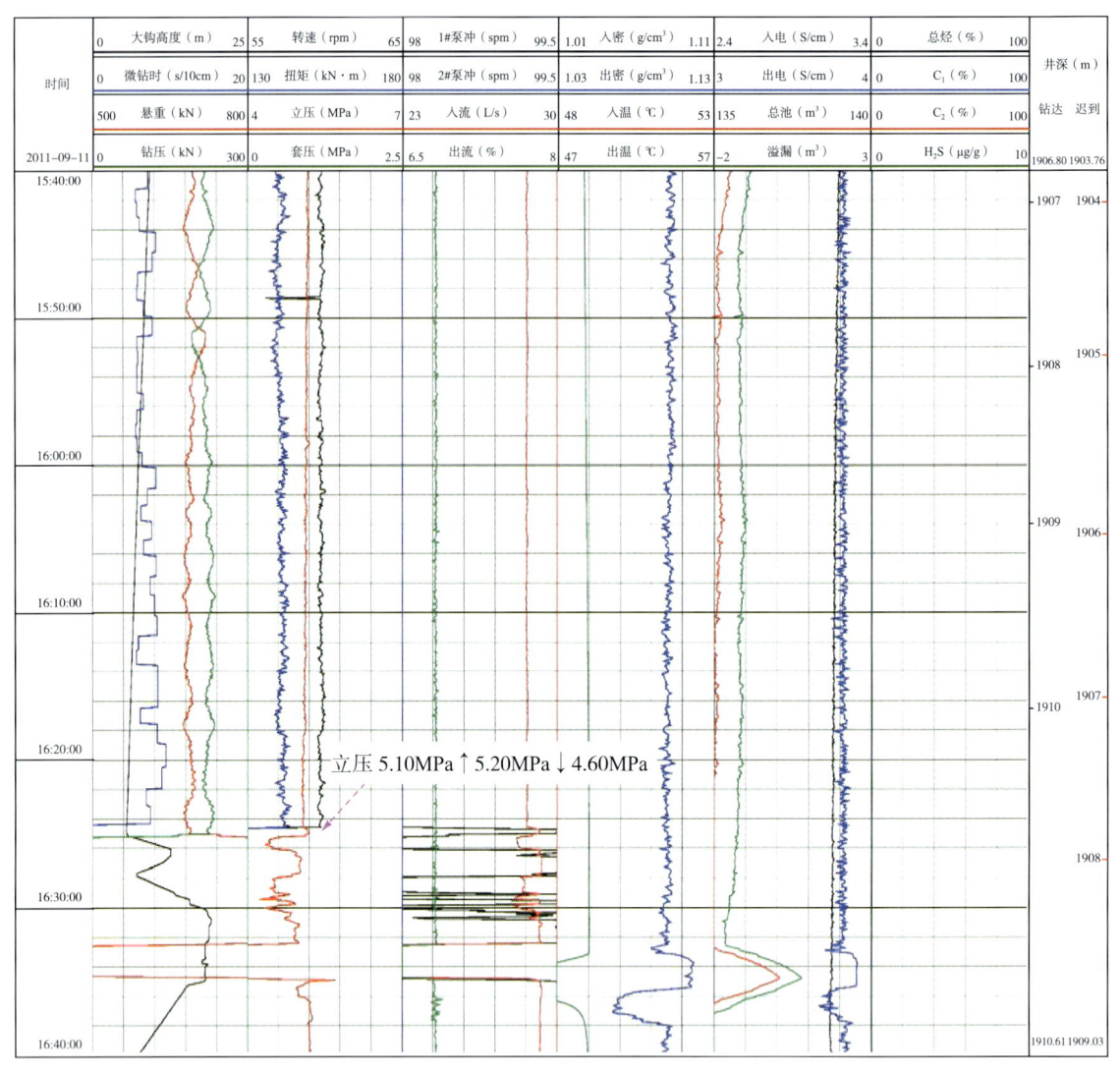

图8-5 钻具刺穿实例2综合录井实时数据曲线及实物图

钻具刺穿实例3：×井2011年8月9日06：22用密度1.09g/cm³、黏度37s聚磺钻井液欠平衡钻进至须三段，井深2116.86m，发现立压缓慢下降（图8-6），至06：30立压12.00MPa↓11.25MPa，至07：10钻进至井深2117.93m，立压降至10.50MPa，泵冲未变，录井预报为钻具刺。起钻检查钻具，发现钻具内螺纹端刺坏（刺洞9.00cm×0.30cm）、加重钻杆内螺纹端刺坏（刺洞1.00cm×2.50cm）。

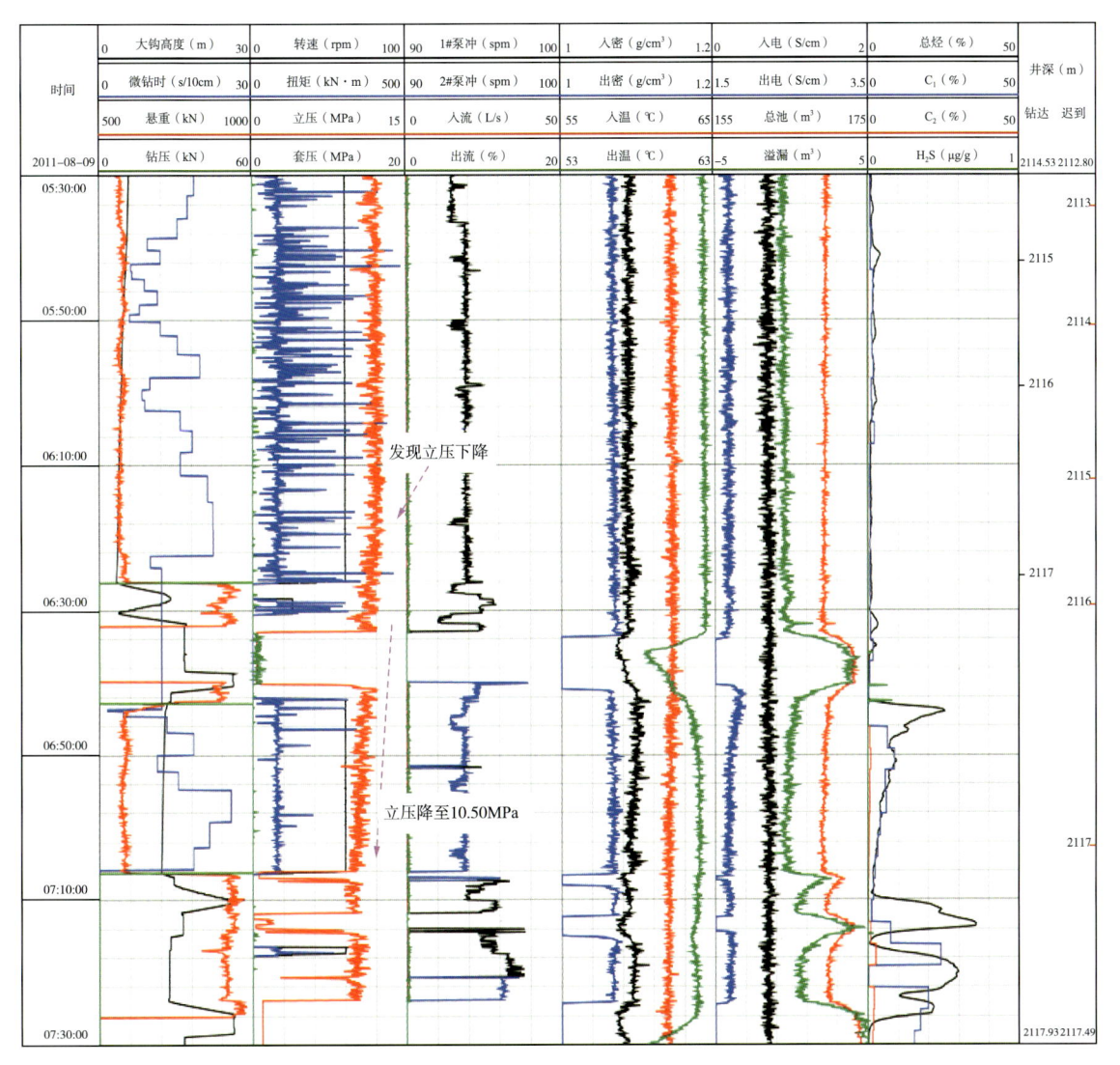

图8-6　钻具刺穿实例3综合录井实时数据曲线及实物图

综合录井实用图册

钻具刺穿实例4：×井2013年3月2日18：14用密度1.28g/cm³、黏度38s、氯离子含量9204mg/L的有机盐聚磺钻井液钻进至灯三段，井深5418.85m，泵冲47spm未变，发现立压17.80MPa↓17.50MPa（图8-7），继续钻进至18：26，井深5419.30m，立压持续下降至15.10MPa，录井做出钻具刺穿预报；经循环后继续钻进至19：07，井深5420.00m，立压下降至14.00MPa。3月3日03：30起钻至井深2794.08m，发现D127.00mm钻杆内外螺纹部位刺穿。

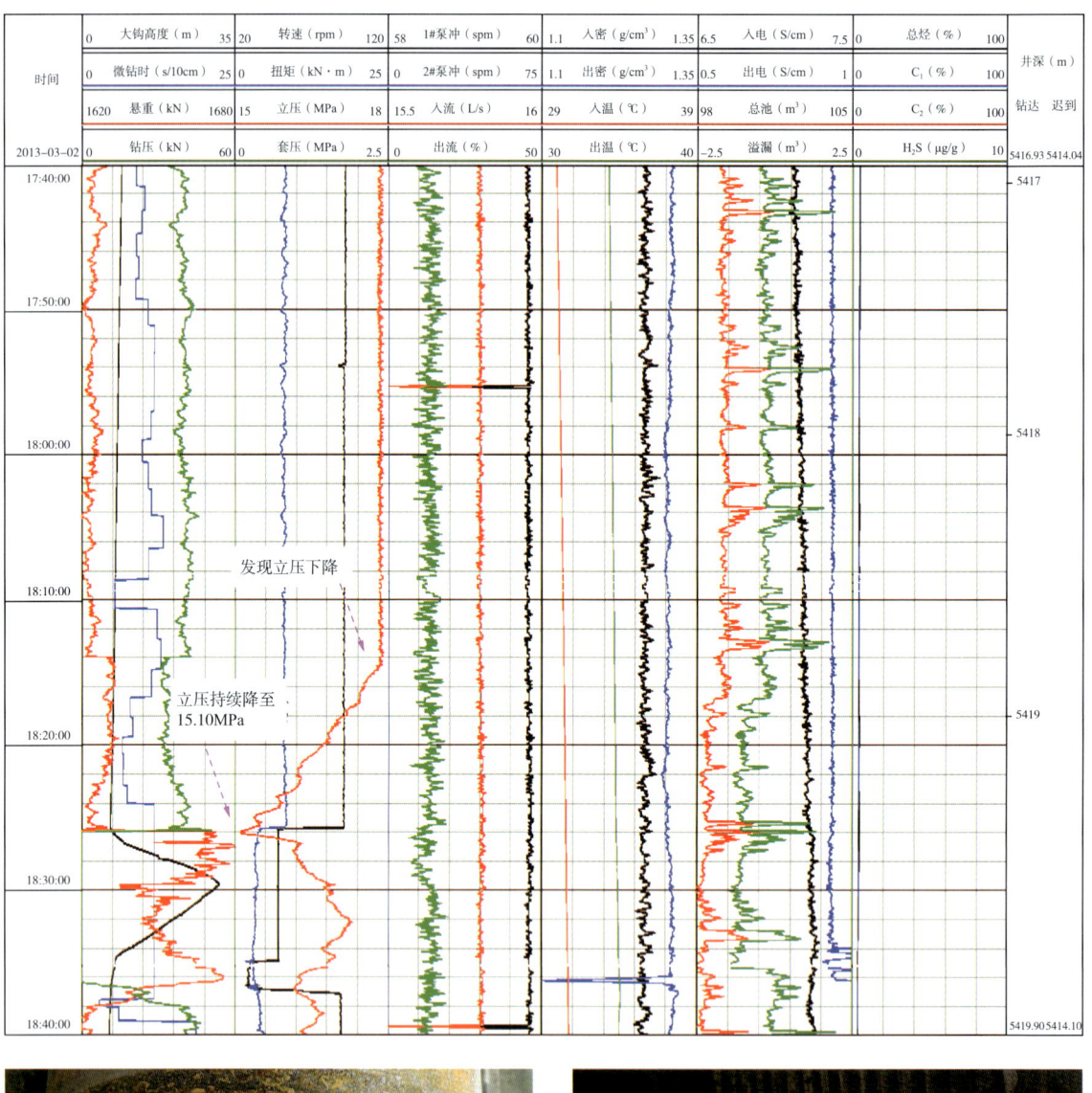

图8-7　钻具刺穿实例4综合录井实时数据曲线及实物图

钻杆本体刺穿实例 5：×井 2012 年 5 月 14 日 01：05 用密度 1.81g/cm³、黏度 57s、氯离子含量 16484mg/L 的聚磺钻井液钻进至须三段，井深 3908.60m，发现立压 14.500MPa↓14.30MPa（图 8-8），继续钻至 01：43，井深 3908.81m，泵冲 85spm↑87spm，立压 14.30MPa↓12.20MPa。起钻至井深 2387.91m，发现 D127.00mm 钻杆 75 柱下单根本体刺了一个直径 6mm 的洞。

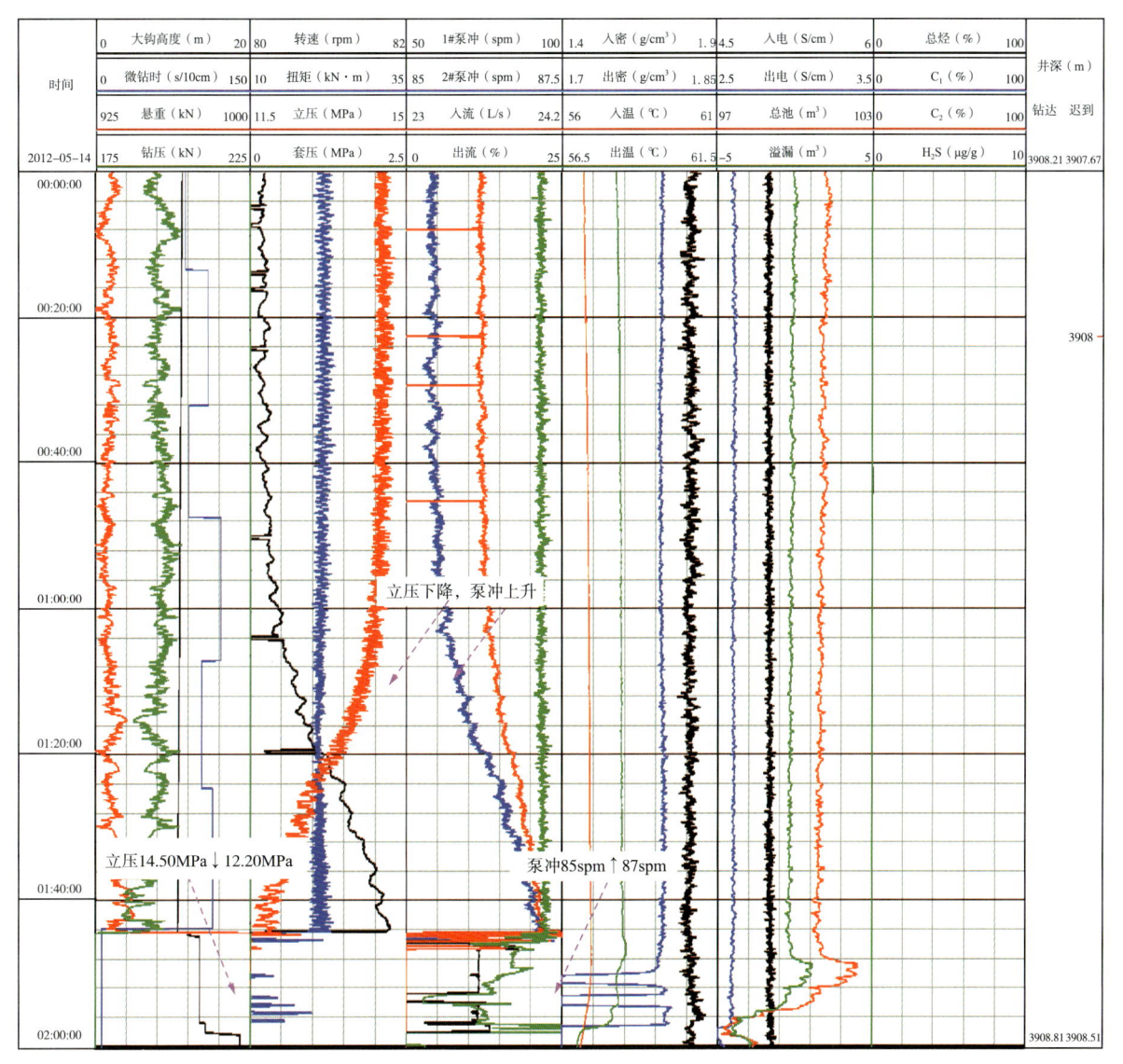

图 8-8　钻杆本体刺穿实例 5 综合录井实时数据曲线及实物图

综合录井实用图册

钻杆本体刺穿实例6：×井2011年7月9日13：12复合定向钻进至须二段，在井深3818.42m立压21.40MPa↓20.60MPa、泵冲72spm↑75spm（图8-9），至13：36复合定向钻进至井深3818.92m，立压20.60MPa↓18.60MPa，泵冲75spm↑81spm，判断循环系统或钻具刺。起钻发现D127.00mm钻杆×钢号2038×9.53m钻具刺穿，距内螺纹下方0.30m有3.00cm×1.50cm洞。

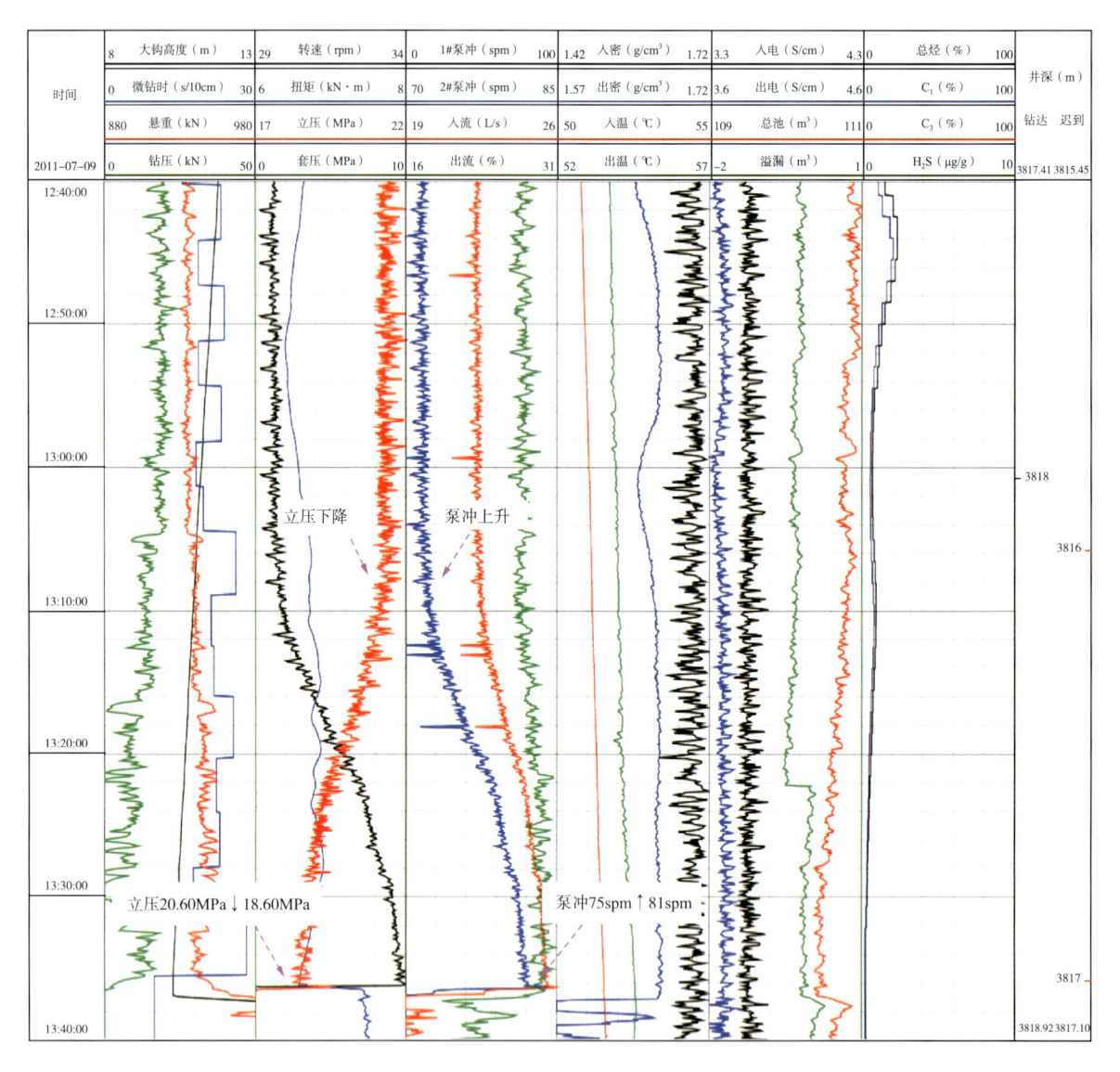

图8-9 钻杆本体刺穿实例6综合录井实时数据曲线及实物图

四、取心内筒刺穿

取心内筒刺穿实例：×井2014年7月20日17：25用密度1.21g/cm³、黏度46s、氯离子含量7979mg/L的聚璜钻井液在灯四段褐灰色白云岩取心钻进至5307.78m，立压上升、泵冲降低（图8-10），至18：07取心钻进至5307.88m，立压异常波动，由13.00MPa↑13.10~18.10MPa，泵冲异常跳动49spm↓32~28spm。循环（立压12.8MPa、排量12.2L/s）、起钻发现取心内筒两处变形，并破裂出60mm×5mm缝洞。

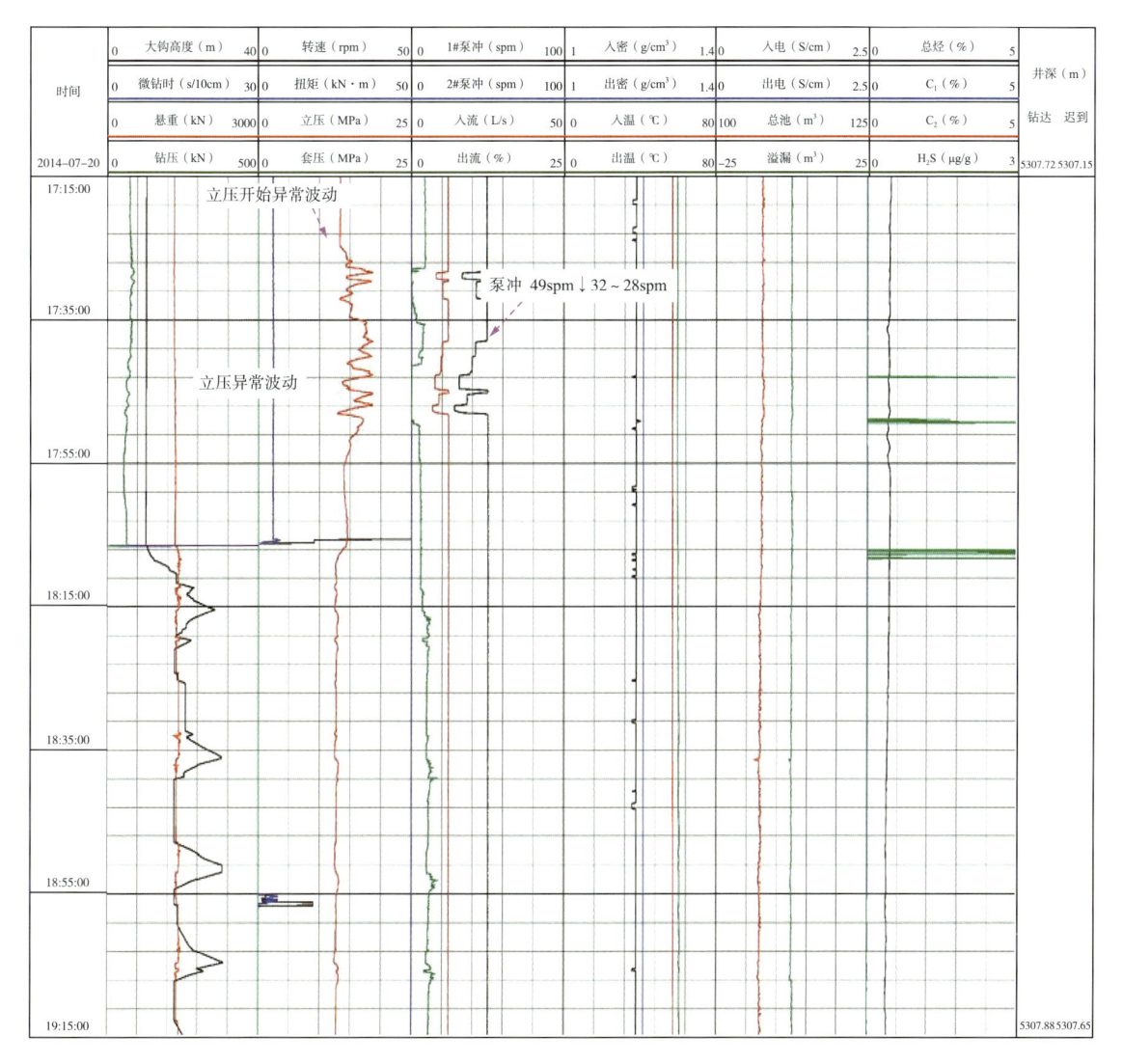

图8-10 取心内筒刺穿实例综合录井实时数据曲线及实物图

五、钻井泵阀刺穿实例

钻井泵阀刺穿实例：×井2011年7月27日08：37钻进至井深3978.88m时发现立压22.20MPa↓20.60MPa、泵冲70spm↑74spm（图8-11），录井做出立压异常预报；至09：54钻至井深3980.16m，泵冲上升至93spm，立压持续下降至15.60MPa。倒换2号钻井泵后立压、泵冲恢复正常，经检查发现1号钻井泵阀刺穿。

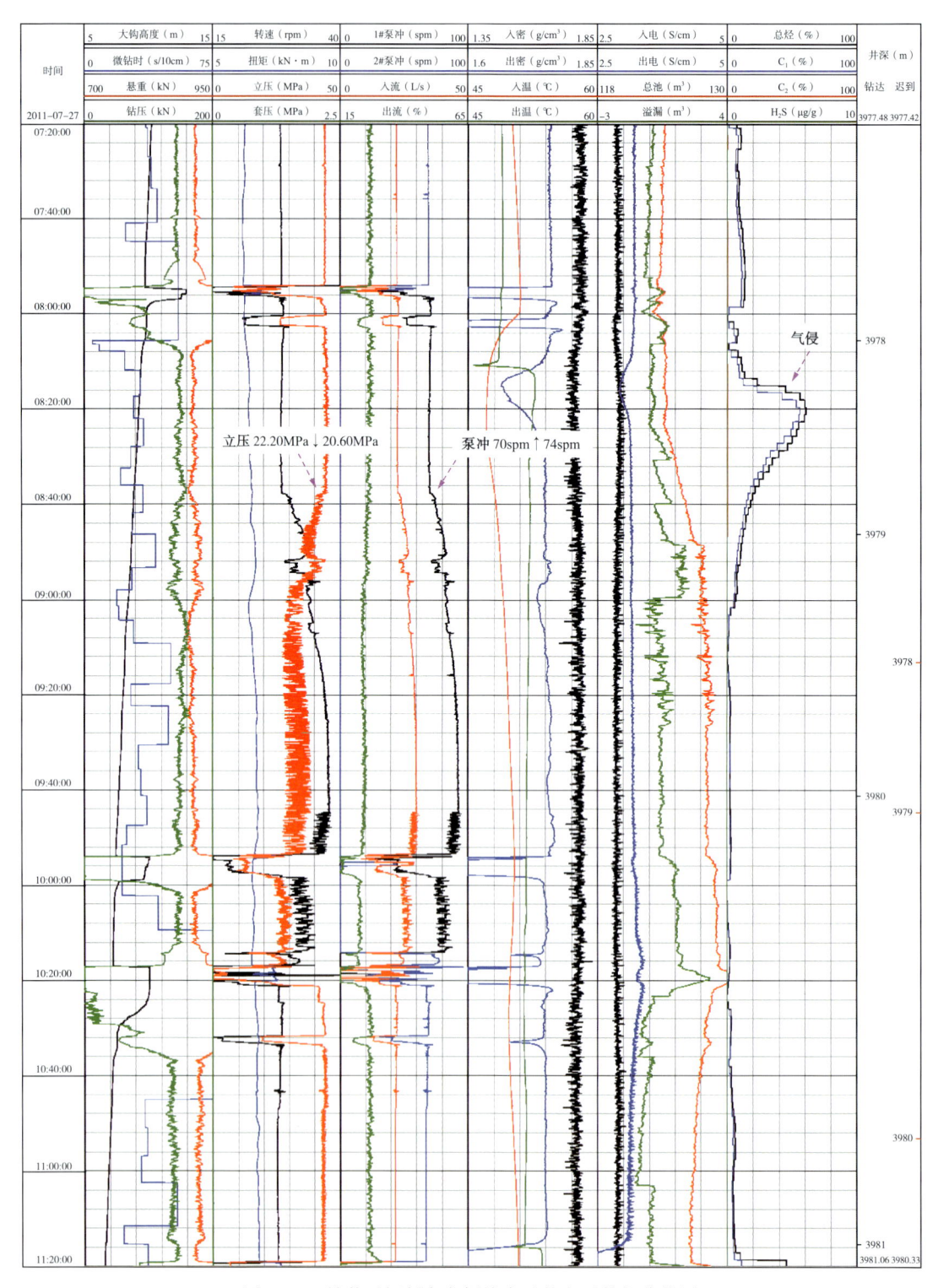

图8-11 钻井泵阀刺穿实例综合录井实时数据曲线图

六、钻具断实例

钻杆本体断实例1：×井2011年7月17日03：50用氮气钻进至须四段，在井深4812.22m时发现立压3.40MPa↓3.10MPa（图8-12）；至04：14继续钻进至井深4814.41m，接单根后开转盘划眼下放至井深4811.68m，悬重瞬间由1989kN↓494kN。起出钻杆第120柱中单根，发现D127mm钻杆距外螺纹0.91m处本体断裂，落鱼长3810.70m。

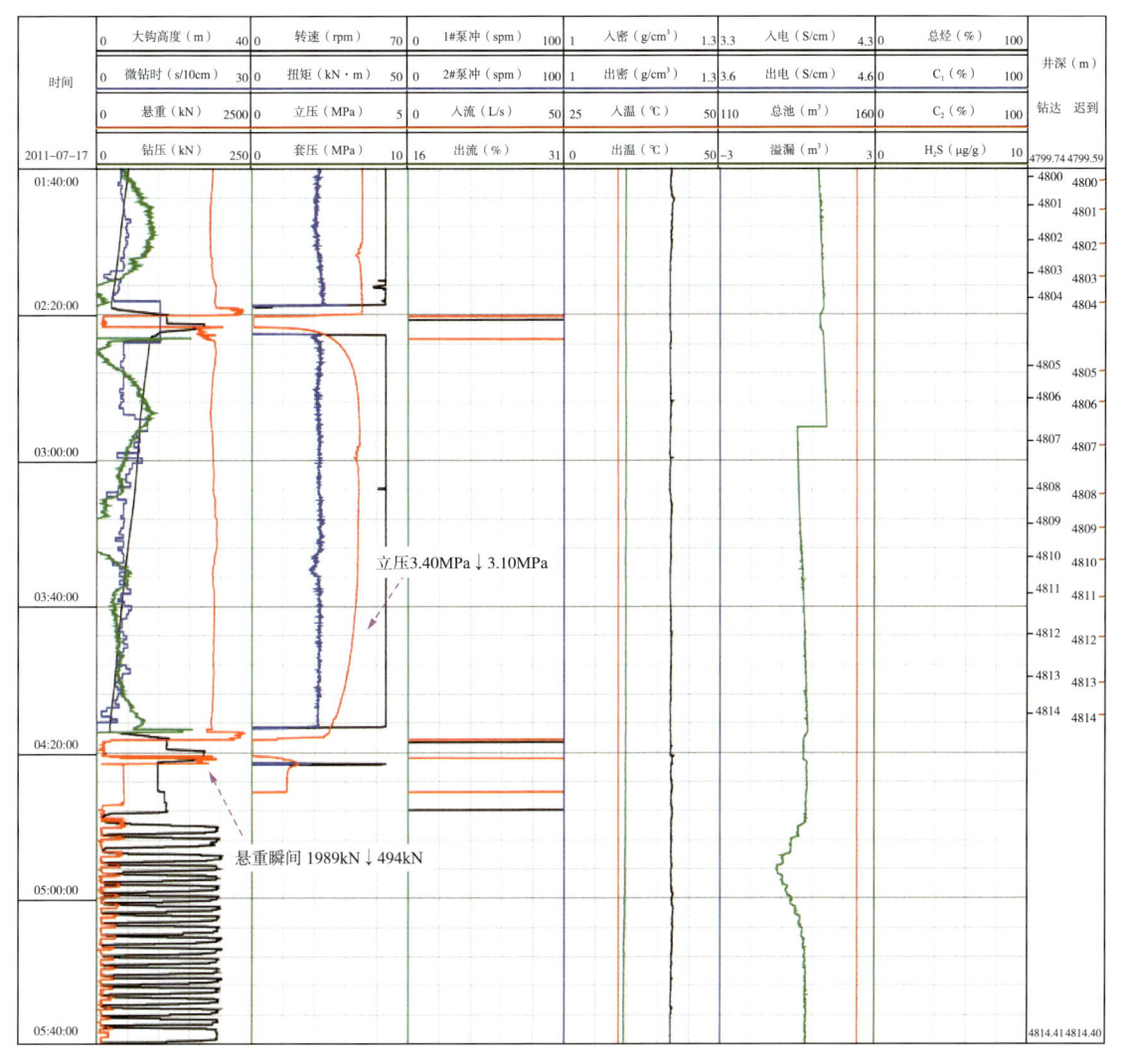

图8-12 钻具断实例1综合录井实时数据曲线及实物图

钻具接头外螺纹断实例2：×井2013年5月3日01：48用密度2.23g/cm³、黏度55s、氯离子含量24597mg/L的聚璜钻井液起钻至井深870.30m，发现悬重由508.50kN↓382.50kN（图8-13）；至04：10继续起钻至井深345.22m，发现震击器与加重钻杆之间421A×410A转换接头外螺纹断裂，转换接头以下钻具落入井中，落鱼长345.22m，鱼顶井深6556.67m。于5月6日03：30下D180mm×410母锥打捞获成功。

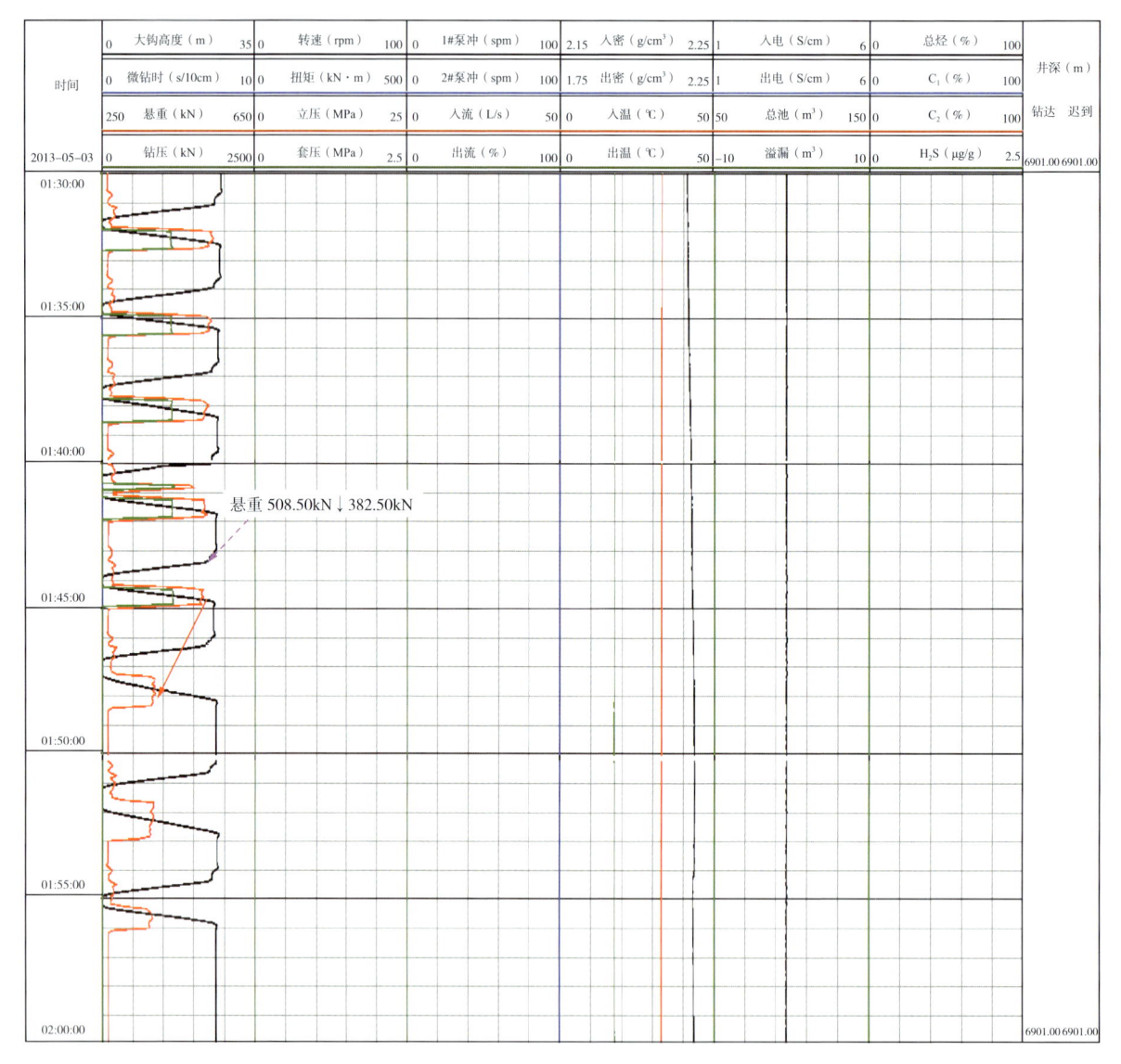

图8-13　钻具断实例2综合录井实时数据曲线及实物图

钻杆本体断实例3：×井2013年4月7日12：48用密度1.56g/cm³、黏度52s、氯离子含量7267mg/L的有机盐聚璜钻井液下钻至井深5241.69m（井底深度5271.41m），遇阻5.0t（遇阻层位灯影组四段灰褐色白云岩），至15：42上提钻具至井深5239.90m，划眼至井深5252.90m，发现泵压17.7MPa↑23.4MPa、扭矩5.46kN·m↑12.64kN·m、悬重1370kN↓1300kN，至15：56憋压14.7~23.1MPa，上提钻具至井深5237.52m遇卡，悬重1420kN↑1520kN，下放钻具至井深5241.42m遇阻，悬重1420kN↓1350kN；其后悬重250~2200kN、扭矩0.00kN·m↑2.58~21.64kN·m、转速0~30r/min，间断憋立压0~24.50MPa提放、转动钻具，至4月9日08：10上提至井深5225.95m时，发现悬重1379kN↑1575kN↓1299kN（图8-14），立压3.60MPa↓0.00MPa。至21：10起钻完，发现钻铤以上第3柱钻杆中单根距外螺纹0.62m处断裂，落鱼长233.46m。

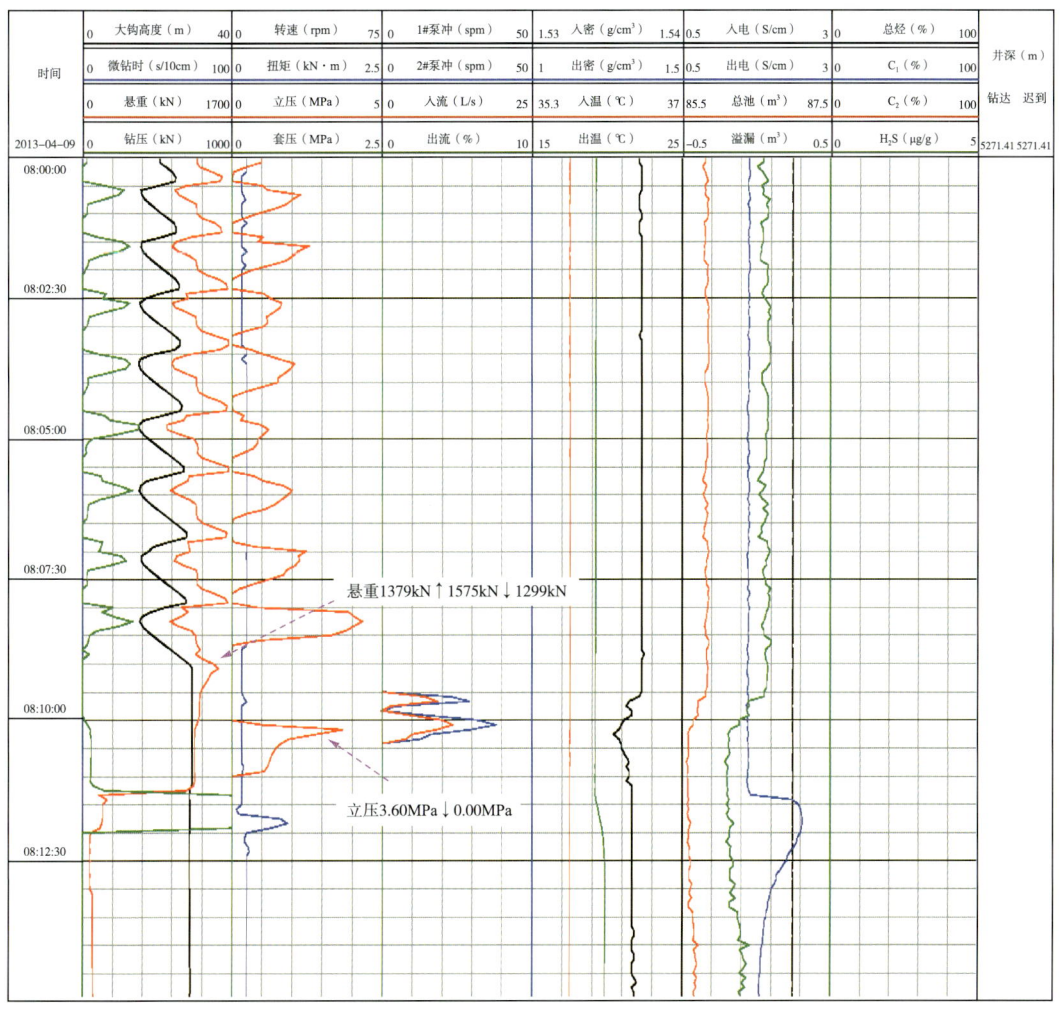

图8-14 钻具断实例3综合录井实时数据曲线及实物图

钻铤本体断实例4：× 井2011年11月12日07：14用密度1.12g/cm³、黏度40s、氯离子含量737mg/L的聚磺钻井液钻进（钻压120kN、转速90r/min、泵压6.50MPa、排量3240L/min）至沙溪庙组棕红色泥岩，井深740.46m，发现悬重605.40kN↓340.90kN、立压7.20MPa↓2.70MPa、泵冲134spm↑181spm、扭矩7.00kN·m↑11.00kN·m（图8-15）；起钻发现D165.1mm钻铤第2柱下单杆距内螺纹端面0.10m处断裂（断口平整，无刺痕），落鱼长149.96m。

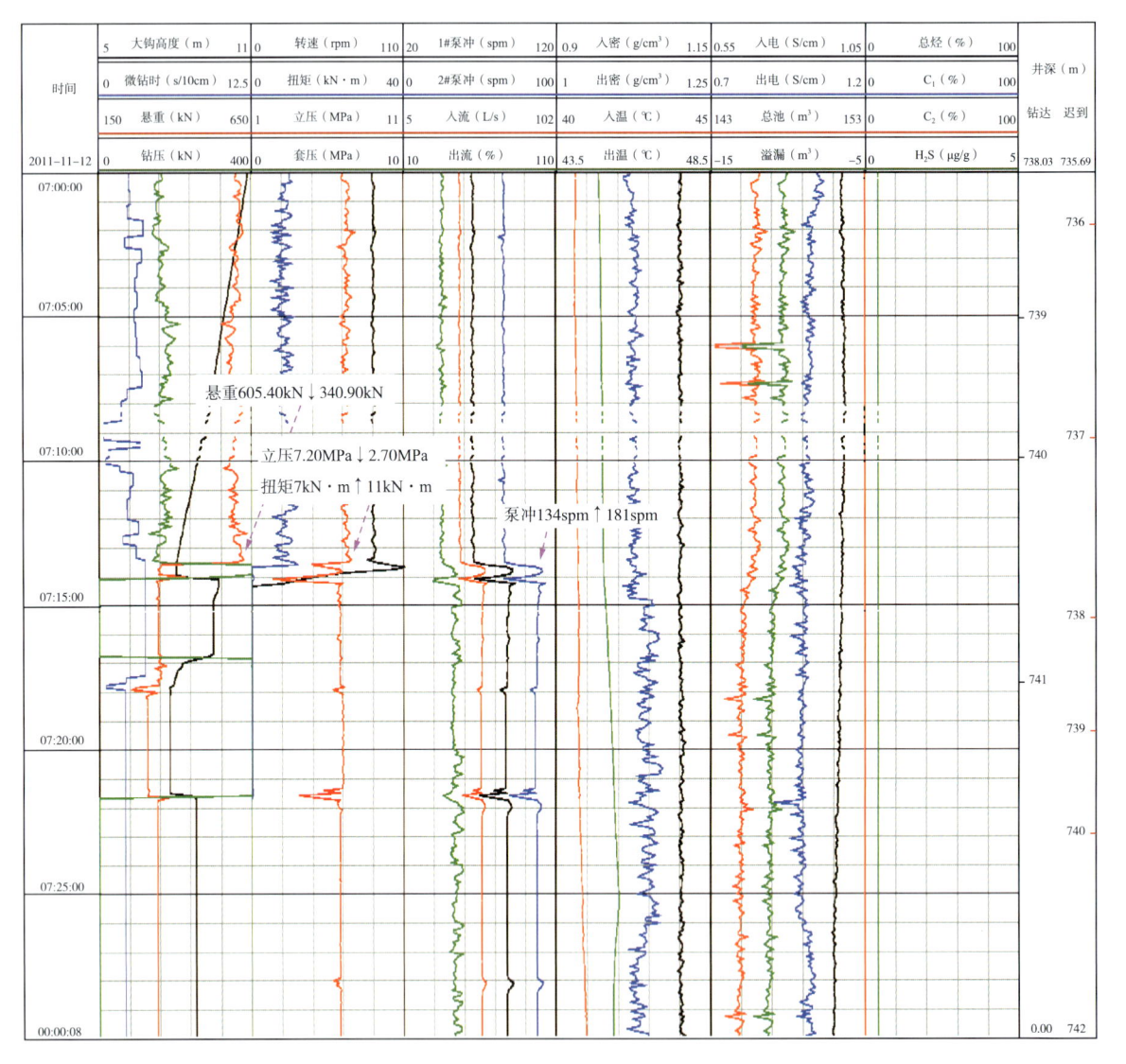

图8-15 钻具断实例4综合录井实时数据曲线及实物图

钻铤断实例5：×井2011年3月1日12：31用密度1.12g/cm³、黏度38s、氯离子含量10635mg/L的钾聚磺钻井液钻进至须家河组，在井深2182.55m发现扭矩10.49kN·m↓9.78kN·m，立压12.14↓11.49MPa，泵冲68spm↑72spm（图8-16），上提钻具悬重934.20kN↓930.40kN，判断为钻具断。起钻发现D203.20mm钻铤中单根距内螺纹端部11cm处断裂，落鱼长96.70m，鱼顶井深2085.63m；至3月2日03：25旋转转盘3次累计10圈造扣，上提钻具悬重850kN↑1070kN，打捞成功。

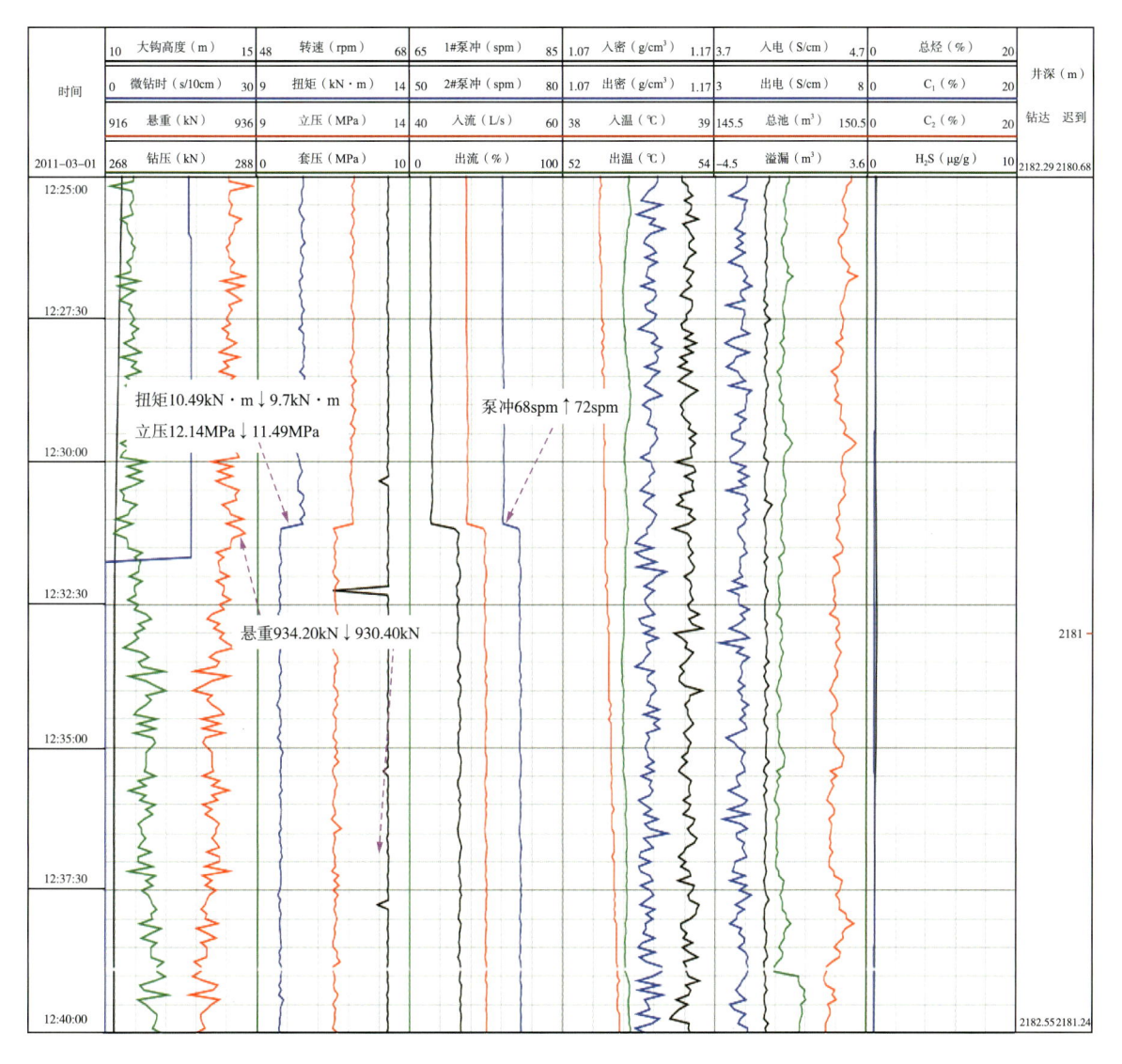

图8-16　钻具断实例5综合录井实时数据曲线及实物图

螺杆断实例6：×井2014年7月25日00：30用密度1.21g/cm³、黏度40s、氯离子含量30487mg/L的钾聚合物钻井液螺杆钻具正常钻进至（钻压40kN、泵压16.0MPa、泵冲88spm）沙溪庙组紫红色泥岩、灰绿色细砂岩，井深1013.98m，发现钻井参数发生异常，钻压在78.00～160.00kN间跳动，至00：41上提钻具，立压16.00MPa↑26.00MPa↓12.00MPa、泵冲88spm↓42spm（图8-17）。起钻发现螺杆离内螺纹端0.90m处断裂，井下落鱼长9.095m（井下落鱼：螺杆×8.685m+钻头×0.41m）。

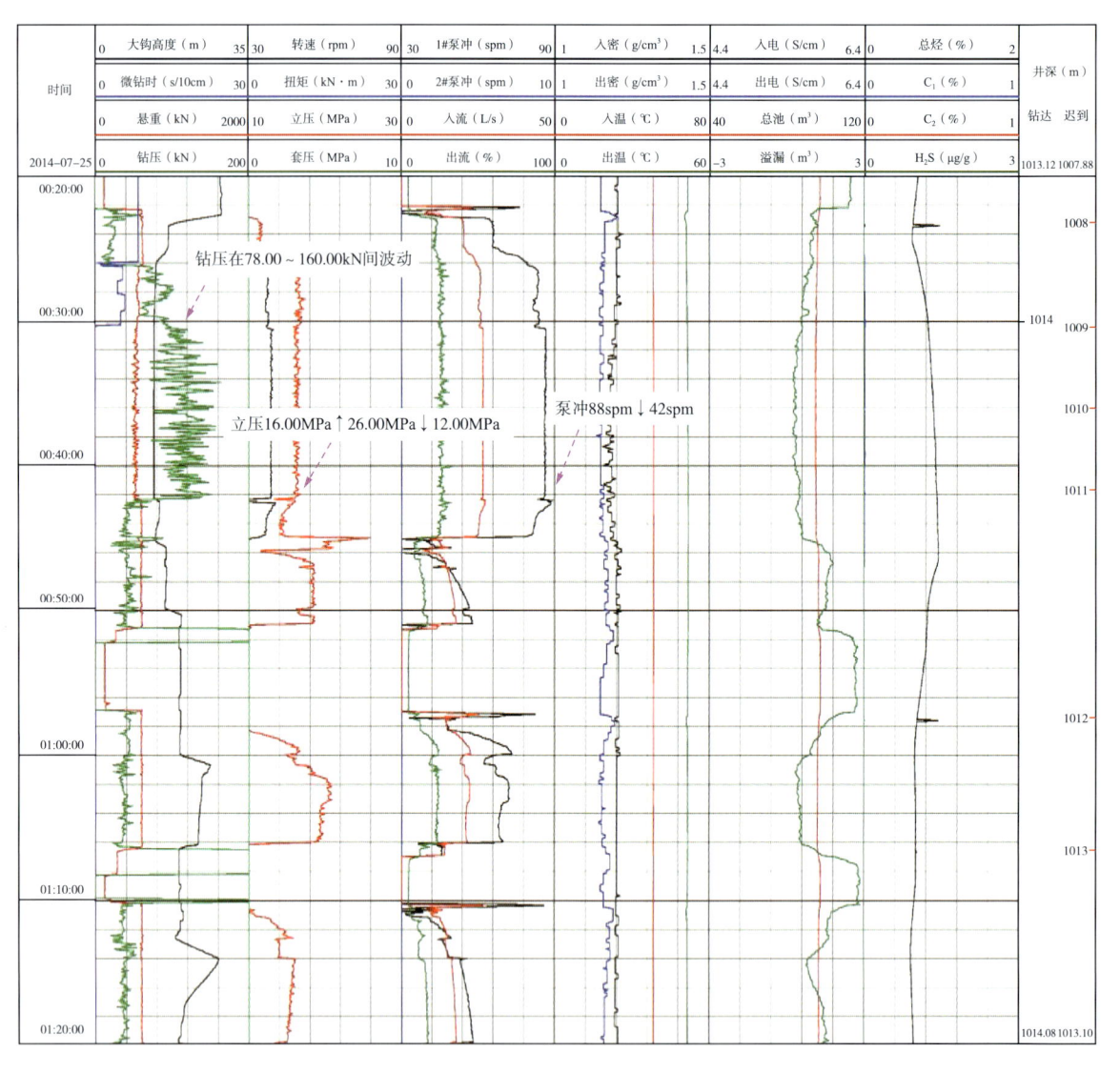

图8-17 钻具断实例6综合录井实时数据曲线及实物图

七、钻具滑扣实例

钻具滑扣实例：× 井 2013 年 4 月 14 日 06：00 用密度 1.65g/cm³、黏度 35s、氯离子含量 9482mg/L 的钾聚合物钻井液钻进至马鞍山段紫红色泥岩，井深 1470.03m，发现立压上涨，泵保险阀憋坏；至 06：30 小排量循环，用顶驱旋转提放活动钻具（立压 6.40MPa 不降）至井深 1463.00m，发现悬重 910kN↓670kN、立压 6.70MPa↓0.00MPa（图 8-18）；至 14：00 循环处理钻井液举砂、划眼到底（井段 1376.07～1470.03m），漏失钻井液 10.0m³；至 4 月 15 日 09：40 间隔循环、倒划眼起钻完，发现 D139.70mm 加重钻杆外螺纹与接头内螺纹间脱扣，落鱼长 115.19m，鱼顶井深：1354.84m，累计漏失钻井液 21.7m³。至 4 月 18 日 12：00 下钻至井深 765.00m 侧钻。

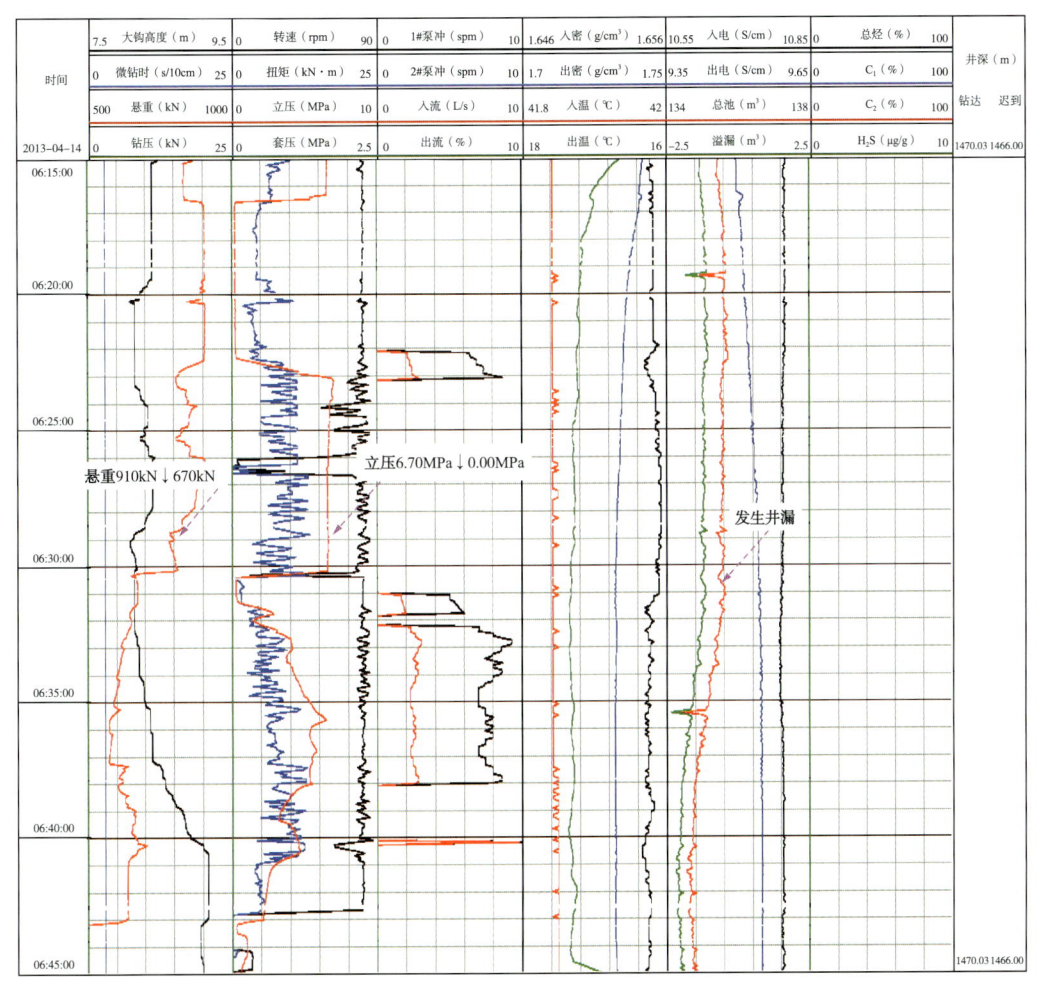

图 8-18 钻具滑扣实例综合录井实时数据曲线及实物图

第九章 掉牙轮、断刀翼、水眼堵

钻头的过度使用会造成钻头寿命终结，进而出现掉牙轮、断刀翼的钻头事故。

一、钻进中钻头终结表现

（1）机械钻速降低，钻时显著增大；
（2）立压出现异常变化；
（3）转盘扭矩瞬间出现增大尖峰，扭矩波动幅度增大，并呈加大加密趋势；
（4）转盘转速严重跳动、严重蹩钻甚至将转盘蹩停；
（5）提放钻具时有阻卡现象；
（6）岩屑中可能有金属微粒及铁屑。

下钻时，没有做好防堵措施，或钻进时钻井液中大颗粒物体进入水眼将水眼堵死，形成水眼堵。水眼被堵时，钻井液循环不畅，甚至无法循环，只有起钻通水眼，这样就会影响钻井时效，所以做好钻井液性能的日常维护和保持井筒清洁十分重要。

二、钻头终结录井参数特征

在录井参数上，钻头寿命终结表现为立压异常变化，钻时增加，扭矩异常波动。水眼堵通常表现为下钻到井底开泵或钻进循环时，立压持续升高，停泵后立压下降或下降很慢。

典型图示例1：正常钻进时，出现钻头终结通常表现为扭矩值增大，机械钻速降低。如图9-1所示，在钻压、排量、转速等工程参数不变的情况下，a段的扭矩为正常值；至b段，扭矩升高且波动幅度增大，同时钻时显著增加，钻头寿命终结，若继续钻进，可能造成掉牙轮、断刀翼事故。

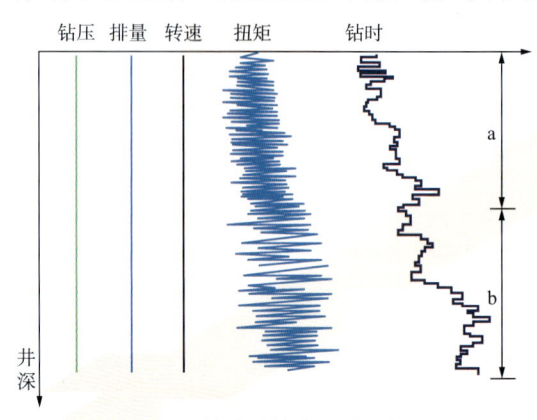

图9-1 钻进时钻头寿终示例图

典型图示例2：正常钻进或循环钻井液时，钻井液中大颗粒物体进入水眼将水眼堵死，形成水眼堵。通常表现出泵冲不变时，立压持续升高，停泵后立压不降或下降很慢。如图9-2所示，a段正常钻进；至b段立压上升，降低泵冲，立压不变，停泵后，立压缓慢降为零，表现出水眼堵的特征。

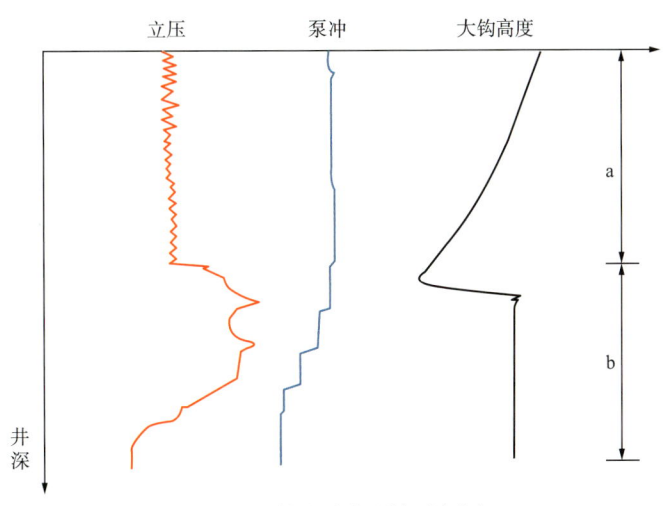

图9-2 钻进时水眼堵示例图

三、掉牙轮实例

掉牙轮实例1：×井2012年4月14日12：52用密度1.43g/cm³、黏度53s、氯离子含量19852mg/L的聚合物钻井液钻进至须六段浅灰色细砂岩，井深1365.31m，钻压300kN，钻时增大，转速65rpm↓0，转盘蹩停（图9-3）；其后间断钻进至13：27后转速在53～63r/min间波动，至14：10间断钻进至井深1365.40m（钻压280～220kN，转速60r/min），转盘先后4次蹩停；4月15日11：30起钻完，发现钻头2个牙轮落井，1个严重磨损。

掉牙轮实例2：×井2012年3月21日12：29用密度1.26g/cm³、黏度46s、氯离子含量11876mg/L的钾聚磺钻井液侧钻至须二段灰白色细砂岩、灰黑色页岩，在井深5016.19m（迟深5015.35m）发现扭矩28.20kN·m↑31.80kN·m、转速71r/min↑84r/min（图9-4）；至13：39观察钻进至井深5016.30m（迟深5016.04m），微钻时9.04min/5016.00m↑41.99min/5016.30m，转盘蹩停，录井捞取的砂样中见铁屑；至3月22日04：30循环、起钻，发现钻头3个牙轮全部落入井内。

四、钻头刀翼断裂实例

钻头刀翼断裂实例1：×井2012年11月6日01：28～01：37用密度1.72g/cm³、黏度50s、氯离子含量15243mg/L的有机盐聚磺钻井液钻进至须二段灰白色细砂岩，在井段2211.66～2212.03m，钻压130kN，扭矩2.19kN·m↑3.86kN·m↓1.60kN·m，转盘被蹩停（图9-5）；接单根后逐渐加钻压至130kN继续钻进至01：50，井深2212.15m转盘再次蹩停，其后5次间断试钻，加钻压10～20kN钻头接触井底转盘即被蹩停；至09：20起钻完，发现PDC钻头有3个刀翼断裂落井，肩齿碎裂。

钻头刀翼断裂实例2：×井2012年11月8日02：54用密度1.69g/cm³、黏度50s、氯离子含量15243mg/L的有机盐聚磺钻井液逐渐加钻压至45kN扩划眼下钻（扩划眼井段须二段2197.85～2212.85m），扭矩0.65kN·m↑0.76kN·m（图9-6）；至03：02划眼至井深2213.05m时转盘蹩停；上提、下放钻具后，加钻压75kN试钻至03：12井深2213.36m（须二段灰黑色页岩），转盘再次蹩停，后多次提放钻具，当加钻压至5～13kN钻进至井深2214.10m，转盘多次蹩停；至09：00起钻完，发现PDC钻头2个刀翼断裂落井。

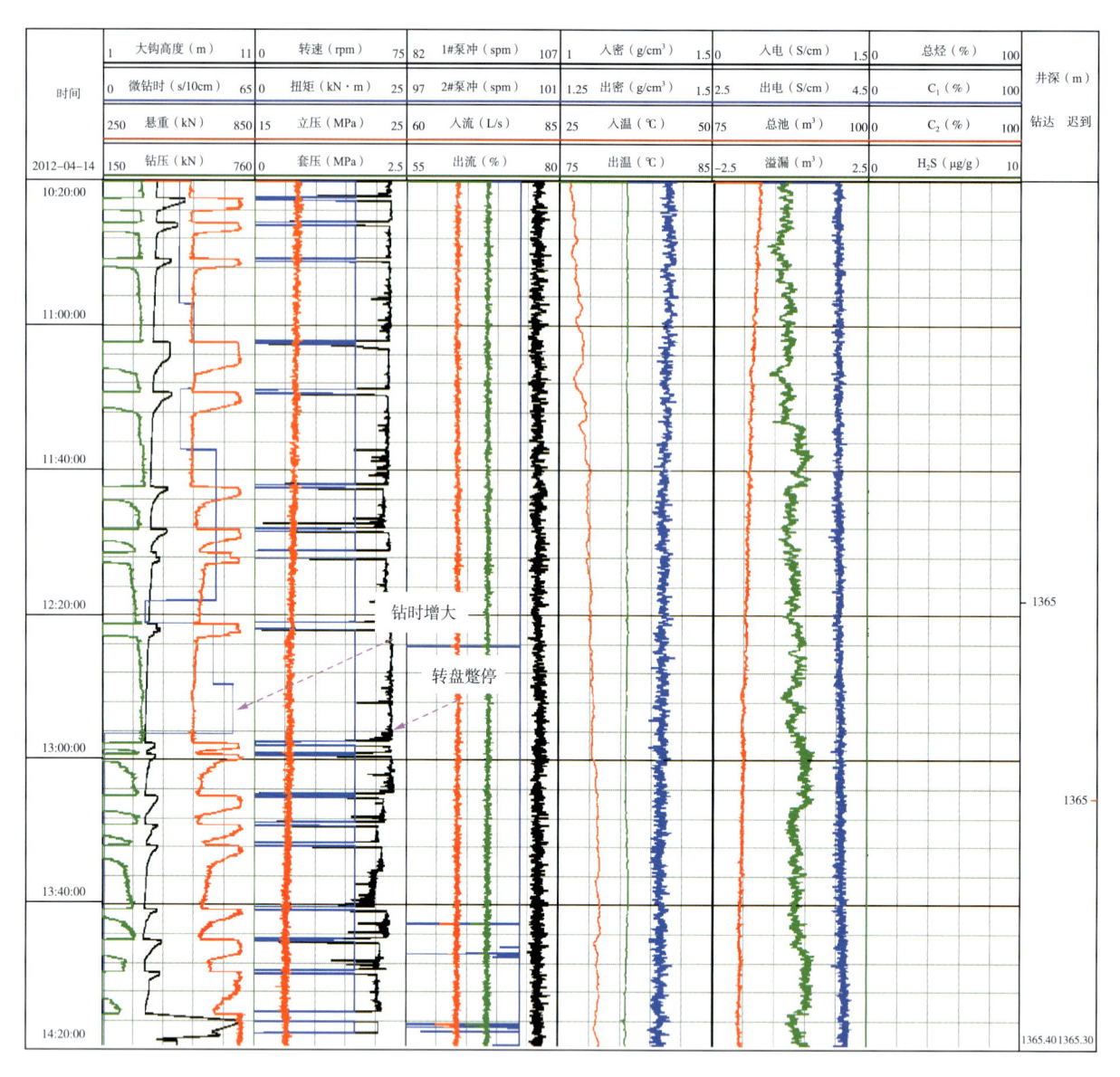

图 9-3 掉牙轮实例 1 综合录井实时数据曲线及实物图

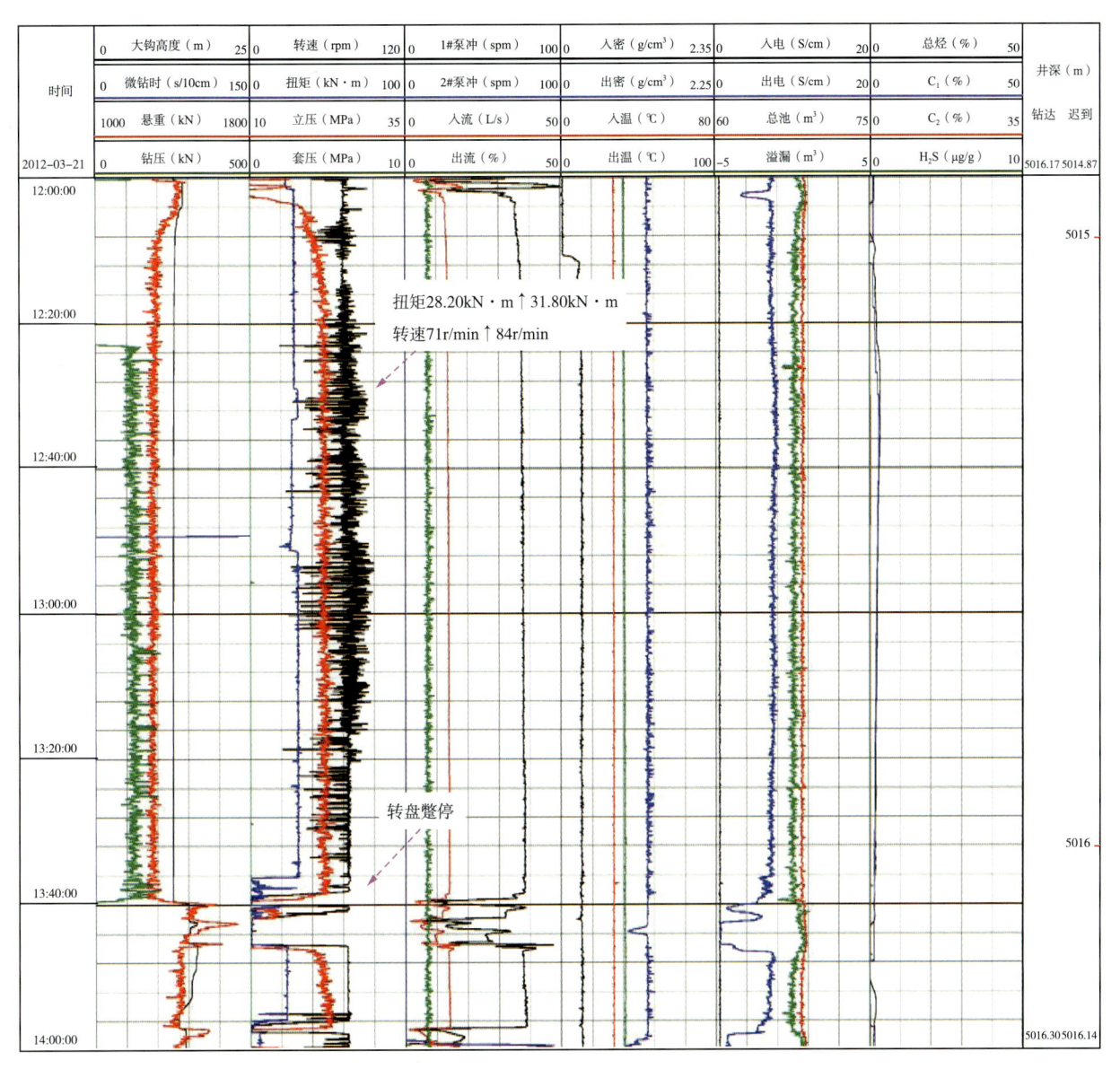

图 9-4 掉牙轮实例 2 综合录井实时数据曲线及实物图

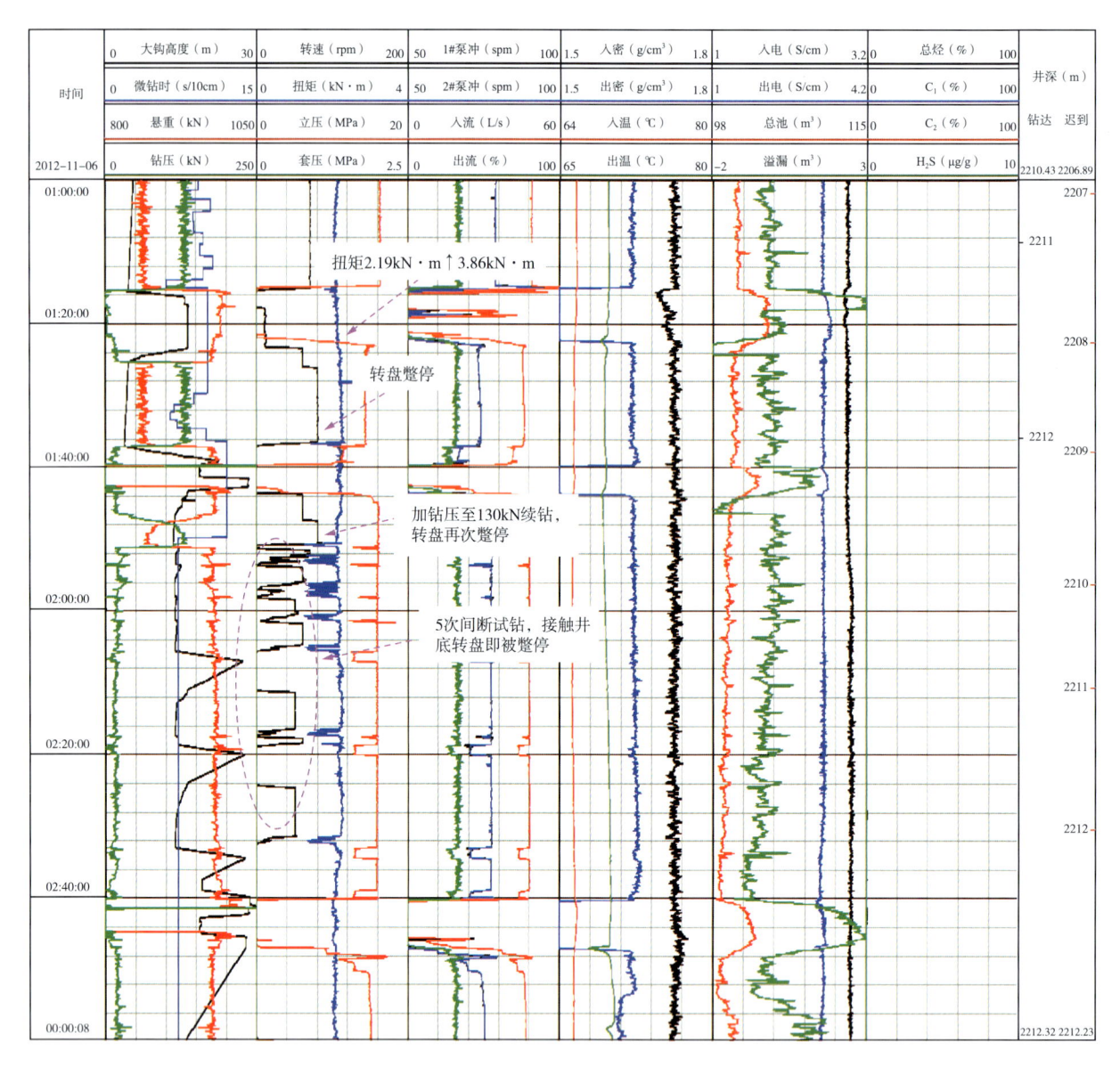

图 9-5 钻头刀翼断裂实例 1 综合录井实时数据曲线及实物图

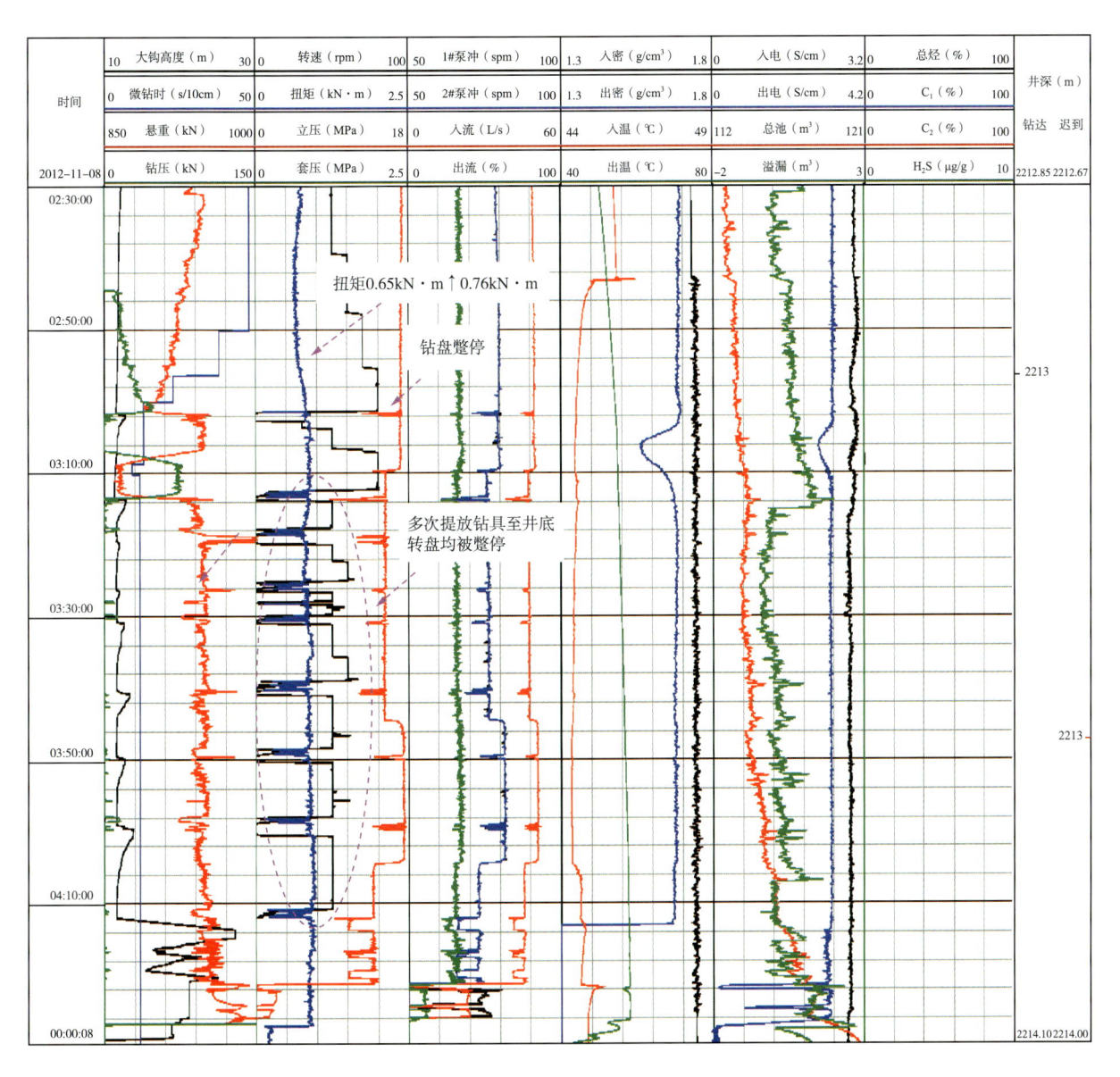

图 9-6　钻头刀翼断裂实例 2 综合录井实时数据曲线及实物图

五、钻杆内循环通道堵实例

钻杆内循环通道堵实例：×井 2011 年 7 月 7 日 04：52 用密度 1.67g/cm³、黏度 47s 的钻井液钻进至井深 3804.53m，发现立压 20.40MPa↑27.00MPa、泵冲 74spm↓65spm（图 9-7），录井做出异常预报；至 05：01 续钻至井深 3804.57m 上提钻具循环，立压 21.20MPa↑24.20MPa、泵冲 74spm↓68spm；至 05：50 卸方钻杆检查，发现钻杆内滤网有大量大小不均的黑色胶皮堵塞了内循环通道。

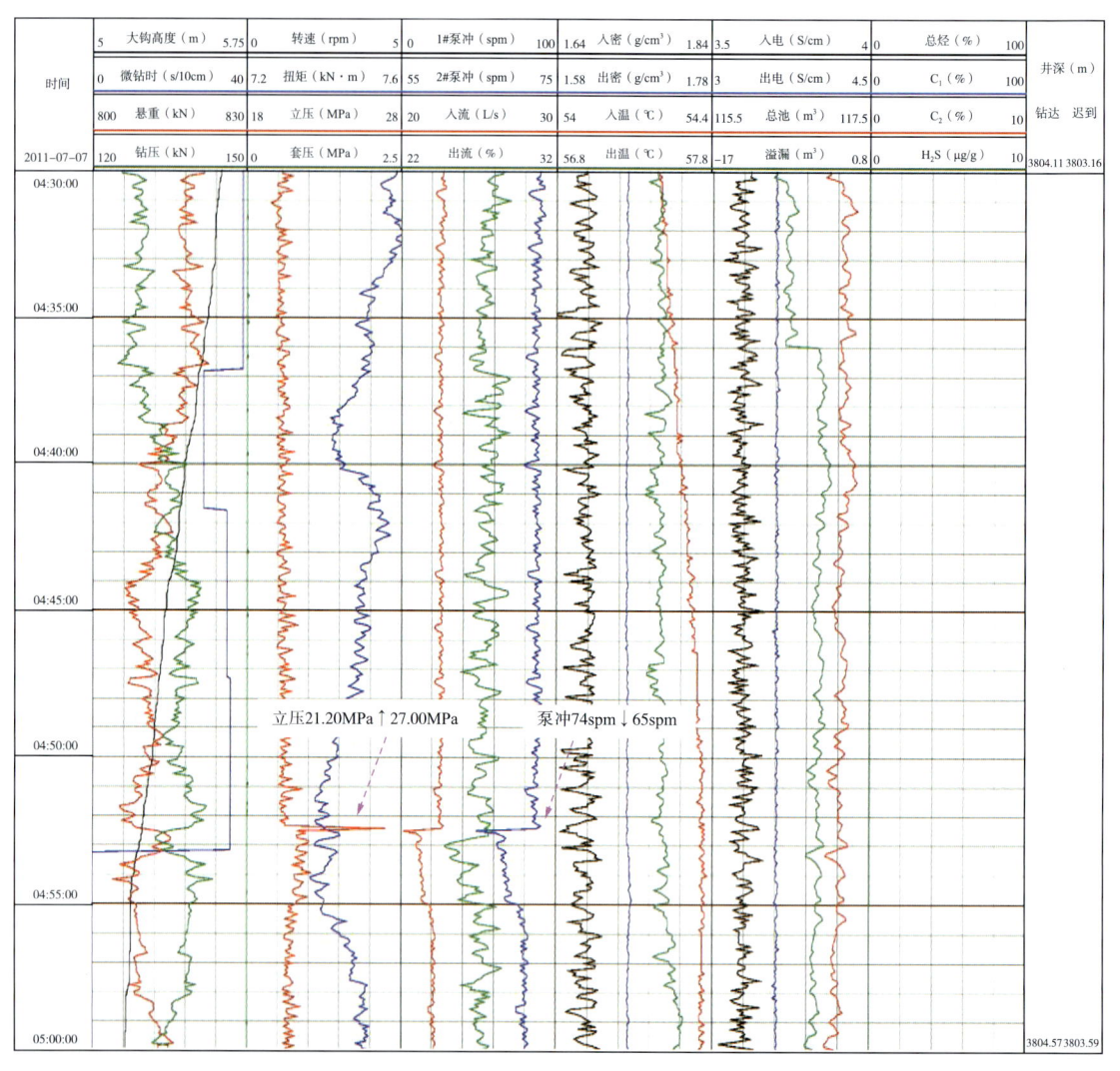

图 9-7 钻杆内循环通道堵实例综合录井实时数据曲线及实物图

六、钻头水眼堵实例

钻头水眼堵实例：×井 2014 年 6 月 9 日 18：34 用密度 1.78g/cm³、黏度 42s、氯离子含量 5140mg/L 的钾聚磺钻井液钻进至龙王庙组灰色、深灰色白云岩，至井深 5513.44m 发现立压异常（图 9-8），立压 22.50MPa ↑ 29.50MPa、扭矩 9.0kN·m ↑ 11.6kN·m、泵冲由 73spm ↓ 9spm；至 18：45 上提钻具降排量（914L/min ↓ 290L/min），立压 16.7MPa ↑ 24.3MPa；至 19：03 停泵，泄压；至 19：16 开泵，排量 253L/min，立压 8.0MPa ↑ 19.9MPa；至 19：20 停泵，泄压，检查地面管线无异常；至 6 月 10 日 08：00 起钻完，发现钻头 2 个水眼内有杂物堵塞。

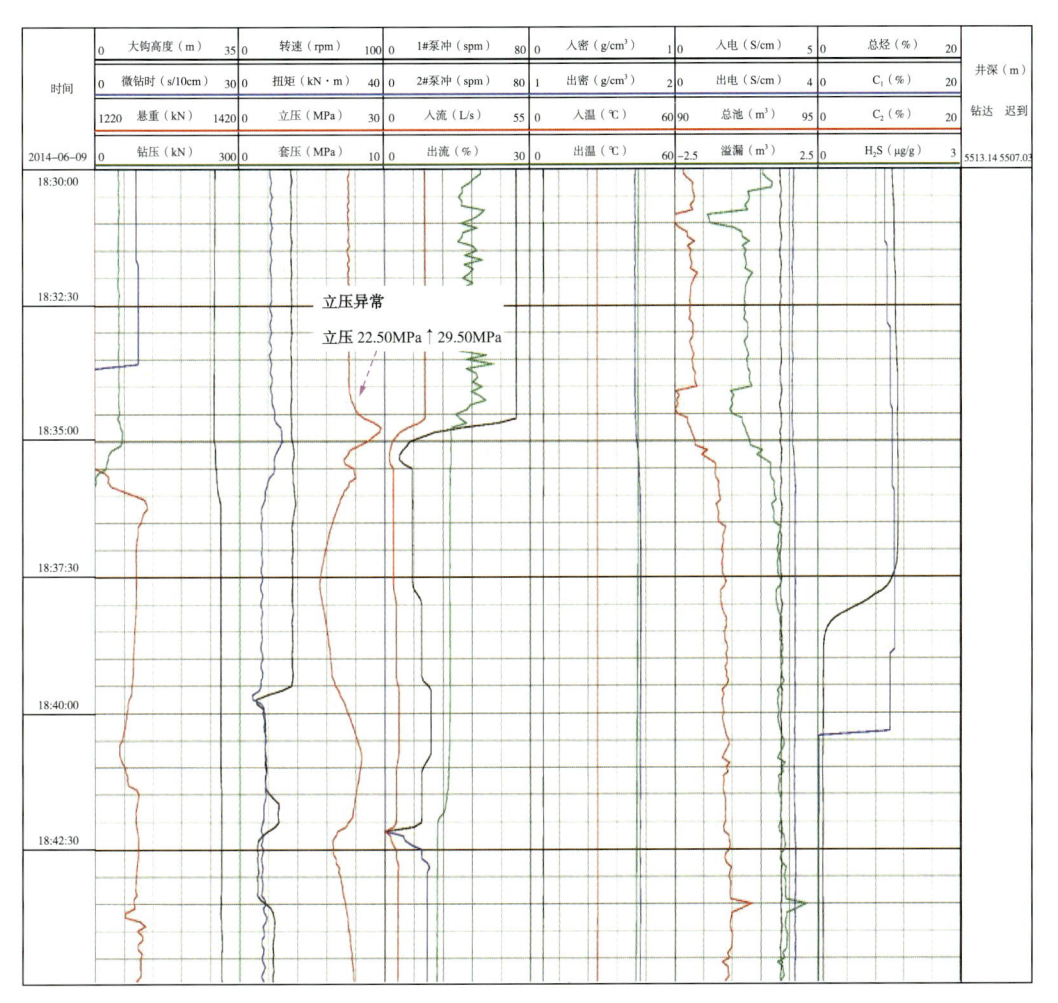

图 9-8 钻头水眼堵实例综合录井实时数据曲线及实物图

第十章 总　结

不同类型的油气水漏显示、工程异常，引起的综合录井参数或综合录井参数组合的变化会不同。根据综合录井参数的变化情况，可判断油气水漏显示、工程异常的类型。依据前述不同类型油气水漏显示、工程异常案例反映的录井参数及其组合的变化，见表10-1、表10-2。

表10-1　地质异常综合录井参数变化特征

类别	钻时	气测	密度	黏度	温度	电导率	氯离子	气泡油花	泵冲	泵压	出口流量	池体积
气测异常		↑						有				
油气侵	↓	↑	↓	↑	↓	↓		有			↑	↑
水侵	↓		↓	↓	↑	↑					↑	↑
盐水侵	↓		↓	先↑后↓	↑	↑	氯盐↑				↑	↑
井涌											↑	↑
井漏	↓								↑	↓	↓	↓

表10-2　工程异常综合录井参数变化特征

异常类别	工程参数							钻井液参数					气体参数	
	钻压	悬重	泵冲	扭矩	钻时	大钩高度	转盘转速	立压	总池体积	出口温度	出口电导	出口密度	流量	烃类	非烃
钻具刺			↑		↑			↓		↓			出↑入↑		
泵刺			↑					↓					出↓		
断钻具		↓	↑	↑				↓		↓			出入↑		
钻头磨损				↑	↑										
水眼掉			↑					↓					出入↑		
水眼堵			↓					↑					出↓		
溜顿钻	↑	↓	↓			↓		↑					出入↓		
放空	↓	↑			↓										
遇阻	↑														
钻进卡钻		↑		↑											
起钻卡钻		↑													
下钻卡钻		↑													
井漏			↑					↓	↓				出↓入↑		
溢涌喷	↓			↓				↑	↑	水↑气↓	水↑气↓	↓	出↑	↑	↑

|154|

参 考 文 献

陈西亚，纪伟，等，2002. 钻井工程事故的监测和预报 // 录井技术文集. 北京：石油工业出版社.

陈碧玉，1993. 油矿地质学. 北京：石油工业出版社.

樊宏伟，王满，孙新铭，2016. 录井测井资料分析与解释. 北京：石油工业出版社.

李晓平，2008. 地下油气渗流力学. 北京：石油工业出版社.

李成军，等，2016. 录井技术与油气层综合解释评价. 北京：石油工业出版社.

刘强国，朱清祥，2011. 录井方法与原理. 北京：石油工业出版社.

佘明军，郑俊杰，李胜利，2010. 气测录井全烃曲线异常的判断及应用. 工程录井，21（1）：48-52.

王清华，等，2010. 工程录井实用图册. 北京：石油工业出版社.

邢立，禹荣，等，2011. 综合录井. 北京：石油工业出版社.

袁长生，2002. 综合地质录井中工程异常预报研究. 中扬油气勘查，（2）：18-23.

赵洪权，2015. 气测录井资料环境影响因素分析及校正方法. 大庆石油地质与开发，24（增刊）：32-34.

朱根庆，1999. 录井技术在钻井工程中的应用 // 录井技术文集. 北京：石油工业出版社.